ÉLECTROMAGNÉTISME DANS LA MATIÈRE

MILIEUX MAGNÉTIQUES

Exercices et problèmes corrigés et commentés posés
à l'écrit et à l'oral des concours et examens
de l'enseignement supérieur

Christian GARING
Ancien élève de l'École Normale Supérieure de Saint-Cloud
Agrégé de physique
Docteur de 3e cycle en acoustique
Professeur en Spéciales P' au Lycée Thiers, Marseille

Préface de Gilbert PIÉTRYK

ellipses

Du même auteur, chez le même éditeur

- *Ondes mécaniques*, 208 pages.
- *Ondes électromagnétiques*, 288 pages.
- *Milieux diélectriques*, 256 pages.

EDITION MARKETING
EDITEUR DES PREPARATIONS
GRANDES ECOLES MEDECINE
32, rue Bargue 75015 PARIS

ISBN 2-7298-9572-8

Préface

L'électromagnétisme dans la matière est un champ disciplinaire qui, tant sur le plan macroscopique que microscopique, occupe une place importante en physique ; ses applications sont déjà fortement présentes dans le monde technologique qui nous entoure (que l'on songe aux cristaux liquides, aux fibres optiques ou aux supraconducteurs) et le développement que connaît aujourd'hui l'optique non linéaire apportera certainement, demain, des bouleversements dans notre environnement, avec l'avènement de l'optique planaire intégrée. C'est dire si le sujet est d'actualité.

Présenter l'électromagnétisme dans les milieux matériels n'est pas aisé, car ce domaine de la physique a la réputation d'être difficile. Christian Garing, qui enseigne cette discipline à ses élèves de classe préparatoire depuis plusieurs années, en a relevé le défi (et a, je crois, fort bien réussi) à travers deux ouvrages, que j'ai grand plaisir à présenter.

Dans chacun des deux ouvrages, consacrés l'un aux milieux diélectriques et l'autre aux milieux magnétiques, la démarche qui est retenue consiste à étudier les principales applications de l'électromagnétisme dans la matière à l'aide d'exercices. Chaque chapitre est précédé d'une introduction, qui permet à l'auteur de situer les idées fortes qui sous-tendent la physique développée dans les différents exercices, et de préciser, par là-même, l'intérêt de chacun d'eux. Cette démarche tant originale que fructueuse, remplace avantageusement les rappels de cours (lesquels font l'objet d'une présentation synthétique en pages 6 et 7 sous forme d'une grille de résultats). Les applications ont été choisies selon deux finalités complémentaires : d'une part développer, chapitre par chapitre, les grandes méthodes qui prépareront le lecteur à aborder des situations particulières spécifiques ; d'autre part balayer un spectre d'applications très large.

Au sein de chaque chapitre, les exercices sont hiérarchisés, tant sur le plan de la difficulté que sur celui des thèmes qui y sont développés ; les premiers exercices sont construits de manière à permettre au lecteur de vérifier l'état de ses connaissances fondamentales sur le chapitre étudié ; puis viennent les principales applications. Même si certaines questions se révèlent être d'un niveau assez élevé, la rédaction très détaillée qui en est donnée permet au lecteur de ne pas perdre pied et de tirer profit de leur correction. Au-delà de la résolution mathématique rigoureuse, l'analyse physique des résultats obtenus reste essentielle ; les fréquents commentaires qui les accompagnent sont autant de parenthèses intéressantes orientées en ce sens.

Tous les exercices présentés ont été proposés à de récents concours d'entrée aux grandes écoles ; la nouvelle rédaction qui en a été faite permet de donner à chacun des recueils une présentation unitaire et cohérente.

Le présent ouvrage est consacré à l'électromagnétisme dans les milieux magnétiques ; les deux aspects microscopique et macroscopique y sont développés, en liaison avec les résultats des théories quantiques qui permettent seules d'expliquer l'origine du magnétisme de la matière.

Sur le plan microscopique, l'accent est mis tout d'abord sur les processus microscopiques d'aimantation et sur leurs principales applications électroniques et nucléaires, notamment : l'action d'un champ magnétique sur un milieu diamagnétique (précession de Larmor) ou sur un milieu paramagnétique (alignement des moments magnétiques dans le champ), l'effet Zeeman, la relaxation et la résonance magnétique, la résonance magnétique nucléaire (qui est à la base de l'investigation médicale au scanner) et la résonance d'ondes de spin. L'étude des milieux anisotropes complète cette approche microscopique en expliquant l'origine de l'anisotropie dans les ferrites et dans les cristaux liquides, ainsi que les conséquences de cette anisotropie sur la propagation des ondes dans ces milieux.

L'approche macroscopique des milieux magnétiques a par ailleurs été largement développée, compte tenu des importantes applications qui en découlent. On remarquera notamment qu'un chapitre entier est consacré à la supraconductivité, avec en particulier l'étude de l'effet Meissner (qui traduit l'expulsion des lignes de champ magnétique statique à l'extérieur du milieu supraconducteur), la lévitation magnétique et le comportement en régime variable des supraconducteurs. Les milieux ferromagnétiques font également l'objet d'une attention particulière ; l'analyse des cycles d'hystérésis souligne notamment l'importance du choix des paramètres caractéristiques de ce cycle pour l'élaboration des noyaux magnétiques et des aimants ainsi que pour la limitation des pertes par hystérésis ; l'étude thermodynamique d'une chaîne de moments magnétiques montre par ailleurs que la transition de phase ferromagnétique/paramagnétique est du second ordre.

Cet ouvrage, par la richesse des applications étudiées et par la nature des difficultés mises en jeu, s'adresse tant aux élèves de classes préparatoires, qu'aux étudiants de premier cycle de l'université ou aux candidats aux concours de recrutement de professeurs (CAPES, agrégation). Je lui souhaite tout le succès qui lui revient.

Gilbert PIÉTRYK
Inspecteur Général
de l'Éducation Nationale

Avant-propos

Les thèmes abordés dans ce recueil sur les milieux magnétiques sont pour la plupart tirés d'exercices d'oraux ou de problèmes de concours récents ; à noter que les énoncés proposés ont été récrits de manière plus ou moins importante. Les listes de ces concours, référencées en fin de chaque chapitre en fonction de leur contenu attestent du large choix de problèmes sur l'électromagnétisme des milieux aimantés abordés durant cette dernière décennie.

Dans les deux premiers chapitres, certains exercices sont directement adaptés du cours (1.1, 1.2, 1.3, 2.1, 2.4, 2.5, 2.7...par exemple) ; ils développent des points spécifiques. Par ailleurs les résultats de base sont rappelés sous forme synthétique dans les tableaux pages 6 et 7.

Pour ces deux chapitres l'habitude de séparer les études macroscopique et microscopique a été conservée. Cette répartition conventionnelle est arbitraire puisque ces deux niveaux sont souvent indissociables.

La présence d'un chapitre sur la supraconductivité peut paraître inhabituelle, mais n'a rien d'étonnant dans un ouvrage sur les milieux magnétiques. Elle est ici justifiée par le comportement de "diamagnétiques parfaits" des supraconducteurs, ainsi que par l'analogie des calculs qui découlent de leur étude macroscopique.

Certains exercices des chapitres 4 et 5 sur les milieux anisotropes ou non linéaires exigent un peu plus de réflexion, mais proposent par ailleurs des sujets d'étude intéressants. Les résultats de cours essentiels sur le ferromagnétisme ont été rassemblés dans l'introduction du chapitre 5.

Chaque chapitre est constitué d'une suite d'exercices ou de problèmes suivis de leur solution détaillée, et dont l'enchaînement vise à en faire un ensemble cohérent qui aborde de nombreuses facettes d'une situation donnée. Des renvois sont quelquefois nécessaires car certaines notions développées dans un exercice peuvent être utiles dans d'autres exercices du recueil. Il est cependant toujours possible d'aborder l'étude d'un exercice isolément.

Ce second recueil d'électromagnétisme dans la matière fait suite à celui consacré aux milieux diélectriques (en abrégé : M.D. pour les renvois).

Les constantes de la physique et les valeurs numériques usuelles sur les milieux magnétiques ne sont pas systématiquement rappelées dans les exercices ; elles sont rassemblées en annexe, page 207.

Enfin, je tiens à remercier vivement mon ami Luc Dettwiller pour sa relecture commentée du manuscrit.

L'auteur

Milieux polarisés

vecteur polarisation : $\vec{P} = \dfrac{\mathrm{d}\vec{p}}{\mathrm{d}\tau}$

potentiel créé en A par les dipôles en M : $V_d(A) = \iiint_{\mathcal{D}} \dfrac{1}{4\pi\varepsilon_0} \dfrac{\vec{P}\mathrm{d}\tau \cdot \vec{u}}{r^2}$, $r = MA$

si $\vec{P}$ est uniforme : $V_d(A) = \vec{P} \cdot \vec{E}'(\rho = 1)$

milieu polarisé ≡ vide + charges de polarisation de densité

$$\rho_p(M) = -\operatorname{div}_M \vec{P}(M) \ ; \quad \sigma_p(M') = \vec{P}(M') \cdot \vec{n}_{\text{ext.}}$$

---

champ macroscopique : $\vec{E} = \vec{E}_0 + \vec{E}_d$ vérifiant

$$\overrightarrow{\operatorname{rot}}\,\vec{E} = \vec{0} \ ; \ \operatorname{div}\vec{E} = \frac{\rho_l + \rho_p}{\varepsilon_0} \quad \text{ou} \quad \operatorname{div}\vec{D} = \rho_l$$

avec $\vec{D} = \varepsilon_0\vec{E} + \vec{P}$ (E en V/m ; D et P en C/m^2)

Gauss : $\oiint \vec{D} \cdot \overrightarrow{\mathrm{d}S} = Q_l^{\text{int.}}$ ou $\oiint \vec{E} \cdot \overrightarrow{\mathrm{d}S} = \dfrac{Q_l^{\text{int.}} + Q_p^{\text{int.}}}{\varepsilon_0}$

---

milieu linéaire isotrope : $\vec{P} = \varepsilon_0\chi\vec{E}$ $(\chi > 0)$

$$\vec{D} = \varepsilon\vec{E} = \varepsilon_0\varepsilon_r\vec{E} \quad \text{avec} \quad \varepsilon_r = \varepsilon/\varepsilon_0 = 1 + \chi$$

densité d'énergie : $u = \vec{E} \cdot \vec{D}/2$

$\vec{E}_d$ champ dépolarisant : $\operatorname{div}\vec{E}_d = -\operatorname{div}\vec{P}/\varepsilon_0$ et $\overrightarrow{\operatorname{rot}}\,\vec{E}_d = \vec{0}$

($\vec{H}_d$ s'exprime en fonction de $\vec{J}$ ...

---

régime variable

MΦ :	$\operatorname{div}\vec{B} = 0$	$\vec{B}_{2N} = \vec{B}_{1N}$
MF :	$\overrightarrow{\operatorname{rot}}\,\vec{E} = -\dfrac{\partial\vec{B}}{\partial t}$	$\vec{E}_{2T} = \vec{E}_{1T}$
MG :	$\operatorname{div}\vec{D} = \rho_l$	$\vec{D}_{2N} - \vec{D}_{1N} = \sigma_l\vec{n}_{12}$
MA :	$\overrightarrow{\operatorname{rot}}\,\vec{H} = \vec{j}_l + \dfrac{\partial\vec{D}}{\partial t}$	$\vec{H}_{2T} - \vec{H}_{1T} = \vec{j}_{Sl} \wedge \vec{n}_{12}$

vecteur de Poynting : $\vec{R} = \vec{E} \wedge \vec{H}$

Milieux aimantés

vecteur aimantation : $\vec{J} = \dfrac{\mathrm{d}\vec{\mathcal{M}}}{\mathrm{d}\tau}$

potentiel créé en P par les dipôles en M : $\vec{A}_d(P) = \iiint_{\mathcal{D}} \dfrac{\mu_0}{4\pi} \dfrac{\vec{J}\mathrm{d}\tau \cdot \vec{u}}{r^2}$, $r = MP$

si $\vec{J}$ est uniforme : $\vec{A}_d(P) = \mu_0 \vec{J} \wedge \vec{E}'(\rho = \varepsilon_0)$

milieu aimanté ≡ vide + courants d'aimantation de densité

$$\vec{\jmath}_a(M) = \overrightarrow{\mathrm{rot}}_M \vec{J}(M) \ ; \quad \vec{\jmath}_{Sa}(M') = \vec{J}(M') \wedge \vec{n}_{\mathrm{ext.}}$$

---

champ macroscopique : $\vec{B} = \vec{B}_0 + \vec{B}_d$ vérifiant

$$\mathrm{div}\, \vec{B} = \vec{0} \ ; \ \overrightarrow{\mathrm{rot}}\, \vec{B} = \mu_0(\vec{\jmath}_l + \vec{\jmath}_a) \ \text{ ou } \ \overrightarrow{\mathrm{rot}}\, \vec{H} = \vec{\jmath}_l$$

avec $\vec{H} = \vec{B}/\mu_0 - \vec{J}$ $\quad$ (B en T ; H et J en A/m)

Ampère : $\oint \vec{H} \cdot \overrightarrow{\mathrm{d}l} = I_l^{\mathrm{enl.}}$ ou $\oint \vec{B} \cdot \overrightarrow{\mathrm{d}l} = \mu_0(I_l^{\mathrm{enl.}} + I_a^{\mathrm{enl.}})$

---

milieu linéaire isotrope : $\vec{J} = \chi \vec{H}$ $\quad$ ($\chi < 0$ dia., $\chi > 0$ para. et ferro.)

$$\vec{B} = \mu \vec{H} = \mu_0 \mu_r \vec{H} \quad \text{avec} \quad \mu_r = \mu/\mu_0 = 1 + \chi$$

densité d'énergie : $u = \vec{H} \cdot \vec{B}/2$

$\vec{H}_d$ excitation démagnétisante : $\mathrm{div}\, \vec{H}_d = -\,\mathrm{div}\, \vec{J}$ et $\overrightarrow{\mathrm{rot}}\, \vec{H}_d = \vec{0}$

... comme $\vec{E}_d$ en fonction de $\vec{P}/\varepsilon_0$)

---

régime variable

$\vec{B}$ à flux conservatif ; $\vec{B} = \overrightarrow{\mathrm{rot}}\, \vec{A}$

$e = -\mathrm{d}\Phi/\mathrm{d}t$; $\vec{E} = -\overrightarrow{\mathrm{grad}}\, V - \partial \vec{A}/\partial t$

$\vec{D} = \varepsilon_0 \vec{E} + \vec{P}$; $\oiint \vec{D} \cdot \overrightarrow{\mathrm{d}S} = Q_l^{\mathrm{int.}}$

$\vec{H} = \dfrac{\vec{B}}{\mu_0} - \vec{J}$; $\oint \vec{H} \cdot \overrightarrow{\mathrm{d}l} = I_l^{\mathrm{enl.}} + \iint \dfrac{\partial \vec{D}}{\partial t} \cdot \overrightarrow{\mathrm{d}S}$

accroissement de la densité d'énergie : $\mathrm{d}u = \vec{E} \cdot \mathrm{d}\vec{D} + \vec{H} \cdot \mathrm{d}\vec{B}$

Table des matières

1. Étude macroscopique des milieux aimantés

2. Lien avec les processus microscopiques d'aimantation

3. Supraconductivité ou diamagnétisme parfait

4. Milieux magnétiques anisotropes

5. Milieux magnétiques non linéaires. Ferromagnétisme

Chapitre 1

Étude macroscopique des milieux aimantés

L'étude macroscopique des milieux magnétiques ignore les processus microscopiques d'aimantation. Le vecteur aimantation $\vec{J}$, c'est-à-dire le petit moment dipolaire ramené à l'élément de volume qui le contient, en constitue souvent une donnée macroscopique de base.

La collection de dipôles constituant un milieu aimanté se comporte du point de vue de la magnétostatique comme une distribution de courants, dits courants d'aimantation, placée dans le vide, et dont les densités volumique et surfacique s'expriment à l'aide de la seule donnée du vecteur $\vec{J}$ (exercice 1.1).

L'inexistence de courant libre, $\overrightarrow{\text{rot}}\,\vec{H} = \vec{j}_l = \vec{0}$, pour un matériau aimanté ferromagnétique n'entraîne pas $\vec{H} = \vec{0}$ mais $\vec{H} = \vec{H}_d$, un champ de gradient de sens opposé à $\vec{J}$ et appelé de ce fait "l'excitation démagnétisante" d'analogie formelle avec $\vec{E}_d$, le champ dépolarisant dans un milieu diélectrique (exercice 1.2).

Les matériaux diamagnétiques et paramagnétiques, à faible aimantation induite, suivent, à l'équilibre dans l'excitation $\vec{H}$, une loi linéaire caractérisée par la susceptibilité magnétique χ : $\vec{J} = \chi\vec{H}$. Au champ extérieur $\vec{B}_0$ créé par la distribution de courants libres (extérieure au milieu et à l'origine de son aimantation), s'ajoute alors le champ magnétique $\vec{B}_d$ (indice d comme "dipôles") créé par les courants d'aimantation équivalents. Le champ magnétique macroscopique $\vec{B} = \vec{B}_0 + \vec{B}_d$ (la moyenne spatiale du champ microscopique) peut diminuer (diamagnétisme) ou augmenter (paramagnétisme) par rapport à $\vec{B}_0$ (exercice 1.3), mais ces effets sont très faibles.

Une réflexion sur le mode opératoire lors de l'introduction d'un milieu magnétique dans un solénoïde permet d'étudier précisément les paramètres du système qui varient (courants libres ou flux). Mais dans tous les cas, l'inductance du solénoïde est multipliée par rapport à celle du même solénoïde à vide, par la perméabilité relative μ_r du milieu (exercice 1.3), ce qui n'a de véritable intérêt que pour un matériau ferromagnétique où $\mu_r \gg 1$ (chapitre 5).

Les méthodes de calculs du champ magnétique dans le vide s'appliquent tout naturellement aux courants d'aimantation pour la détermination du champ $\vec{B}_d$. Quelques grands classiques à géométries diverses sont proposés dans le cas d'une aimantation présumée uniforme (exercices 1.4, 1.5 et 1.6). Deux cas d'aimantation non uniforme sont examinés, l'un académique et l'autre qui illustre bien la "transparence" des milieux magnétiques parfaits au champ magnétique $\vec{B}_0$ (exercice 1.7).

L'ascension d'un liquide paramagnétique dans la branche d'un tube en U placée dans l'entrefer d'un électroaimant constitue une méthode de mesure simple de la susceptibilité magnétique de ce liquide (exercice 1.8).

Une étape supplémentaire dans les "techniques du froid" : mélange eau-glace (0° C) ; neige carbonique (−78° C) ; azote liquide (−196° C=77 K) ; hydrogène liquide (20 K) ; hélium liquide (4 K) consiste en la désaimantation adiabatique d'une substance paramagnétique. Ce procédé permet l'obtention de très basses températures : quelques dizièmes de Kelvin... (exercice 1.9).

1.1 Courants d'aimantation ; vecteur $\vec{H}$

Préliminaire : V est un volume limité par une surface fermée S ($\overrightarrow{dS}$ est orienté vers l'extérieur).

A partir du théorème d'Ostrogradsky pour un champ de vecteurs $\vec{a}$:

$$\oiint_S \vec{a} \cdot \overrightarrow{dS} = \iiint_V \text{div } \vec{a} \cdot d\tau$$

montrer la formule (dite du rotationnel) pour un champ de vecteurs $\vec{X}$:

$$\oiint_S \overrightarrow{dS} \wedge \vec{X} = \iiint_V \overrightarrow{\text{rot}}\, \vec{X} \cdot d\tau$$

Un domaine $\mathcal{D}$ limité par une surface $\mathcal{S}$ est constitué d'un milieu magnétique aimanté (éventuellement par des sources extérieures) : si $\vec{J}(M)$ représente le vecteur aimantation en un point M de $\mathcal{D}$, alors l'élément de volume $d\tau$ entourant ce point porte un dipôle magnétique élémentaire de moment $d\vec{\mathcal{M}} = \vec{J} d\tau$.

Il s'agit d'évaluer le potentiel magnétique $\vec{A}_d(P)$ créé en un point P par la distribution de dipôles intérieure à $\mathcal{D}$ et en particulier à faire le lien avec le vecteur aimantation $\vec{J}$.

On note $r = MP$ et $\vec{u} = \overrightarrow{MP}/r$ pour M un point courant de $\mathcal{D}$, à distinguer du point courant M' de $\mathcal{S}$ pour lequel $r' = M'P$.

1. Montrer que ce potentiel s'exprime sous la forme :

$$\vec{A}_d(P) = \frac{\mu_0}{4\pi} \oiint_{\mathcal{S}} \frac{\vec{\jmath}_{Sa}(M') dS}{r'} + \frac{\mu_0}{4\pi} \iiint_{\mathcal{D}} \frac{\vec{\jmath}_a(M) d\tau}{r}$$

Commenter cette écriture et donner l'expression des courants d'aimantation équivalents $\vec{\jmath}_{Sa}(M')$ et $\vec{\jmath}_a(M)$.

2. Sur les dessins page suivante, les trois cases représentent des dipôles magnétiques élémentaires dans des éléments de volume voisins considérés séparément. Le nombre de flèches est proportionnel à l'intensité du courant lié du moment dipolaire.
A quelle représentation macroscopique globale cela correspond-il ? Montrer que cela permet une compréhension qualitative (à une dimension) des résultats précédents en distinguant les deux cas :

* $\vec{J}$ uniforme

* $\vec{J}$ non uniforme

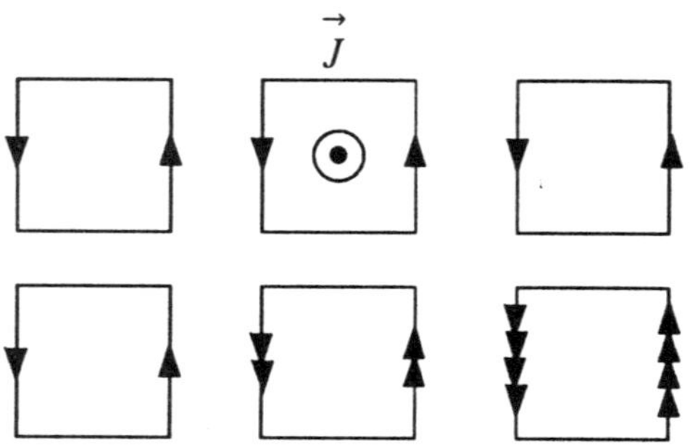

3. Voici quelques conséquences de cette représentation :

a) Montrer que ces courants d'aimantation locaux vérifient globalement une loi de conservation du courant (loi des nœuds en régime stationnaire et ARQP).

b) Montrer que dans le cas particulier où $\vec{J}$ est uniforme, le potentiel calculé à la question **1.** peut s'exprimer formellement à l'aide du champ électrique $\vec{E}'$ d'une distribution volumique de densité ε_0.

c) Définir le vecteur excitation magnétique $\vec{H}$ pour que dans l'équation de Maxwell-Ampère en régime stationnaire n'intervienne plus que la densité volumique de courants libres $\vec{j}_l$. Que devient cette équation en régime variable sachant que le milieu possède aussi des propriétés diélectriques ? En déduire le théorème d'Ampère pour $\vec{H}$.

Préliminaire : Il suffit de considérer le cas particulier d'un champ de vecteurs $\vec{a}$ s'écrivant sous la forme $\vec{a} = \vec{X} \wedge \vec{K}$ où $\vec{X}$ est un autre champ de vecteurs et $\vec{K}$ le vecteur d'une champ uniforme quelconque.

Alors $\operatorname{div} \vec{a} = \vec{K} \cdot \overrightarrow{\text{rot}}\, \vec{X} - \vec{X} \cdot \overrightarrow{\text{rot}}\, \vec{K}$ avec $\overrightarrow{\text{rot}}\, \vec{K} = \vec{0}$

d'où $\displaystyle\oiint_S \vec{a} \cdot \overrightarrow{\mathrm{d}S} = \oiint_S (\vec{X} \wedge \vec{K}) \cdot \overrightarrow{\mathrm{d}S} = \left(\oiint_S \overrightarrow{\mathrm{d}S} \wedge \vec{X}\right) \cdot \vec{K} = \vec{K} \cdot \iiint_V \overrightarrow{\text{rot}}\, \vec{X} \cdot \mathrm{d}\tau$

après permutation circulaire sur le produit mixte et car $\vec{K}$ est uniforme.

Ce résultat est vrai $\forall \vec{K}$ d'où

$$\boxed{\oiint_S \overrightarrow{\mathrm{d}S} \wedge \vec{X} = \iiint_V \overrightarrow{\text{rot}}\, \vec{X} \cdot \mathrm{d}\tau}$$

1. Dans la relation $\vec{B}(M) = \vec{B}_0(M) + \vec{B}_d(M)$ donnant le champ macroscopique $\vec{B}(M)$ (moyenne spatiale du champ microscopique), $\vec{B}_0(M)$ représente le champ extérieur (et dont les sources sont éventuellement perturbées par le champ des dipôles) et $\vec{B}_d(M)$ le champ créé par la distribution de dipôles caractérisant l'aimantation.

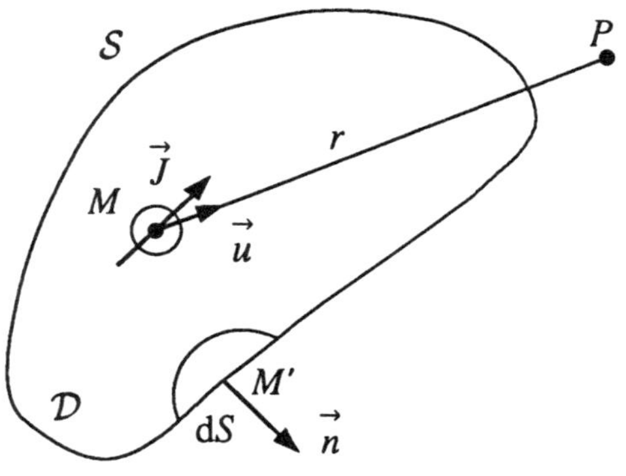

Au point M existe un petit dipôle de moment $d\vec{\mathcal{M}} = \vec{J}d\tau$; il crée au point P un potentiel élémentaire (en $1/r^2$)

$$d\vec{A}_d(P) = \frac{\mu_0}{4\pi}\frac{\vec{J}d\tau \wedge \vec{u}}{r^2},\ r = MP$$

avec $\dfrac{\vec{u}}{r^2} = -\overrightarrow{\text{grad}}_P(\frac{1}{r}) = \overrightarrow{\text{grad}}_M(\frac{1}{r})$

d'où $d\vec{A}_d(P) = \dfrac{\mu_0}{4\pi}\vec{J} \wedge \overrightarrow{\text{grad}}_M(\frac{1}{r})d\tau$

or $\overrightarrow{\text{rot}}_M(\dfrac{\vec{J}}{r}) = \dfrac{1}{r}\overrightarrow{\text{rot}}_M\vec{J} + \overrightarrow{\text{grad}}_M(\frac{1}{r}) \wedge \vec{J}$

Le potentiel créé en P par l'ensemble du domaine aimanté $\mathcal{D}$ est alors :

$$\vec{A}_d(P) = -\frac{\mu_0}{4\pi}\iiint_{\mathcal{D}} \overrightarrow{\text{rot}}_M\Big(\frac{\vec{J}(M)}{r}\Big)d\tau + \frac{\mu_0}{4\pi}\iiint_{\mathcal{D}} \frac{\overrightarrow{\text{rot}}_M\vec{J}(M)d\tau}{r}$$

et en utilisant la formule du rotationnel vue en préliminaire pour la première intégrale,

$$\boxed{\vec{A}_d(P) = \frac{\mu_0}{4\pi}\oiint_{\mathcal{S}} \frac{\vec{J}(M') \wedge \vec{n}}{r'}dS + \frac{\mu_0}{4\pi}\iiint_{\mathcal{D}} \frac{\overrightarrow{\text{rot}}_M\vec{J}(M)d\tau}{r}} \qquad \begin{aligned} r &= MP \\ r' &= M'P \end{aligned}$$

Ce potentiel s'exprime sous la forme de deux intégrales, l'une de surface, l'autre de volume, faisant apparaître des décroissances en $1/r$. Tout se passe donc comme s'il existait une distribution de courants, dits d'aimantation, **placés dans le vide**, et dont les densités s'expriment en fonction du seul vecteur aimantation $\vec{J}$:

– densité surfacique : $\vec{j}_{Sa}(M') = \vec{J}(M') \wedge \vec{n}$

– densité volumique : $\vec{j}_a(M) = \overrightarrow{\text{rot}}_M\vec{J}(M)$

$\vec{n}$ est la normale extérieure au milieu aimanté

2. Interprétation qualitative

* $\vec{J}$ uniforme

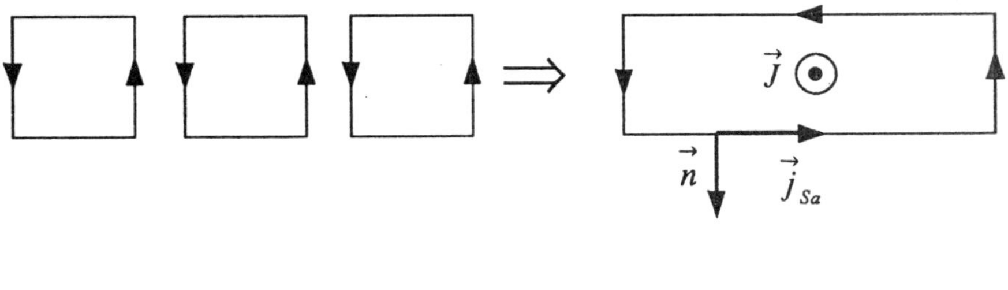

$\vec{j}_a = \overrightarrow{\text{rot}}\,\vec{J} = \vec{0}$, il n'y a pas de densité de courant d'aimantation volumique.

$\vec{j}_{Sa} = \vec{J} \wedge \vec{n}$ est correctement orienté ; seul subsiste un courant surfacique de densité $j_{Sa} = J$ (en A.m^{-1}).

* $\vec{J}$ non uniforme

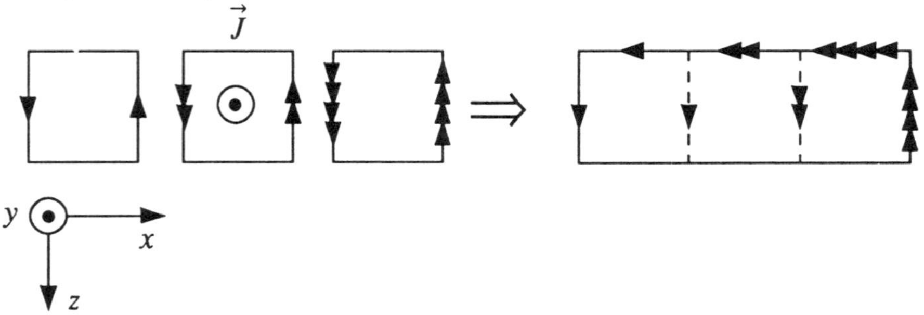

Le vecteur aimantation est colinéaire à $\vec{u}_y$ et sa norme augmente avec x, soit $\partial J_y/\partial x > 0$ ce qui correspond bien à :

- une densité volumique de courant $\vec{j}_a$ dans le sens de $\vec{u}_z$ d'autant plus importante que l'aimantation varie plus rapidement car $j_{az} = \overrightarrow{\text{rot}}\,\vec{J} \cdot \vec{u}_z = \partial J_y/\partial x > 0$ (de 2 à 4 sur la figure).
- une densité surfacique $\vec{j}_{Sa}$ dont la norme augmente avec l'intensité du vecteur aimantation.

3.a) L'aimantation ne crée pas de courant traversant le milieu ; elle oriente simplement les boucles de courant dues aux charges liées. La loi des nœuds, particulièrement apparente sur les dessins ci-dessus suppose donc :

$$\iiint_{\mathcal{D}} \vec{j}_a(M)\mathrm{d}\tau + \oiint_{\mathcal{S}} \vec{j}_{Sa}(M')\mathrm{d}S = \vec{0}$$

ou encore
$$\iiint_{\mathcal{D}} \overrightarrow{\text{rot}}_M \vec{J}(M)\mathrm{d}\tau + \oiint_{\mathcal{S}} \vec{J}(M') \wedge \overrightarrow{\mathrm{d}S} = \vec{0}$$

ce qui est vérifié d' après la formule vue au préliminaire.

b) Si $\vec{J}$ est uniforme, le calcul de la question **1**. peut être remplacé par :

$$\vec{A}_d(P) = \frac{\mu_0}{4\pi}\iiint_{\mathcal{D}} \frac{\vec{J}\mathrm{d}\tau \wedge \vec{u}}{r^2} = \mu_0 \vec{J} \wedge \iiint_{\mathcal{D}} \frac{\varepsilon_0 \cdot \mathrm{d}\tau\vec{u}}{4\pi\varepsilon_0 r^2}$$

$$\Longrightarrow \quad \boxed{\vec{A}_d(P) = \mu_0 \vec{J} \wedge \vec{E}'(\rho = \varepsilon_0)}$$

$\vec{E}'$ apparaît comme le champ électrique (en $\vec{u}/r^2$) créé au point P par une distribution volumique de charges de densité $\rho = \varepsilon_0$ et occupant le même domaine $\mathcal{D}$. Ce résultat est utile dans certains exercices ; à noter qu'il s'agit de $\rho = \varepsilon_0$ "sans dimension" (et non en C.m^{-3}) et d'ailleurs $\vec{E}'$ n'est pas homogène à un champ électrique (il ne s'exprime pas en V/m) : il s'agit simplement de mettre à profit une technique de calcul d'intégrales triples avec div $\vec{E}' = 1$ sur $\mathcal{D}$.

c) * L'équation de Maxwell-Ampère en régime stationnaire $\overrightarrow{\text{rot}}\,\vec{B} = \mu_0\vec{\jmath}$ pour le champ macroscopique $\vec{B}$ reste valable dans le milieu magnétique à condition de considérer la densité volumique de courants : $\vec{\jmath} = \vec{\jmath}_l + \vec{\jmath}_a$ où $\vec{\jmath}_l$ est la densité de courants libres lié au champ extérieur $\vec{B}_0$ et $\vec{\jmath}_a$ la densité de courants d'aimantation (ou ampériens) et qui crée le champ $\vec{B}_d$.

Avec $\vec{\jmath}_a = \overrightarrow{\text{rot}}\,\vec{J}$, il vient $\overrightarrow{\text{rot}}(\vec{B}/\mu_0 - \vec{J}) = \vec{\jmath}_l$

par définition $\boxed{\vec{H} = \vec{B}/\mu_0 - \vec{J}}$ soit $\boxed{\overrightarrow{\text{rot}}\,\vec{H} = \vec{\jmath}_l}$

$\vec{H}$ est le vecteur excitation magnétique ; sa norme H, comme J, s'exprime en A/m (homogène à une densité de courant surfacique, ou plus simplement à un courant linéique).
Cette équation indique que pour une distribution de courants libres donnée, le vecteur $\vec{H}$ est le même dans le vide que dans la matière (alors que $\vec{B}$ est modifié).

Remarques : *Il ne faut pas penser que l'équation de M.A. avec $\vec{B}$ et $\vec{\jmath}$ ne s'applique qu'au seul vide et que celle avec $\vec{H}$ et $\vec{\jmath}_l$ ne s'applique qu'à la seule matière ; il n'y a pas de domaine réservé.

* Pour un aimant permanent en l'absence de circuits, $\vec{\jmath}_l = \vec{0}$ soit $\overrightarrow{\text{rot}}\,\vec{H} = \vec{0}$: $\vec{H}$ est un champ de gradient à circulation nulle sur un contour fermé.

* En régime variable M.A. s'écrit $\overrightarrow{\text{rot}}\,\vec{B} = \mu_0\vec{\jmath} + \mu_0\varepsilon_0\partial\vec{E}/\partial t$.

Le milieu présentant a priori des propriétés diélectriques, il faut inclure dans $\vec{\jmath}$ les courants de polarisation $\vec{\jmath}_p$:

$$\vec{\jmath} = \vec{\jmath}_l + \vec{\jmath}_a + \vec{\jmath}_p = \vec{\jmath}_l + \overrightarrow{\text{rot}}\,\vec{J} + \partial\vec{P}/\partial t$$

Alors avec $\vec{H} = \vec{B}/\mu_0 - \vec{J}$ et $\vec{D} = \varepsilon_0\vec{E} + \vec{P}$, il vient

$$\boxed{\overrightarrow{\text{rot}}\,\vec{H} = \vec{\jmath}_l + \partial\vec{D}/\partial t}$$

Le théorème d'Ampère pour $\vec{H}$ s'écrit en notant $I_l(C)$ le courant libre total enlacé par le contour fermé C :

$$\boxed{\oint_C \vec{H}\cdot\overrightarrow{\text{d}l} = I_l(C)}$$

Remarque : L'équation de Maxwell-flux div $\vec{B} = 0$ conserve la notion de potentiel vecteur magnétique ($\vec{B} = \overrightarrow{\text{rot}}\,\vec{A}$). $\vec{B}$ reste à flux conservatif.

1.2 Excitation démagnétisante. Analogie

Précisions préliminaires :

* Dans le vide, le champ $\vec{B}$ est entièrement déterminé par les équations de Maxwell à divergence et rotationnel :

$$\text{div}\,\vec{B} = 0 \qquad \text{et} \qquad \overrightarrow{\text{rot}}\,\vec{B} = \mu_0 \vec{\jmath}$$

En l'absence de courant, on sait qu'il n'y a pas de champ magnétique. Mais l'équation $\overrightarrow{\text{rot}}\,\vec{B} = \vec{0}$ seule ne permet pas de conclure à ce résultat (elle dit seulement que $\vec{B}$ est irrotationnel ; il faut rajouter div $\vec{B} = 0$ ($\vec{B}$ indivergent) pour conclure $\vec{B} = \vec{0}$.

* Dans la matière, les équations sont div $\vec{B} = 0$ et $\overrightarrow{\text{rot}}\,\vec{H} = \mu_0 \vec{\jmath}_l$.
Ces deux relations ne permettent une détermination complète de $\vec{H}$ qu'avec la donnée d'une relation (constitutive) entre $\vec{B}$ et $\vec{H}$. En particulier, si $\vec{\jmath}_l = \vec{0}$ (absence de courant libre), $\overrightarrow{\text{rot}}\,\vec{H} = \vec{0}$ ne permet pas de conclure $\vec{H} = \vec{0}$, mais seulement que $\vec{H}$ est irrotationnel (c'est un champ de gradient à circulation nulle sur un contour fermé conformément au théorème d'Ampère).

De la même manière que $\vec{B} = \vec{B}_0 + \vec{B}_d$, posons $\vec{H} = \vec{H}_0 + \vec{H}_d$ où $\vec{H}_0 = \vec{B}_0/\mu_0$ s'annule en même temps que $\vec{B}_0$ (lorsque $\vec{\jmath}_l = \vec{0}$).

$\vec{H}$ et $\vec{H}_0$ sont tous les deux déterminés par $\vec{\jmath}_l$ mais diffèrent éventuellement d'un champ de gradient $\vec{H}_d$ appelé "excitation démagnétisante" car de sens opposé à l'aimantation $\vec{J}$ dans le milieu.

a) Exprimer $\vec{H}_d$ en fonction de $\vec{B}_d$ et $\vec{J}$.

b) A partir de $\vec{H} = \vec{H}_0 + \vec{H}_d = \vec{B}/\mu_0 - \vec{J}$ et des équations de Maxwell, déterminer div $\vec{H}_d$ et $\overrightarrow{\text{rot}}\,\vec{H}_d$ en fonction de $\vec{J}$.
De même, à partir de $\vec{E} = \vec{E}_0 + \vec{E}_d = (\vec{D} - \vec{P})/\varepsilon_0$ et des équations de Maxwell, déterminer, en électrostatique d'un milieu polarisé, div $\vec{E}_d$ et $\overrightarrow{\text{rot}}\,\vec{E}_d$ en fonction de $\vec{P}/\varepsilon_0$.
Conclure quant à l'analogie formelle entre $\vec{E}_d$ et $\vec{H}_d$.

c) Quel est l'intéret du vecteur $\vec{H}_d$?

a) Écrivons $\vec{B} = \vec{B}_0 + \vec{B}_d$ et $\vec{H} = \vec{H}_0 + \vec{H}_d$

avec $\vec{H} = \vec{B}/\mu_0 = \vec{J}$ et $\vec{H}_0 = \vec{B}_0/\mu_0$ (dans le vide)

il vient
$$\boxed{\vec{H}_d = \vec{B}_d/\mu_0 - \vec{J}}$$

Les exemples traités par la suite montrent que $\vec{B}_d$ est de même sens que $\vec{J}$, et qu'en module ($B_d \leq \mu_0 J$) donc $\vec{H}_d$ est toujours opposé à $\vec{J}$ d'où sa dénomination "d'excitation démagnétisante".

b) * $\vec{H} = \vec{H}_0 + \vec{H}_d = \vec{B}/\mu_0 - \vec{J}$

Prenons la divergence des deux dernières expressions :

$$\text{div } \vec{H}_0 + \text{div } \vec{H}_d = -\text{div } \vec{B}/\mu_0 - \text{div } \vec{J}$$

avec div $\vec{H}_0 = (1/\mu_0)\,\text{div } \vec{B}_0 = 0$ et div $\vec{B} = 0$, il reste

$$\boxed{\text{div } \vec{H}_d = -\text{div } \vec{J}}$$

Prenons le rotationnel des deux premières expressions :

$$\overrightarrow{\text{rot}}\,\vec{H} = \overrightarrow{\text{rot}}\,\vec{H}_0 + \overrightarrow{\text{rot}}\,\vec{H}_d$$

avec $\overrightarrow{\text{rot}}\,\vec{H} = \overrightarrow{\text{rot}}\,\vec{H}_0 = \vec{j}_l$ car $\overrightarrow{\text{rot}}\,\vec{H}_0 = (1/\mu_0)\overrightarrow{\text{rot}}\,\vec{B}_0 = \vec{j}_l$

d'où $\boxed{\overrightarrow{\text{rot}}\,\vec{H}_d = \vec{0}}$ $\vec{H}_d$ est un champ de gradient

* $\vec{E} = \vec{E}_0 + \vec{E}_d = \vec{D}/\varepsilon_0 - \vec{P}/\varepsilon_0$

Prenons la divergence des deux dernières expressions :

$$\text{div } \vec{E}_0 + \text{div } \vec{E}_d = \text{div } \vec{D}/\varepsilon_0 - \text{div } \vec{P}/\varepsilon_0$$

avec div $\vec{E}_0 = \text{div } \vec{D}/\varepsilon_0 = \rho_l/\varepsilon_0$

d'où
$$\boxed{\text{div } \vec{E}_d = -\text{div } \vec{P}/\varepsilon_0}$$

Prenons le rotationnel des deux premières expressions :

$$\overrightarrow{\text{rot}}\,\vec{E} = \overrightarrow{\text{rot}}\,\vec{E}_0 + \overrightarrow{\text{rot}}\,\vec{E}_d$$

avec $\overrightarrow{\text{rot}}\,\vec{E} = \overrightarrow{\text{rot}}\,\vec{E}_0 = \vec{0}$, il reste

$$\boxed{\overrightarrow{\text{rot}}\,\vec{E}_d = \vec{0}}$$

* Comme un champ de vecteurs est entièrement déterminé par la donnée de sa divergence et de son rotationnel, on en déduit l'analogie formelle suivante :

$\vec{H}_d$ s'exprime en fonction de $\vec{J}$ comme $\vec{E}_d$ en fonction de $\vec{P}/\varepsilon_0$.

A noter que ce résultat ne suppose aucune relation constitutive entre champs et excitations.

Remarque : Même si l'analogie fondamentale (action des champs sur les charges et les courants par la force de Lorentz) se fait entre $\vec{E}$ et $\vec{B}$ d'une part et entre les excitations $\vec{D}$ et $\vec{H}$ reliés par les équations de Maxwell aux charges et courants libres d'autre part, il apparaît ici une analogie entre $\vec{E}_d$ (toujours opposé à $\vec{P}/\varepsilon_0$) et $\vec{H}_d$ (toujours opposé à $\vec{J}$) qui existe aussi expérimentalement entre $\vec{E}$ (lié à la différence de potentiel) et $\vec{H}$ (lié au courant libre), le premier étant mesuré par un voltmètre et le second par un ampèremètre (les notions de flux et de charges libres liées à $\vec{B}$ et $\vec{D}$ étant d'un accès expérimental moins immédiat).

c) L'intérêt du vecteur $\vec{H}_d$ vient :

– du cas $\vec{j}_l = \vec{0}$ (d'où $\vec{B}_0 = \vec{0}$ et $\vec{H}_0 = \vec{0}$ et $\vec{J} \neq \vec{0}$ (soit $\vec{B} = \vec{B}_d \neq \vec{0}$ et $\vec{H} = \vec{H}_d \neq \vec{0}$) c'est-à-dire pour un aimant permanent (milieu ferromagnétique — voir l'introduction du chapitre 5).

– mais aussi dans tous les cas d'aimantation induite (sans que $\vec{j}_l \neq \vec{0}$ soit précisé) car pour une aimantation $\vec{J}$ donnée, la détermination de $\vec{H}_d$ peut se faire par l'analogie diélectrique et donne alors directement accès à $\vec{B}_d$.

1.3 Introduction d'un milieu dans une bobine

Un milieu magnétique de forme cylindrique occupe tout l'espace intérieur d'une bobine de grande longueur par rapport à son diamètre. Les courants libres qui parcourent ce solénoïde "infiniment long" créent un champ magnétique $\vec{B}_0$ pouvant être considéré comme uniforme. L'aimantation $\vec{J}$ prise par le milieu magnétique est également supposée uniforme.

a) Déterminer les densités de courants d'aimantation et en déduire en fonction de l'aimantation $\vec{J}$ le champ $\vec{B}_d$ créé par cette collection de dipôles. Dans un milieu paramagnétique $\vec{J}$ est de même sens que $\vec{B}_0$ et dans un milieu diamagnétique $\vec{J}$ est de sens opposé à $\vec{B}_0$ (voir chapitre 2). Préciser le sens de $\vec{B}_d$ par rapport à $\vec{B}_0$.

L'introduction du milieu magnétique augmente-t-elle ou diminue-t-elle le champ magnétique dans le solénoïde ?

b) Le milieu magnétique est linéaire homogène isotrope de perméabilité relative μ_r. ($\vec{B} = \mu \vec{H}$).
A l'aide des équations de Maxwell-Ampère, trouver la relation entre les densités de courants libres surfaciques $\vec{\jmath}_{Sl}$ dans le solénoïde (assimilé à une nappe plane de courant) et d'aimantation $\vec{\jmath}_{Sa}$. Quelle inégalité vérifient leurs normes ?
En fonction de la définition donnée au a), déduire de ce résultat le signe de la susceptibilité magnétique $\chi = \mu_r - 1$ d'un milieu paramagnétique et d'un milieu diamagnétique. Préciser le sens de $\vec{B}$ (par rapport à $\vec{B}_0$) et celui de $\vec{H}$ (par rapport à $\vec{J}$).

c) L'introduction du milieu magnétique LHI peut se faire de deux manières (entre autres) bien différentes : à courant constant ou à flux constant. Dans chaque cas :
- décrire le mode opératoire.
- faire un raisonnement par champ, flux et courant pour déterminer l'inductance L de la bobine avec le milieu magnétique en fonction de celle L_0 sans le milieu et μ_r.
- retrouver le même résultat à partir de l'énergie, dont on précisera si elle est multipliée ou divisée par μ_r.

a) Le champ $\vec{B}_0$ créé par les courants libres circulant dans le solénoïde (assimilé à une nappe de courant surfacique de densité $\vec{\jmath}_{Sl}$) en présence du milieu magnétique est à l'origine de l'aimantation $\vec{J}$. L'effet de cette densité volumique de dipôles magnétiques se décrit par des courants d'aimantation (ou ampériens), et si $\vec{J}$ est uniforme :

$$\vec{\jmath}_a = \overrightarrow{\text{rot}}\,\vec{J} = \vec{0}$$

$$\vec{\jmath}_{Sa} = \vec{J} \wedge \vec{n} = \pm J \vec{u}_\theta \quad (J > 0 \ \text{ et } \ \vec{n} = \vec{u}_r \text{ normale extérieure})$$

En effet, suivant que l'aimantation (grandeur macroscopique) résulte au niveau microscopique d'une modification des trajectoires électroniques autour du noyau avec moments magnétiques induits dans le champ (diamagnétisme, voir exercice 2.4) ou de l'alignement dans le champ des moments magnétiques permanents (paramagnétisme, voir exercice 2.7), le vecteur $\vec{J}$ est soit antiparallèle soit parallèle à $\vec{B}_0$, d'où le signe $\pm$ dans l'orientation des courants surfaciques d'aimantation.

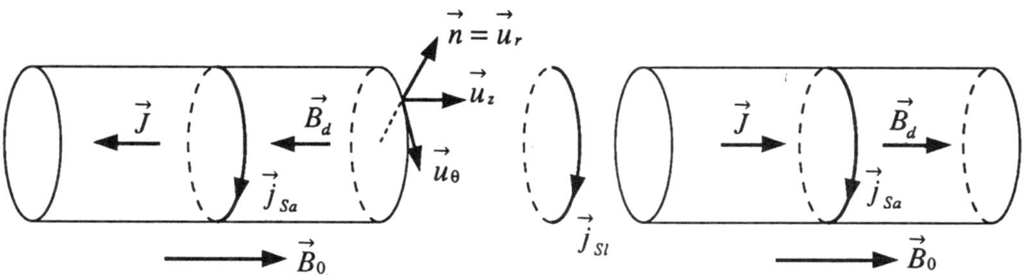

échantillon diamagnétique

échantillon paramagnétique

Le champ $\vec{B}_d$ créé par la collection de dipôles est celui créé par les courants d'aimantation $\vec{\jmath}_{Sa}$; il s'obtient en écrivant le théorème d'Ampère ou directement par analogie avec un solénoïde de courant par unité de longueur (l'équivalent de nI) égal à J :

dans les deux cas $$\boxed{\vec{B}_d = \mu_0 \vec{J}}$$

Remarque : Dans ce cas, l'excitation démagnétisante (voir exercice 1.2) est nulle : $\vec{H}_d = \vec{B}_d/\mu_0 - \vec{J} = \vec{0}$.

Ce champ est opposé à $\vec{B}_0$ dans le cas d'un échantillon diamagnétique et de même sens que $\vec{B}_0$ dans le cas d'un échantillon paramagnétique. La situation n'est donc pas comparable à celle de la polarisation d'un milieu diélectrique où dans tous les cas $\vec{P}$ est de même sens que $\vec{E}_0$ (comme $\vec{J}$ et $\vec{B}_0$ pour un paramagnétique) et $\vec{E}_d$ toujours opposé à $\vec{E}_0$ (comme $\vec{B}_d$ et $\vec{B}_0$ pour un diamagnétique) (voir M.D. exercice 1.2).

Le champ macroscopique est la somme du champ extérieur $\vec{B}_0$ ($\vec{\jmath}_{Sl}$) et du champ $\vec{B}_d$ ($\vec{\jmath}_{Sa}$) :

$$\boxed{\vec{B} = \vec{B}_0 + \vec{B}_d = \vec{B}_0 + \mu_0 \vec{J}}$$

Avec $\vec{B}_0 = \mu_0 n I \vec{u}_z$ (n nombre de spires par unité de longueur du solénoïde et I le courant qui le traverse) et $\vec{J} = \pm J \vec{u}_z$ ($J > 0$), il vient

$$\vec{B} = \mu_0 (nI \pm J)\vec{u}_z$$

Il est intéressant de comparer $\vec{B}$ à $\vec{B}_0$ (champ créé par les courants libres en présence du milieu) : $B < B_0$ pour un diamagnétique (signe $-$) et $B > B_0$ pour un paramagnétique (signe $+$).

Mais il est moins intéressant de comparer $\vec{B}$ à $\vec{B}'_0$ (champ créé par les courants libres en l'absence du milieu) car cela dépend du mode opératoire pendant l'introduction du milieu où I n'est pas forcément constant (voir cela en détail à la question c)). Dans tous les cas l'introduction du milieu modifie l'état d'équilibre magnétique antérieur, sans milieu, et se fait dans $\vec{B}$ et non dans $\vec{B}_0$.

b) A l'extérieur du solénoïde infiniment long, les champs sont nuls, et à l'intérieur ils sont uniformes, colinéaires à l'axe correspondant à une discontinuité de composante tangentielle.

* $\overrightarrow{\text{rot}}\,\vec{B} = \mu_0(\vec{\jmath}_l + \vec{\jmath}_a) \implies \vec{0} - \vec{B} = \mu_0(\vec{\jmath}_{Sl} + \vec{\jmath}_{Sa}) \wedge \vec{n}$

* $\overrightarrow{\text{rot}}\,\vec{H} = \vec{\jmath}_l \implies \vec{0} - \vec{H} = \vec{\jmath}_{Sl} \wedge \vec{n}$

ce qui par $\vec{B} = \mu_0 \mu_r \vec{H}$ pour un milieu LHI entraîne

$$\vec{\jmath}_{Sa} \wedge \vec{n} = (\mu_r - 1)(\vec{\jmath}_{Sl} \wedge \vec{n})$$

et comme en tout point ($\forall \vec{n}$), $\vec{\jmath}_{Sa}$ et $\vec{\jmath}_{Sl}$ sont colinéaires :

$$\boxed{\vec{\jmath}_{Sa} = (\mu_r - 1)\vec{\jmath}_{Sl} = \chi \vec{\jmath}_{Sl}}$$

Dans tous les cas de milieux linéaires $|\chi| \ll 1$ et donc $|\vec{\jmath}_{Sa}| \ll |\vec{\jmath}_{Sl}|$.

Les dessins de la question a) montrent clairement que :

- pour un diamagnétique $\vec{\jmath}_{Sa}$ est de sens opposé à $\vec{\jmath}_{Sl}$ d'où $\chi < 0$ soit $\mu < \mu_0$
- pour un paramagnétique $\vec{\jmath}_{Sa}$ est de même sens que $\vec{\jmath}_{Sl}$ d'où $\chi > 0$ soit $\mu > \mu_0$.

A cause de $|\chi| \ll 1$, $|\vec{B}_d| \ll |\vec{B}_0|$ et donc $\vec{B} = \vec{B}_0 + \vec{B}_d$ est de même sens que $\vec{B}_0$. Vérifions-le en écrivant simultanément :

$$\vec{H} = \vec{B}/\mu_0 - \vec{J} = \vec{B}/\mu_0\mu_r \implies \vec{B}/\mu_0\mu_r = \vec{J}/(\mu_r - 1) = \vec{J}/\chi$$

or le vecteur $\vec{J}/\chi$ a le même sens ($\vec{u}_z^+$) pour les deux types de milieux (voir les dessins) et donc $\vec{B}$, comme $\vec{B}_0$, est colinéaire à $\vec{u}_z$.

De $\vec{H} = \vec{B}/\mu_0\mu_r = \vec{J}/\chi$ il vient $\boxed{\vec{J} = \chi\vec{H}}$

traduisant véritablement la linéarité du milieu magnétique (équilibre de l'aimantation dans le vecteur excitation $\vec{H}$). $\vec{H}$, comme $\vec{B}$, est donc toujours colinéaire à $\vec{u}_z$, de même sens que $\vec{J}$ pour un paramagnétique et de sens opposé pour un diamagnétique.

c) * Introduction du milieu à courant (libre) constant avec un générateur de courant qui maintient $I = \text{Cste} = I_0$. La matière s'aimante et il apparaît des courants d'aimantation qui modifient le champ magnétique, donc le flux (lié à $\vec{B}$) à travers les spires du solénoïde, et donc l'inductance.

<u>1er raisonnement</u> : Au champ $\vec{B}_0$ créé par les courants libres I, s'ajoute le champ $\vec{B}_d$ créé par les courants d'aimantation ; comme $\vec{\jmath}_{Sa} = (\mu_r - 1)\vec{\jmath}_{Sl}$, il vient $\vec{B}_d = (\mu_r - 1)\vec{B}_0$ et donc $\vec{B} = \vec{B}_0 + \vec{B}_d = \mu_r\vec{B}_0$ ($\vec{B}_0 = \mu_0 nI\vec{u}_z$ devient $\vec{B} = \mu_0\mu_r nI\vec{u}_z = \mu nI\vec{u}_z$).

Remarque : Ce résultat s'obtient également en traduisant que $\vec{\jmath}_{Sl}$ étant inchangé, il en est de même pour $\vec{H}$ (ce qui n'est pas vrai dans le cas général, mais ici $\vec{H}_d = \vec{0}$).

$$\vec{H}_0 = \vec{H} \implies \vec{B}_0/\mu_0 = \vec{B}/\mu \implies \vec{B} = \mu_r\vec{B}_0$$

ce qui redonne $|\vec{B}|$ augmenté pour $\mu_r > 1$ (paramagnétique) et $|\vec{B}|$ diminué pour $\mu_r < 1$ (diamagnétique).

Il en est donc de même du flux (la géométrie du solénoïde n'a pas varié)

$\Phi = \mu_r\Phi_0 \implies LI = \mu_r(L_0 I)$ d'où $\boxed{L = \mu_r L_0}$

Remarque : Comme $I = \text{Cste}$, $\vec{B}_0$ représente à la fois le champ créé par les courants libres en l'absence et en présence du milieu.

2e raisonnement : u est la densité d'énergie et U l'énergie magnétique de la bobine

$$\left.\begin{aligned} u_0 &= \frac{\vec{B}_0^2}{2\mu_0} \quad \text{et} \quad U_0 = \frac{1}{2}L_0 I^2 \quad (\text{car } I = I_0) \\ u &= \frac{1}{2}\vec{H}\cdot\vec{B} = \frac{\vec{B}^2}{2\mu_0\mu_r} = \mu_r u_0 \quad \text{car} \quad \vec{B} = \mu_r \vec{B}_0 \quad \text{d'où} \quad U = \frac{1}{2}LI^2 = \mu_r U_0 \end{aligned}\right\}$$

$$\Longrightarrow \quad \boxed{L = \mu_r L_0}$$

Dans ce cas l'énergie est multipliée par μ_r $(u = \mu_r(\frac{\mu_0}{2}\vec{H}^2)$ avec $\vec{H}$ inchangé car $I = \text{Cste}$ et $\vec{H}_d = \vec{0}$ ici).

* Introduction du milieu à flux constant à travers la bobine ; il faut utiliser un générateur de courant et faire varier l'intensité du courant délivré lors de l'introduction de I_0 à I. La matière s'aimante et il apparaît des courants d'aimantation, mais globalement le champ magnétique ne doit pas varier pour maintenir son flux constant. Bien sûr, le champ magnétique créé par les seuls courants libres en l'absence $(\vec{B}'_0 = \mu_0 n I_0 \vec{u}_z)$ et en présence $(\vec{B}_0 = \mu_0 n I \vec{u}_z)$ de milieu est donc modifié !

1er raisonnement : Le champ total en présence du milieu est $\vec{B} = \mu_0\mu_r n I \vec{u}_z$ (comme précédemment) à identifier à $\vec{B}'_0 = \mu_0 n I_0 \vec{u}_z)$

$$\text{d'où} \quad \boxed{I = I_0/\mu_r}$$

L'introduction d'un échantillon diamagnétique $(\mu_r < 1)$ nécessite donc une augmentation du courant (car le champ dû au courant libre est diminué de $\vec{B}_d$) et celle d'un échantillon paramagnétique $(\mu_r > 1)$ une diminution (puisque le champ dû au courant libre est augmenté de $\vec{B}_d$).

La conservation du flux s'écrit alors $\Phi = L_0 I_0 = LI$.

$$\text{soit} \quad \boxed{L = \mu_r L_0}$$

Remarque : H est passé de $H_0 = B'_0/\mu_0 = nI_0$ à $H = B/\mu = nI$.

2e raisonnement : u passe de $u_0 = \dfrac{\vec{B}_0'^2}{2\mu_0}$ à $u = \dfrac{\vec{B}^2}{2\mu_0\mu_r}$ donc u est divisée par μ_r puisque $\vec{B} = \vec{B}'_0$ et donc $U = U_0/\mu_r$ avec

$$U_0 = \frac{\Phi^2}{2L_0} \quad \text{et} \quad U = \frac{\Phi^2}{2L} \quad \text{d'où} \qquad \boxed{L = \mu_r L_0}$$

Conclusion : Dans les deux cas l'équilibre magnétique initial est perturbé, mais l'inductance s'en trouve multipliée par μ_r, diminuée pour un diamagnétique et augmentée par un paramagnétique. Bien sûr, la relation entre Φ et I ne dépend que de l'état donné, et pas de la façon d'y arriver, car il n'y a pas d'hystérésis. En réalité, les valeurs numériques montrent que dans tous les cas μ_r est toujours très voisin de 1 (puisque $|\chi| \ll 1$). Cette modification est donc toute "théorique". Pour une augmentation sensible de l'inductance, il faut $\mu_r \gg 1$ ce qui correspond aux cas de matériaux ferromagnétiques, mais à cause de l'hystérésis les calculs sont bien moins simples (voir chapitre 5).

Précisons par ailleurs qu'une manipulation en travaux pratiques ne correspond ni à $H =$ Cste (courant constant) ni à $B =$ Cste (flux constant) puisque l'introduction du noyau magnétique se fait en général dans une bobine d'un circuit RLC série branché sur un générateur de tension !

1.4 Cylindre à aimantation axiale

Un milieu magnétique cylindrique de rayon R et de hauteur e possède une aimantation $\vec{J} = J\vec{u}_z$ uniforme, parallèlement à son axe.

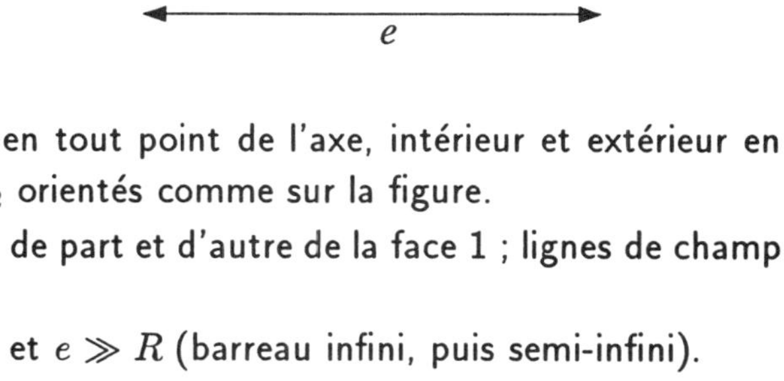

a) On supppose d'abord qu'il n'y a pas de champ $\vec{B}_0$ extérieur (créé par des courants libres), et donc que l'aimantation est celle d'un aimant permanent (milieu ferromagnétique).

* Calculer $\vec{B}_d(=\vec{B})$ et $\vec{H}_d(=\vec{H})$ en tout point de l'axe, intérieur et extérieur en fonction de $\vec{J}$ et des angles α_1 et α_2 orientés comme sur la figure.

* Examiner les conditions de passage de part et d'autre de la face 1 ; lignes de champ de $\vec{B}$ et $\vec{H}$.

* Cas particuliers : $e \ll R$ (disque) et $e \gg R$ (barreau infini, puis semi-infini).

b) Le matériau est à présent paramagnétique (ou diamagnétique) de susceptibilité χ (milieu LHI). L'aimantation induite $\vec{J}$ est alors due à un champ magnétique extérieur $\vec{B}_0$ uniforme et colinéaire à $\vec{u}_z$ dans lequel est placé le cylindre. Exprimer l'aimantation prise en fonction de $\vec{B}_0$.
Que penser de l'hypothèse $\vec{B}_0$ uniforme $\Longrightarrow$ $\vec{J}$ uniforme ?
Cas particuliers du disque et du barreau.

a) * Le milieu matériel aimanté est équivalent du point de vue magnétique à du vide dans lequel existeraient des courants dits d'aimantation

– de densité volumique : $\vec{j}_a(M) = \overrightarrow{\text{rot}}\,\vec{J} = \vec{0}$

– de densité surfacique : $\vec{j}_{Sa}(M') = \vec{J} \wedge \vec{u}_r = J\vec{u}_\theta$ sur la surface latérale et $\vec{j}_{Sa}(M') = \vec{0}$ sur les bases.

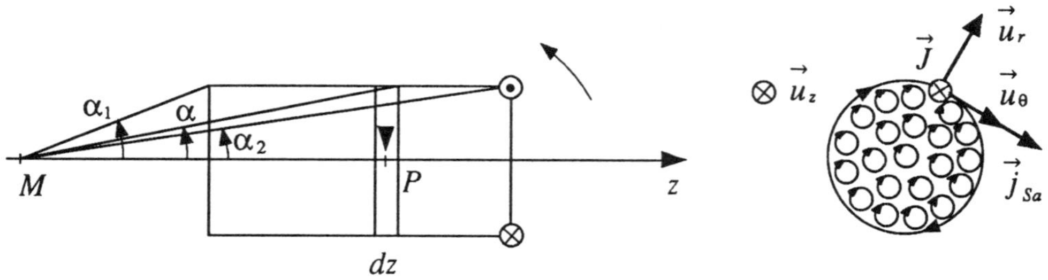

Le barreau aimanté est équivalent à un solénoïde ou nappe de courant d'intensité par unité de longueur $J \equiv nI$ (en A/m) où n serait le nombre de spires par unité de longueur parcourues par le courant I.

L'épaisseur dz en P (repéré par z ou α) est équivalente à une spire circulaire parcourue par un courant $J\mathrm{d}z$; elle crée au point M le champ

$$\mathrm{d}\vec{B}_d = \frac{\mu_0(J\mathrm{d}z)}{2R}\sin^3\alpha\vec{u}_z$$

z et α sont liés ; à M fixé, $\mathrm{d}z = \mathrm{d}MP = \mathrm{d}(\dfrac{R}{\tan\alpha}) = -R\mathrm{d}\alpha\sin^2\alpha$ (si $\mathrm{d}z > 0$, $\mathrm{d}\alpha < 0$))

L'intégration de α_1 à α_2 donne avec $J\vec{u}_z = \vec{J}$:

$$\boxed{\vec{B}_d = \mu_0(\frac{\cos\alpha_2 - \cos\alpha_1}{2})\vec{J}}$$

Ce champ est celui du solénoïde équivalent, de même sens que $\vec{J}$, et dont l'expression est la même à l'intérieur ou à l'extérieur du matériau. Rappelons qu'en l'absence de champ extérieur $\vec{B}_0$, $\vec{B}_d$ s'identifie à $\vec{B}$: le champ magnétique disponible aux extrémités du barreau est uniquement dû à son aimantation.

De même $\vec{H}_d = \vec{H}$ puisque $\vec{H}_0 = \vec{B}_0/\mu_0 = \vec{0}$; il faut distinguer entre :

– l'intérieur : $\vec{H}_d^i = \vec{B}_d/\mu_0 - \vec{J} = -(1 - \dfrac{\cos\alpha_2 - \cos\alpha_1}{2})\vec{J}$ opposé à $\vec{J}$ (excitation démagnétisante)

– l'extérieur : $\vec{H}_d^e = \vec{B}_d/\mu_0 = (\dfrac{\cos\alpha_2 - \cos\alpha_1}{2})\vec{J}$

Remarque : Pour ces calculs, on aurait pu utiliser l'analogie avec un barreau uniformément polarisé $(\vec{E}_d, P/\varepsilon_0) \iff (\vec{H}_d, \vec{J})$ si les conventions d'angles avaient été les mêmes...(voir M.D., exercice 1.4). En revanche, le passage par $\vec{A}_d = \mu_0 \vec{J} \wedge \vec{E}'(\rho = \varepsilon_0)$ lorsque $\vec{J}$ est uniforme (voir exercices 1.1 ou 1.5) n'est pas efficace ici.

* Les (dis)continuités de $\vec{B}$ et $\vec{H}$ sont celles de $\vec{B}_d$ et $\vec{H}_d$.

– Le champ magnétique $\vec{B}$ (une seule expression) est continu ; c'est prévisible car sur les bases du barreau il intervient par sa composante normale et div $\vec{B} = 0$.

– Sur la face 1 (de gauche) $\alpha_1 = \pi/2$, par vérification directe ou

$$\vec{H}_d^i - \vec{H}_d^e = (\vec{B}_d/\mu_0 - \vec{J}) - (\vec{B}_d/\mu_0) = -\vec{J}$$

$\vec{H}$ est donc discontinu ; ceci n'est pas véritablement "prévu" car il s'agit de la composante normale et div $\vec{H}$ =? n'est pas précisément une équation de Maxwell ! Précisons tout de même que $\overrightarrow{\text{rot}}\,\vec{H} = \vec{0}$ car $\vec{j}_l = \vec{0}$. $\vec{H}$ est ici un champ de gradient et donc avec des lignes de champ fermées, le "retournement" de $\vec{H}$ entre l'intérieur et l'extérieur est une nécessité.

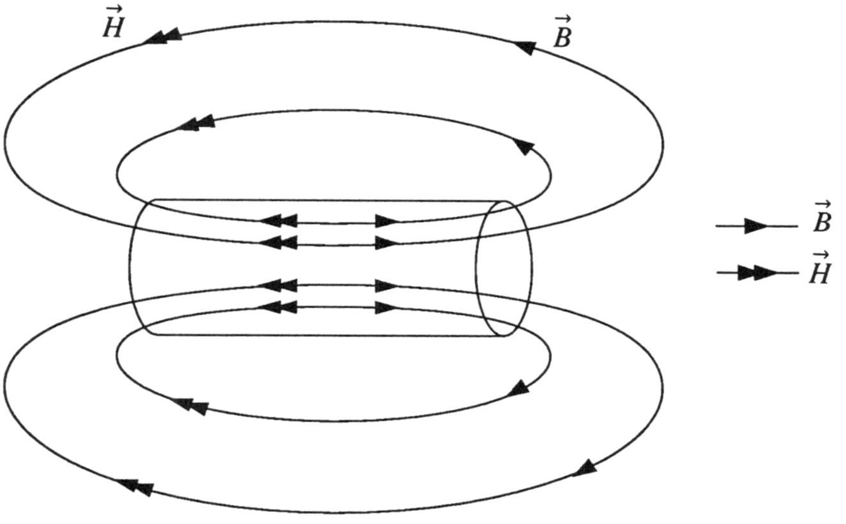

Remarque : Il s'agit ici d'un aimant permanent ($\vec{H}$ et $\vec{B} \neq \vec{0}$ alors que $\vec{B}_0 = \vec{0}$). Les relations constitutives $\vec{B} = \mu \vec{H}$ et $\vec{J} = \chi \vec{H}$ valables dans les milieux LHI (en présence de $\vec{B}_0$) ne s'appliquent pas et le fait que $\vec{B}$ et $\vec{H}$ soient de sens opposés dans le matériau n'a rien de contradictoire (on n'est plus sur la courbe de première aimantation). Par ailleurs il n'y a pas de réfraction des lignes de champ sur les bases du cylindre puisque les courants d'aimantation circulent sur le côté latéral.

* $e \ll R$ (disque plan) (α_1 et $\alpha_2 \to \pi/2$) : $\vec{B}_d \to \vec{0}$; $\vec{H}_d^i \to -\vec{J}$; $\vec{H}_d^e \to \vec{0}$

il s'agit d'un mauvais aimant (champ magnétique faible, excitation démagnétisante forte).

* $e \gg R$ (barreau infiniment long)

– intérieur ($\alpha_1 \to \pi$ et $\alpha_2 \to 0$) : $\vec{B}_d \to \mu_0 \vec{J}$ (solénoïde infiniment long) $\vec{H}_d^i \to \vec{0}$ l'excitation démagnétisante est nulle (ce qui suggère la conservation d'aimants disposés en contour fermé et non alignés parallèlement)

– à l'extérieur d'un barreau 1/2 infini (en se plaçant près de l'extrémité droite) $\alpha_1 \to \pi$ et $\alpha_1 \to \pi/2$: $\vec{B}_d \to \mu_0 \vec{J}/2$ et $\vec{H}_d^e \to \vec{J}/2$.
C'est un bon aimant car il produit un champ magnétique en son extrémité (qui est cependant la moitié du champ intérieur loin de la face car les lignes ont déjà divergé !).

b) La relation constitutive du milieu LHI en présence du champ $\vec{B}_0$ s'écrit :

$$\vec{J} = \chi \vec{H}^i = \chi(\vec{B}_0/\mu_0 + \vec{H}_d^i) \quad \text{car} \quad \vec{H}_0 = \vec{B}_0/\mu_0$$

soit $\vec{J} - \chi \vec{H}_d^i = \chi \vec{B}_0/\mu_0$ et avec l'expression de $\vec{H}_d^i$

$$\boxed{\vec{J} = \frac{\chi}{1 + \chi\Big(1 - (\cos\alpha_2 - \cos\alpha_1)/2\Big)} \cdot \frac{\vec{B}_0}{\mu_0}}$$

Cette aimantation dans un champ extérieur $\vec{B}_0$ uniforme est donc non uniforme puisque dépendant de α_1 et α_2. Il ne s'agit pas ici d'une "contradiction" car l'équilibre magnétique du matériau ne se réalise pas dans le seul champ extérieur $\vec{B}_0$, mais dans le champ (total) macroscopique $\vec{B} = \vec{B}_0 + \vec{B}_d$, c'est-à-dire qu'un dipôle magnétique s'oriente également dans le champ créé par tous les autres dipôles. Mais en réalité $|\vec{B}_d| \ll |\vec{B}_0|$ et faire $\vec{B} \simeq \vec{B}_0$, ce qui correspond à $\chi \ll 1$, revient donc simplement à négliger les interactions entre dipôles magnétiques, ce qui supprime le terme en α_1 et α_2 au dénominateur :

$$\vec{J} \simeq \chi \vec{B}_0/\mu_0$$

L'hypothèse $\vec{B}_0$ uniforme donc $\vec{J}$ uniforme est en fait une très bonne approximation :

disque (α_1 et $\alpha_2 \to \pi$) : $\quad \vec{J} = \dfrac{\chi}{1+\chi} \dfrac{\vec{B}_0}{\mu_0} \simeq \chi \vec{B}_0/\mu_0$

barreau ($\alpha_1 \to \pi$ et $\alpha_2 \to 0$) : $\quad \vec{J} = \chi \vec{B}_0/\mu_0$

résultats identiques ce qui est normal puisque les dipôles ne sont sensibles qu'au champ extérieur qui est le même.

1.5 Sphère uniformément aimantée

Une sphère S de centre O et de rayon R, est constituée d'un milieu magnétique uniformément aimanté suivant la direction Oz : $\vec{J} = J\vec{u}_z$.

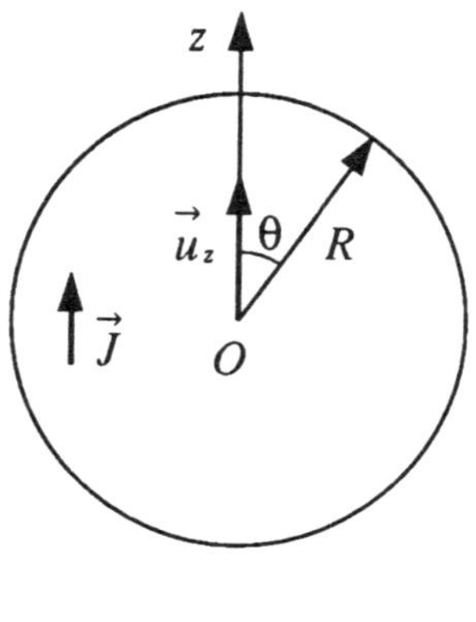

1. La nature dia-, para-, ou ferromagnétique du matériau n'a pas, pour l'instant, à être précisée.

a) Exprimer les densités de courants d'aimantation et calculer directement le champ $\vec{B}_d$ créé par la répartition de dipôles au centre O de la sphère S. Que vaut $\vec{H}_d(0)$?

b) Pour calculer $\vec{B}_d$ et $\vec{H}_d$ en tout point intérieur ou extérieur de S, on peut procéder comme suit. Écrire en un point M quelconque, l'intégrale triple donnant le potentiel vecteur $\vec{A}_d(M)$ créé par la sphère aimantée en fonction de $\vec{J}$ et montrer que son calcul conduit "formellement" à celui d'un champ électrique $\vec{E}'$ d'une distribution volumique de charges avec $\rho' = \varepsilon_0$.
Montrer alors que $\vec{B}_d^i$ est uniforme et que $\vec{B}_d^e$ est le champ d'un dipôle magnétique placé en O et de moment $\vec{\mathcal{M}}$ à déterminer. Tracer les lignes de champ de $\vec{B}_d$. Que vaut sa discontinuité en $r = R$? Donner les expressions de $\vec{H}_d^i$ et $\vec{H}_d^e$.

c) Utiliser l'équivalence $(\vec{E}_d, \vec{P}/\varepsilon_0) \iff (\vec{H}_d, \vec{J})$ et les résultats sur une sphère diélectrique uniformément polarisée (voir M.D., exercice 1.5) pour retrouver les résultats précédents.

2. Le matériau est paramagnétique (ou diamagnétique) et son aimantation uniforme est obtenue en le plongeant dans un champ extérieur uniforme $\vec{B}_0$.
En déduire l'aimantation $\vec{J}$ prise dans le champ $\vec{B}_0$ par ce milieu LHI de susceptibilité magnétique χ.
Que penser de l'affirmation "$\vec{B}_0$ uniforme donc $\vec{J}$ uniforme" ?
Comment s'écrit l'expression de $\vec{J}$ sachant que $|\chi| \ll 1$? Commenter.

3. Le matériau est ferromagnétique et initialement désaimanté. Il est aimanté dans un champ extérieur $\vec{B}_0$.

a) Écrire $\vec{B}$ et $\vec{H}$ à l'intérieur de la sphère et en déduire une relation entre $\vec{B}, \vec{H}$ et $\vec{B}_0$. Commenter ce résultat.

b) Après plusieurs cycles (B_0 variable entre $\pm B_0^m$), on revient à $B_0 = 0$.
Montrer par un graphe (B, H) comment il est possible de déterminer les grandeurs finales $\vec{B}_f, \vec{H}_f$ et $\vec{J}_f$.

1.a) Les courants d'aimantation ont pour :

– densité volumique

$$\vec{j}_a = \overrightarrow{\text{rot}}\,\vec{J} = \vec{0} \quad \text{car } \vec{J} \text{ uniforme}$$

– densité surfacique

$$\vec{j}_{Sa} = J\vec{u}_z \wedge \vec{u}_r = J \sin\theta \vec{u}_\varphi$$

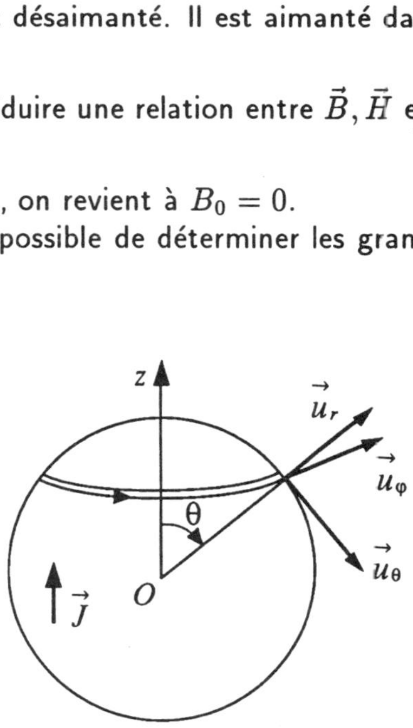

Une tranche de sphère de rayon $R\sin\theta$ et d'épaisseur $Rd\theta$ est parcourue par un courant circulaire d'intensité $dI = \vec{j}_{Sa}(R\theta\vec{u}_\varphi) = JR\sin\theta d\theta$. Elle est équivalente à une spire circulaire créant au point O de son axe un champ magnétique

$$\mathrm{d}\vec{B}_d(0) = \frac{\mu_0 \mathrm{d}I}{2(R\sin\theta)}\sin^3\theta\vec{u}_z = \frac{\mu_0 J\vec{u}_z}{2}\sin^3\theta\mathrm{d}\theta$$

et au total $\vec{B}_d(0) = \dfrac{\mu_0\vec{J}}{2}\displaystyle\int_0^\pi -(1-\cos^2\theta)\mathrm{d}\cos\theta$; l'intégrale vaut 4/3

$$\boxed{\vec{B}_d(0) = (2/3)\mu_0\vec{J}} \qquad (1)$$

d'où par $\vec{H}_d = \vec{B}_d/\mu_0 - \vec{J}$ dans la sphère : $\boxed{\vec{H}_d(0) = -\vec{J}/3}$ (2)

$\vec{B}_d(0)$ est de même sens que $\vec{J}$ et $\vec{H}_d(0)$ de sens opposé (excitation démagnétisante).

Remarque : Le champ en O créé par les courants $\vec{j}_{Sa}$ aux points P de la surface peut également se déterminer par retour à la formule de Biot et Savart :

$$\vec{B}_d(0) = \frac{\mu_0}{4\pi}\iint_S \frac{\vec{j}_{Sa}\mathrm{d}S \wedge \overrightarrow{PO}}{\|\overrightarrow{PO}\|^3} = \frac{\mu_0}{4\pi R^3}\iint \overrightarrow{OP}\wedge\vec{j}_{Sa}\mathrm{d}S = \frac{2\mu_0}{4\pi R^3}\vec{\mathcal{M}}$$

où $\vec{\mathcal{M}} = \dfrac{1}{2}\displaystyle\iint \overrightarrow{OP}\wedge\vec{j}_{Sa}\mathrm{d}S$ est le moment magnétique de la sphère.

Pour une aimantation uniforme $\vec{\mathcal{M}} = \dfrac{4}{3}\pi R^3\vec{J}$ d'où $\vec{B}_d(0) = \dfrac{2\mu_0}{3}\vec{J}$.

b) La distribution dipolaire étendue au volume de la sphère donne

$$\vec{A}_d(M) = \frac{\mu_0}{4\pi}\iiint_S \frac{\vec{J}\mathrm{d}\tau\wedge\vec{u}}{r^2} \quad \text{avec } \vec{u} = \frac{\vec{r}}{r} \text{ et } r = PM$$

où P est le point de S où se trouve l'élément de volume $\mathrm{d}\tau$.

Pour une aimantation uniforme, ceci s'écrit

$$\vec{A}_d(M) = \mu_0\vec{J}\wedge\iiint_S \frac{\varepsilon_0\cdot\vec{u}\mathrm{d}\tau}{4\pi\varepsilon_0 r^2} = \mu_0\vec{J}\wedge\vec{E}'(M)$$

Formellement l'intégrale est celle d'un champ électrique $\vec{E}'$ créé en M par une distribution volumique de charges placées dans le vide, de densité uniforme $\rho' = \varepsilon_0$ et étendue au même volume que le milieu. $\vec{E}'(M)$ radial et ne dépendant que de $r = OM$ se calcule par le théorème de Gauss appliqué à une sphère Σ de centre O et de rayon r :

* si $r < R$, $\quad E'\cdot 4\pi r^2 = \dfrac{\varepsilon_0\cdot 4\pi r^3/3}{\varepsilon_0} \Longrightarrow \vec{E}'_i = \dfrac{\vec{r}}{3}$

d'où $\vec{A}^i_d(M) = \mu_0 \vec{J} \wedge \vec{E}'_i(M) = \dfrac{\mu_0}{3} \vec{J} \wedge \vec{r}$

du type $\vec{A}(\vec{r}) = \dfrac{1}{2} \vec{B} \wedge \vec{r}$ avec $\boxed{\vec{B}^i_d = \dfrac{2}{3}\mu_0 \vec{J}}$ uniforme (3)

Ce potentiel à l'intérieur de la sphère est celui d'un champ $\vec{B}^i_d$ uniforme.
(3) est l'expression (1) mais ici le résultat est valable en un point M quelconque de la sphère :

* si $r > R$, $E' \cdot 4\pi r^2 = \dfrac{\varepsilon_0 \cdot 4\pi R^3/3}{\varepsilon_0} \implies \vec{E}'_e = \dfrac{R^3 \vec{u}}{3r^2}$

d'où $\vec{A}^e_d(M) = \mu_0 \vec{J} \wedge \vec{E}'_e(M) = \dfrac{\mu_0}{3} R^3 \dfrac{\vec{J} \wedge \vec{u}}{r^2}$

du type $\vec{A}(\vec{r}) = \dfrac{\mu_0}{4\pi} \dfrac{\vec{\mathcal{M}} \wedge \vec{u}}{r^2}$ avec $\boxed{\vec{\mathcal{M}} = \dfrac{4}{3}\pi R^3 \vec{J}}$

Il s'agit pour l'extérieur de la sphère du potentiel vecteur d'un dipôle magnétique de moment $\vec{\mathcal{M}} = 4\pi R^3 \vec{J}/3$ placé en O ; c'est le moment total de la sphère uniformément aimantée ; l'équivalence est vraie $\forall\, r \geq R$; ce qui est remarquable.

Les composantes normales (suivant $\vec{u}_r$) et tangentielles (suivant $\vec{u}_\theta$) sont :

$$B^i_{dN} = \frac{2}{3}\mu_0 J \cos\theta \qquad B^e_{dN} = \frac{\mu_0}{4\pi} \frac{2\mathcal{M}\cos\theta}{r^3}$$
$$B^i_{dT} = -\frac{2}{3}\mu_0 J \sin\theta \qquad B^e_{dT} = \frac{\mu_0}{4\pi} \frac{\mathcal{M}\sin\theta}{r^3}$$

A la surface $r = R$, on vérifie :

- la continuité de la composante normale $B^e_{dN} = B^i_{dN} = \dfrac{2}{3}\mu_0 J \cos\theta$
- la discontinuité de la composante tangentielle en présence de courants surfaciques

$$B^e_{dT} - B^i_{dT} = \frac{\mu_0}{3} J \sin\theta + \frac{2}{3}\mu_0 J \sin\theta = \mu_0 J \sin\theta$$

et globalement $\vec{B}^e_d - \vec{B}^i_d = \mu_0 J \sin\theta \vec{u}_\theta = \mu_0 J \sin\theta \vec{u}_\varphi \wedge \vec{u}_r = \mu_0 \vec{\jmath}_{Sa} \wedge \vec{u}_r$

A cette discontinuité de $\vec{B}_d$ correspond une réfraction des lignes de champ.

Pour $\vec{H}_d$: $\vec{H}^i_d = \vec{B}^i_d/\mu_0 - \vec{J} = -\vec{J}/3$ et $\vec{H}^e_d = \vec{B}^e_d/\mu_0$.

A l'extérieur de S les lignes de champ de $\vec{H}_d$ sont les mêmes que celles de $\vec{B}_d$, mais à l'intérieur de S, elles sont orientées en sens inverse (elles s'apparentent tout à fait à celles de $\vec{E}_d$ pour une sphère uniformément polarisée, voir M.D., exercice 1.5) : $\overrightarrow{\text{rot}}\, \vec{H}_d = \vec{0}$ donc $\vec{H}_d$ est à circulation nulle sur une courbe fermée.

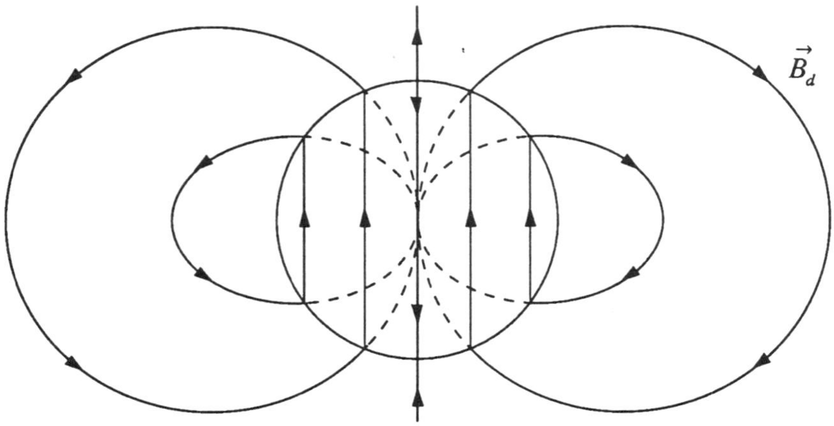

Remarque : Si la sphère est un aimant permanent (soit $\vec{B}_0 = \vec{0}$ et $\vec{B} = \vec{B}_d \neq \vec{0}$ et $\vec{H} = \vec{H}_d \neq \vec{0}$) alors les relations constitutives $\vec{B} = \mu\vec{H}$ et $\vec{J} = \chi\vec{H}$ caractéristiques des milieux LHI (en présence de $\vec{B}_0$) ne s'appliquent pas et le fait que $\vec{B}$ et $\vec{H}$ soient de sens opposés dans le matériau n'est pas paradoxal !

c) Pour une sphère uniformément polarisée $\vec{E}_d = -\vec{P}/\varepsilon_0$. L'analogie stipulant que $\vec{H}_d$ s'exprime en fonction de $\vec{J}$ comme $\vec{E}_d$ en fonction de $\vec{P}/\varepsilon_0$ (voir exercice 1.2) conduit directement à :

– $\vec{H}_d^i = -\vec{J}/3$ uniforme à l'intérieur

– $\vec{H}_d^e = \dfrac{R^3}{3r^3}\Big(3(\vec{J}\cdot\vec{u}_r)\vec{u}_r - \vec{J}\Big)$ dipolaire à l'extérieur.

L'accès à $\vec{B}_d$ s'obtient alors par :

– $\vec{B}_d^i = \mu_0(\vec{H}_d^i + \vec{J}) = \dfrac{2\mu_0}{3}\vec{J}$

– $\vec{B}_d^e = \mu_0\vec{H}_d^e = \dfrac{\mu_0}{3}\left(\dfrac{R}{r}\right)^3\Big(3(\vec{J}\cdot\vec{u}_r)\vec{u}_r - \vec{J}\Big) = \dfrac{\mu_0}{4\pi}\cdot\dfrac{4(\vec{\mathcal{M}}\cdot\vec{u}_r)\vec{u}_r - \vec{\mathcal{M}}}{r^3}$

2. La relation constitutive du milieu LHI en présence du champ $\vec{B}_0$ s'écrit

$$\vec{J} = \chi\vec{H}^i = \chi(\vec{B}_0/\mu_0 + \vec{H}_d^i) \quad \text{car } \vec{H}_0 = \vec{B}_0/\mu_0$$

et avec $\vec{H}_d^i = -\dfrac{\vec{J}}{3}$, il vient

$$\boxed{\vec{J} = \frac{\chi}{1+\chi/3}\cdot\frac{\vec{B}_0}{\mu_0}}$$

$\vec{J}$ est donc ici uniforme ce qui n'est pas automatique car l'aimantation se réalise dans le champ $\vec{B}^i = \vec{B}_0 + \vec{B}_d^i$ et non dans le seul champ $\vec{B}_0$; il faut donc que $\vec{B}_d^i$ soit lui-même uniforme ce qui est le cas ici (mais pas dans l'exercice précédent). Cependant en général, $|\vec{B}_d^i| \ll |\vec{B}_0|$ et donc même si $\vec{B}_d^i$ n'est pas uniforme, $\vec{J}$ l'est pratiquement.

Avec $|\chi| \ll 1$, $\vec{J} \simeq \chi \vec{B}_0/\mu_0$ résultat qui peut s'obtenir directement par $\vec{J} = \chi \vec{H}^i = \chi \dfrac{\vec{B}^i}{\mu} = \chi \dfrac{\vec{B}_0 + \vec{B}^i_d}{\mu} \simeq \chi \dfrac{\vec{B}_0}{\mu_0}$ car $\mu \simeq \mu_0$ équivaut à $|\vec{B}^i_d| \ll |\vec{B}_0|$; les dipôles subissent alors le seul champ extérieur.

3.a) Le matériau s'aimante sous l'action du champ $\vec{B}_0$

pour $r \leq R$ $\quad \vec{B} = \vec{B}_0 + \vec{B}_d = \vec{B}_0 + \dfrac{2}{3}\mu_0 \vec{J}$

$$\vec{H} = \vec{H}_0 + \vec{H}_d = \frac{\vec{B}_0}{\mu_0} - \frac{\vec{J}}{3}$$

L'élimination de $\vec{J}$ entre $\vec{B}$ et $\vec{H}$ conduit à :

$$\boxed{\vec{B} + 2\mu_0 \vec{H} = 3\vec{B}_0}$$

Cette relation spécifique à la sphère est assez "générale" car indépendante de la nature magnétique (dia-, para- ou ferromagnétique) du corps ; elle ne traduit que des propriétés issues des équations de Maxwell et de la géométrie du problème.

b) Pour déterminer l'état magnétique du corps dans le champ $\vec{B}_0$, il faut traduire les propriétés de ce corps par une relation constitutive entre $\vec{B}$ et $\vec{H}$. C'est ce qui a été fait à la question précédente pour un milieu linéaire ($\vec{B} = \mu \vec{H}$ est équivalent à $\vec{J} = \chi \vec{H}$).
Pour un milieu ferromagnétique, il n'y a pas de relation analytique simple. Il faut se servir de la courbe d'aimantation (ou courbe d'hystérésis) stabilisée après plusieurs cycles. Le point de fonctionnement F est l'intersection entre cette courbe $B(H)$ et la droite d'équation $B + 2\mu_0 H = 3B_0$ précédente, mobile en fonction de la valeur du champ extérieur B_0.

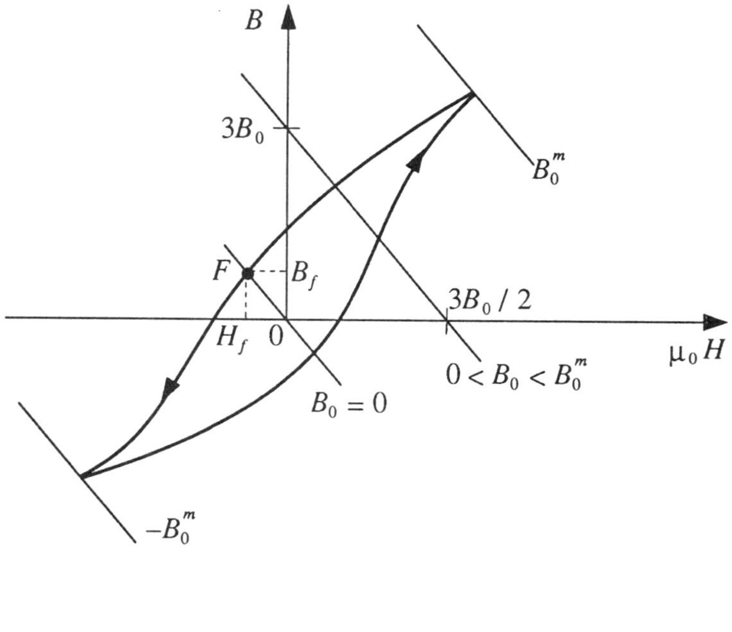

Choisissons le point F de la figure (le symétrique convient également) : alors $B_f > 0, H_f < 0$ et $J_f = B_f/\mu_0 - H_f > 0$. Ces signes ne sont pas étonnants puisque pour $\vec{B}_0 = \vec{0}$, $\vec{B} = \vec{B}_d$ et $\vec{H} = \vec{H}_d$ et donc $\vec{B}_d$ et $\vec{J}$ sont de même sens et $\vec{H}_d$ de sens opposé à $\vec{J}$ (excitation démagnétisante).

1.6 Barreau cylindrique à aimantation transverse

Un barreau cylindrique infiniment long, de rayon R, possède une aimantation uniforme $\vec{J}$ dirigée par $\vec{u}_x$ suivant une direction perpendiculaire à son axe.

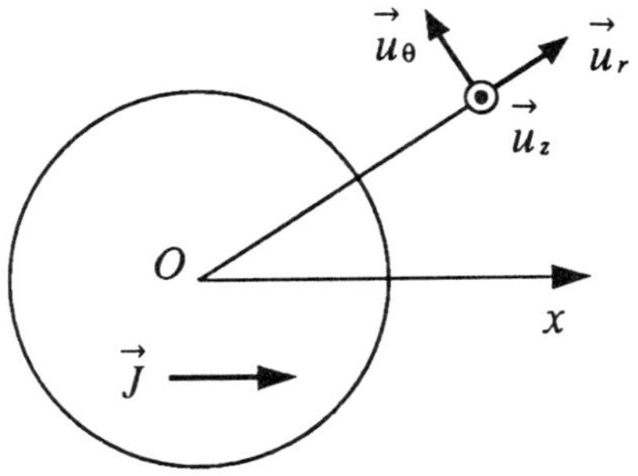

a) Justifier à partir des courants d'aimantation équivalents, la structure du potentiel vecteur $\vec{A}_d = A_d(r,\theta)\vec{u}_z$ qu'ils engendrent.
Sachant qu'en coordonnées cylindriques :

$$\Delta X = \frac{1}{r}\frac{\partial}{\partial r}(r\frac{\partial X}{\partial r}) + \frac{1}{r^2}\frac{\partial^2 X}{\partial \theta^2} + \frac{\partial^2 X}{\partial z^2}$$

montrer que les solutions sont du type : $A_d = (ar + b/r)\sin\theta$.
Déterminer les constantes a et b pour l'intérieur et l'extérieur et donner les expressions des champs $\vec{B}_d^i$ et $\vec{B}_d^e$.

b) Sans passer par les courants d'aimantation, utiliser pour déterminer $\vec{A}_d$ la méthode spécifique aux cas d'aimantation uniforme faisant apparaître une intégrale connue en électrostatique.
Confirmer les résultats précédents.

c) Par l'analogie formelle $(\vec{E}_d, \vec{P}/\varepsilon_0) \Longleftrightarrow (\vec{H}_d, \vec{J})$, déterminer les expressions de $\vec{H}_d$ à partir de celles de $\vec{E}_d$ pour un barreau cylindrique à polarisation transverse (voir M.D. exercice 1.6). Retrouver les expressions de $\vec{B}_d$.

a) Les densités de courants d'aimantation équivalents sont :

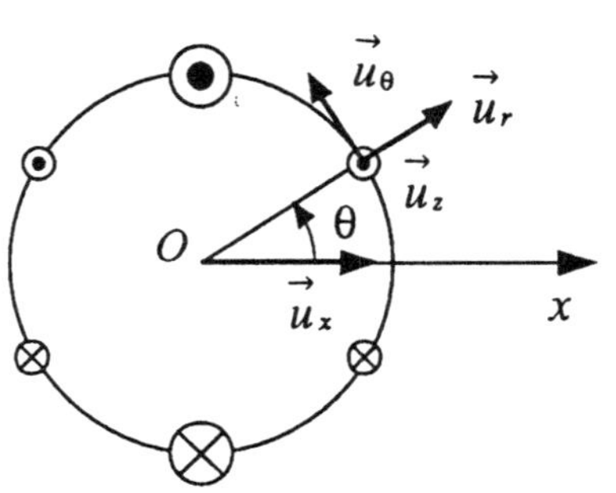

- $\vec{j}_a = \overrightarrow{\text{rot}}\,\vec{J} = \vec{0}$
- $\vec{j}_{Sa} = \vec{J} \wedge \vec{u}_r = J\vec{u}_x \wedge \vec{u}_r = J\sin\theta\vec{u}_z$
(la taille des points ou des croix est proportionnelle à l'intensité ; $\vec{j}_{Sa} = \vec{0}$ en $\theta = 0$ et $\theta = \pi$).

Tous les courants sont parallèles à u_z et indépendants de z (invariance par translation le long de Oz pour un cylindre infiniment long), $\vec{A}_d$ n'a donc de composante que suivant $\vec{u}_z$ et elle est indépendante de z (ce qui vérifie div $\vec{A}_d = \vec{0}$). Ces considérations sont déduites de l'expression

$$\vec{A}_d = \frac{\mu_0}{4\pi}\iint_S \frac{\vec{j}_s \cdot \mathrm{d}S}{r} \quad \text{(voir exercice 1.1)}$$

$$\left.\begin{array}{ll} \vec{B}_d & = \overrightarrow{\mathrm{rot}}\,\vec{A}_d \ (\mathrm{div}\ \vec{B}_d = 0) \\ \overrightarrow{\mathrm{rot}}\,\vec{B}_d & = \mu_0 \vec{j}_a \end{array}\right\} \Longrightarrow \overrightarrow{\mathrm{rot}}\,\overrightarrow{\mathrm{rot}}\,\vec{A}_d = \overrightarrow{\mathrm{grad}}\ \mathrm{div}\ \vec{A}_d - \Delta\vec{A}_d = \mu_0\vec{j}_a$$

avec div $\vec{A}_d = 0$ (jauge de Coulomb), l'équation de Poisson s'écrit

$$\Delta\vec{A}_d + \mu_0\vec{j}_a = \vec{0} \quad \text{et avec } \vec{j}_a = \vec{0} \qquad \boxed{\Delta\vec{A}_d = \vec{0},\ \vec{A}_d = A_d(r,\theta)\vec{u}_z}$$

En projection sur Oz : $\Delta A_d(r,\theta) = \dfrac{1}{r}\dfrac{\partial}{\partial r}(r\dfrac{\partial A_z}{\partial r}) + \dfrac{1}{r^2}\dfrac{\partial^2 A_z}{\partial \theta^2} = 0$

La recherche de solutions sous la forme $A_d(r,\theta) = f(r)\cdot g(\theta)$ conduit après séparation des variables à :

$$\frac{r}{f}\frac{\mathrm{d}}{\mathrm{d}r}(rf') = -\frac{g''}{g} = K$$

La fonction g devant être périodique de période 2π et impaire en θ par antisymétrie des densités de courants, la solution $g(\theta) = \beta\sin\theta$ équivaut à $K = 1$.

La recherche de f sous la forme $f(r) = \alpha r^p$ conduit alors à $p^2 = 1$ soit $p = \pm 1$.

Une solution est donc $\vec{A}_d(r,\theta) = (ar + b/r)\sin\theta\vec{u}_z$ où a et b sont deux constantes, spécifiques à chaque demi-espace $r < R$ et $r > R$.

$r < R$; pour éviter le problème en $r = 0$, $\vec{A}^i_d = a_i r\sin\theta\vec{u}_z \quad (b_i = 0)$

$r > R$; $\vec{A}^e_d = (a_e r + b_e/r)\sin\theta\vec{u}_z$.

Le champ magnétique s'obtient par

$$\vec{B}_d = \overrightarrow{\mathrm{rot}}(A_d\vec{u}_z) = A_d\overrightarrow{\mathrm{rot}}\,\vec{u}_z + \overrightarrow{\mathrm{grad}}\,A_d(r,\theta)\wedge\vec{u}_z$$

$$= \vec{0} + \left|\begin{array}{l} \partial A_d/\partial r \\ (1/r)\partial A_d/\partial\theta \\ \vec{0} \end{array}\right. \wedge \left|\begin{array}{l} 0 \\ 0 \\ 1 \end{array}\right. = \left|\begin{array}{l} (1/r)\partial A_d/\partial\theta \\ -\partial A_d/\partial r \\ 0 \end{array}\right.$$

$$r < R\ ;\ \vec{B}^i_d = \left|\begin{array}{l} a_i\cos\theta \\ -a_i\sin\theta \\ 0 \end{array}\right. \ \text{soit}\ \vec{B}^i_d = a_i\vec{u}_x \ \text{uniforme dans tout le cylindre.}$$

$$r > R\ ;\ \vec{B}^e_d = \left|\begin{array}{l} (a_e + b_e/r^2)\cos\theta \\ (-a_e + b_e/r^2)\sin\theta \\ 0 \end{array}\right. \ \text{soit}\ \vec{B}^e_d = a_e\vec{u}_x + \frac{b_e}{r^2}\left|\begin{array}{l} \cos\theta \\ \sin\theta \\ 0 \end{array}\right.$$

La condition $\vec{B}_d^e \to \vec{0}$ pour $r \to \infty$ donne $\underline{a_e = 0}$.

La continuité de la composante normale de $\vec{B}_d$ ou du potentiel vecteur $\vec{A}_d$ en $r = R$ (toutes deux issues de div $\vec{B}_d = 0$) donne :

$$a_i = b_e/R^2$$

La discontinuité de la composante tangentielle de $\vec{B}_d$ en $r = R$ (issue de $\overrightarrow{\text{rot}}\,\vec{B}_d = \mu_0 \vec{\jmath}_a$) s'écrit $(\vec{B}_d^e - \vec{B}_d^i)\vec{u}_\theta = \mu_0(\vec{\jmath}_{Sa} \wedge \vec{u}_r)\vec{u}_\theta = \mu_0 J \sin\theta$ et donne :

$$b_e/R^2 + a_i = \mu_0 J$$

$$\text{soit} \quad \underline{a_i = \mu_0 J/2} \quad \text{et} \quad \underline{b_e = \mu_0 J R^2/2}$$

$$\text{d'où} \quad \boxed{\vec{B}_d^i = \mu_0 \vec{J}/2} \quad \text{et} \quad \boxed{\vec{B}_d^e = \mu_0 J R^2/2r^2(\cos\theta \vec{u}_r + \sin\theta \vec{u}_\theta)}$$

b) Le potentiel vecteur créé par la répartition de dipôles est :

$$\vec{A}_d(P) = \frac{\mu_0}{4\pi} \iiint_V \frac{\vec{J}\mathrm{d}\tau \wedge \vec{u}}{r^2} = \mu_0 \vec{J} \wedge \iiint_V \frac{\varepsilon_0 \mathrm{d}\tau \vec{u}}{4\pi\varepsilon_0 r^2}$$

où $r = MP$ et $\vec{u} = \overrightarrow{MP}/r$.

soit $\vec{A}_d(P) = \mu_0 \vec{J} \wedge \vec{E}'(\rho = \varepsilon_0)$ où $\vec{E}'$ est le champ électrostatique (formellement) créé au point P par une distribution volumique uniforme de charge de densité $\rho = \varepsilon_0$ répartie dans le volume V du barreau. (voir exercices 1.1 et 1.5).

Le théorème de Gauss permet une détermination facile de $\vec{E}' = E'(r)\vec{u}_r$:

$$r < R, \quad E' \cdot 2\pi r h = \frac{\varepsilon_0 \cdot \pi r^2 h}{\varepsilon_0} \implies \vec{E}'_i = \frac{\vec{r}}{2}$$

$$\text{soit } \vec{A}_d^i = \mu_0 \vec{J} \wedge \vec{E}'_i = \mu_0 J \vec{u}_z \wedge r\vec{u}_r/2 \implies \boxed{\vec{A}_d^i = (\mu_0 J/2) r \sin\theta \vec{u}_z}$$

$$r > R, \quad E' \cdot 2\pi r h = \frac{\varepsilon_0 \cdot \pi R^2 h}{\varepsilon_0} \implies \vec{E}'_e = \frac{R^2}{2r}\vec{u}_r$$

$$\text{soit } \vec{A}_d^e = \mu_0 \vec{J} \wedge \vec{E}'_e \implies \boxed{\vec{A}_d^e = (\mu_0 J R^2/2r) \sin\theta \vec{u}_z}$$

Ce sont les expressions de la question précédente.

c) L'analogie a été établie à l'exercice 1.2.

Pour un barreau à polarisation transverse uniforme :

* $\vec{E}_d^i = -\vec{P}/2\varepsilon_0$ (champ dépolarisant), d'où par analogie $\vec{H}_d^i = -\vec{J}/2$ (excitation démagnétisante), ce qui donne

$$\boxed{\vec{B}_d^i = \mu_0(\vec{H}_d^i + \vec{J}) = \mu_0\vec{J}/2} \quad \text{uniforme}$$

* $\vec{E}_d^e = \dfrac{R^2}{2\varepsilon_0 r^2}\left(2(\vec{P}\cdot\vec{u}_r)\vec{u}_r - \vec{P}\right)$ d'où $\vec{H}_d^e = \dfrac{R^2}{2r^2}\left(2(\vec{J}\cdot\vec{u}_r)\vec{u}_r - \vec{J}\right)$

ce qui donne $$\boxed{\vec{B}_d^e = \mu_0\vec{H}_d^e = \mu_0\frac{R^2}{2r^2}\left(2(\vec{J}\cdot\vec{u}_r)\vec{u}_r - \vec{J}\right)}$$

et avec $\vec{J} = J(\cos\theta\vec{u}_r - \sin\theta\vec{u}_\theta)$: $\vec{B}_d^e = \mu_0 JR^2/2r^2(\cos\theta\vec{u}_r + \sin\theta\vec{u}_\theta)$.
Ce sont les résultats de la question a).

1.7 Cas d'une aimantation non uniforme

Les deux questions sont indépendantes.

1. Un barreau cylindrique de grande longueur e devant son rayon R possède une aimantation permanente

$$\vec{J}(r) = \frac{J_0 r}{R}\cdot\vec{u}_z$$

parallèle à son axe (r est la distance d'un point à l'axe).

a) Calculer les densités de courants d'aimantation $\vec{j}_a$ et $\vec{j}_{Sa}$. Que vaut la somme des courants d'aimantation ?

b) En déduire le champ $\vec{B} = \vec{B}_d$ en tout point intérieur et extérieur.

2. Un fil rectiligne indéfini est parcouru par un courant I. Ce fil passe dans une cavité cylindrique de rayon a creusée le long de l'axe d'un cylindre infiniment long de rayon $b > a$ et constitué d'un milieu magnétique LHI de susceptibilité χ.

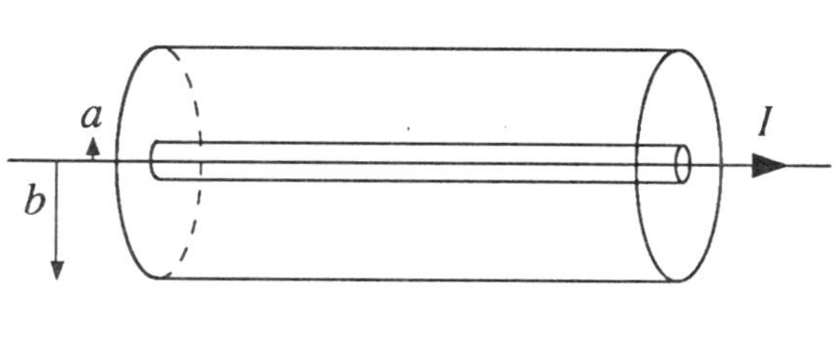

a) Déterminer rapidement l'ensemble des champs $\vec{B}_0, \vec{H}, \vec{H}_0, \vec{H}_d$, $\vec{B}$ et $\vec{B}_d$ dans tout l'espace.

b) Comment se répartissent les courants d'aimantation ? Retrouver ainsi les expressions de $\vec{B}_d$.

c) Comment à l'extérieur du système, le champ $\vec{B}$ créé par le fil métallique est-il modifié par la présence de la gaine ?

1.a) Les densités de courants d'aimantation sont données par :

$$\vec{\jmath}_a(r) = \overrightarrow{\mathrm{rot}}\,\vec{J} = -\frac{J_0}{R}\vec{u}_\theta \quad \text{et} \quad \vec{\jmath}_{Sa}(R) = \vec{J}(r=R) \wedge \vec{u}_r = J_0\vec{u}_\theta$$

en effet $\overrightarrow{\mathrm{rot}}\,\vec{J} = \dfrac{J_0}{R}\overrightarrow{\mathrm{rot}}(r\vec{u}_z) = \dfrac{J_0}{R}(r\cdot\underbrace{\overrightarrow{\mathrm{rot}}\,\vec{u}_z}_{\vec{0}} + \underbrace{\overrightarrow{\mathrm{grad}}\,r}_{\vec{u}_r}\wedge\vec{u}_z) = -\dfrac{J_0}{R}\vec{u}_\theta$

Les courants d'aimantation dans le volume I_V et sur la surface I_S du barreau sont :

$$I_V = \iint \vec{\jmath}_a \cdot \overrightarrow{\mathrm{d}S} = \int_0^e \int_0^R (-\frac{J_0}{R}\vec{u}_\theta)(\mathrm{d}z\mathrm{d}r\vec{u}_\theta) = -J_0 e$$

$$I_S = \int \vec{\jmath}_{Sa} \cdot \overrightarrow{\mathrm{d}l} = \int_0^e J_0\vec{u}_\theta(\mathrm{d}z\vec{u}_\theta) = J_0 e$$

$I_V + I_S = 0$; la somme des courants d'aimantation est nulle.

b) * Le barreau est supposé infiniment long ; à l'extérieur le champ magnétique est nul : $\vec{B}_d^e = \vec{0}$.

* Le champ intérieur en $r = R$ se détermine par le théorème d'Ampère sur le contour C_1 de longueur l et d'épaisseur négligeable :

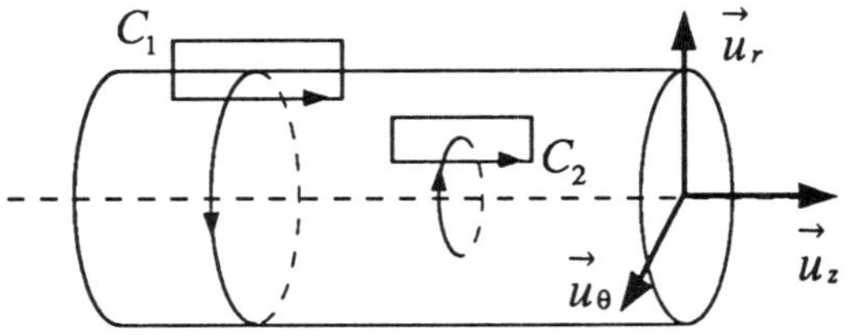

$$\left(B^i(R) - B_d^e\right)l = +\mu_0(J_0 l)$$

$$\Longrightarrow\ B_d^i(R) = \mu_0 J_0$$

* Dans le volume, écrivons le théorème d'Ampère sur le contour C_2 de longueur l et d'épaisseur $\mathrm{d}r$:

$$\left(B_d^i(r) - B_d^i(r+\mathrm{d}r)\right)l = -\mu_0(\frac{J_0}{R}\cdot l\mathrm{d}r) \Longrightarrow \frac{\mathrm{d}B_d^i}{\mathrm{d}r} = \mu_0\frac{J_0}{R}$$

soit $B_d^i(r) = \dfrac{\mu_0 J_0 r}{R}$ vérifiant la condition en $r = R$.

finalement
$$\boxed{\vec{B}_d^i(r) = \mu_0\frac{J_0 r}{R}\cdot\vec{u}_z = \mu_0\vec{J}(r)}$$

Remarques : * Le champ magnétique est nul sur l'axe. Ce résultat s'obtient directement par un contour dont l'un des côtés est sur l'axe et l'autre à l'extérieur où le champ est nul ; la somme des courants enlacés est nulle d'après a).

* Avec $\vec{B}_d^i = \mu_0 \vec{J}$; $\vec{H}_d^i = \vec{B}_d^i/\mu_0 - \vec{J} = \vec{0}$: l'excitation démagnétisante est nulle $\forall \vec{r}$ dans un barreau infini long ; ce résultat a déjà été vu à l'exercice 1.3 où l'aimantation était uniforme.

* Plus généralement avec $\vec{J} = f(r)\vec{u}_z$, il vient $\vec{J} \cdot \vec{n} = 0$ et div $\vec{J} = 0$, d'où $\vec{H}_d = \vec{0}$ partout soit $\vec{B}_d = \mu_0 \vec{J}$ à l'intérieur et $\vec{B}_d = \vec{0}$ à l'extérieur.

* Les contributions séparées au champ magnétique des courants de volume et des courants de surface se calculent facilement :

$$\vec{B}_{dV}^i(r) = -\mu_0 J_0 (1 - r/R)\vec{u}_z \quad \text{et} \quad \vec{B}_{dS}^i = \mu_0 J_0 \vec{u}_z$$

* Le champ magnétique extérieur $\vec{B}_0$ responsable de l'aimantation n'est pas précisé. Pour un milieu LHI et donc $|\chi| \ll 1$, la relation $\vec{J} = \chi \vec{B}_0/\mu_0$ donne un champ $\vec{B}_0$ à structure peu habituelle...

* Tous ces résultats se retrouvent par l'analogie diélectrique (exercice 1.2).

2.a) Contrairement à la question précédente, la source responsable de l'aimantation est ici connue : c'est le courant I dans le fil et qui crée un champ orthoradial $\vec{B}_0$ donné par le théorème d'Ampère :

$$\boxed{\vec{B}_0 = \frac{\mu_0 I}{2\pi r}\vec{u}_\theta} \qquad \forall r \text{ (extérieur au fil métallique)}$$

Il faut donc s'attendre à une aimantation de type $\vec{J} = J(r)\vec{u}_\theta$ (car avec $|\chi| \ll 1$, $|\vec{B}_d| \ll |\vec{B}_0|$).

Le théorème d'Ampère pour $\vec{H}$ (même courant libre I, $\forall r$) donne

$$\boxed{\vec{H} = \frac{I}{2\pi r}\vec{u}_\theta} \qquad \forall r$$

Par définition $\underline{\vec{H}_0 = \vec{B}_0/\mu_0}$ soit ici $\vec{H}_0 = \vec{H}$ d'où $\underline{\vec{H}_d = \vec{0}}$ partout comme dans la question précédente.

– à l'extérieur ($r > b$) : $\vec{B}^e = \mu_0 \vec{H}$ soit ici $\underline{\vec{B}^e = \vec{B}_0}$ d'où $\underline{\vec{B}_d^e = \vec{B}^e - \vec{B}_0 = \vec{0}}$

– à l'intérieur ($a < r < b$) ; $\vec{B}^i = \mu_0 \mu_r \vec{H}$ soit ici $\underline{\vec{B}^i = \mu_r \vec{B}_0}$

$$\text{d'où} \quad \vec{B}_d^i = \vec{B}^i - \vec{B}_0 = (\mu_r - 1)\vec{B}_0 \implies \underline{\vec{B}_d^i = \chi \vec{B}_0}$$

b) Les densités de courants d'aimantation sont déterminées à partir de

$$\vec{J} = \chi \vec{H} \quad \text{soit} \quad \boxed{\vec{J} = \frac{\chi I}{2\pi r}\vec{u}_\theta}$$

* $\vec{j}_a = \overrightarrow{\text{rot}}\,\vec{J} = \dfrac{\chi I}{2\pi}\overrightarrow{\text{rot}}\,\dfrac{\vec{u}_\theta}{r} = \vec{0}$

$$\text{car} \quad \overrightarrow{\text{rot}}\,\frac{\vec{u}_\theta}{r} = \frac{1}{r}\underbrace{\overrightarrow{\text{rot}}\,\vec{u}_\theta}_{\vec{u}_z/r} + \underbrace{\overrightarrow{\text{grad}}\,\frac{1}{r}}_{-\vec{u}_r/r^2} \wedge \vec{u}_\theta = \frac{\vec{u}_z}{r^2} - \frac{\vec{u}_z}{r^2} = \vec{0}$$

La condition $\vec{J}$ non uniforme n'est pas suffisante pour avoir $\vec{j}_a \neq \vec{0}$.

* $\vec{j}_{Sa}(a) = \vec{J}(a) \wedge (-\vec{u}_r) = \dfrac{\chi I}{2\pi a}\vec{u}_z$

$\vec{j}_{Sa}(b) = \vec{J}(b) \wedge \vec{u}_r = -\dfrac{\chi I}{2\pi b}\vec{u}_z$

$\vec{j}_{Sa}(1) = \vec{J} \wedge (-\vec{u}_z) = -\dfrac{\chi I}{2\pi r}\vec{u}_r$

$\vec{j}_{Sa}(2) = \vec{J} \wedge \vec{u}_z = \dfrac{\chi I}{2\pi r}\vec{u}_r$

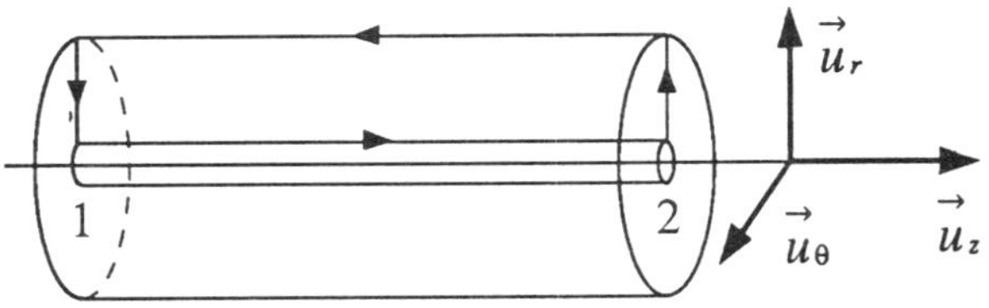

Un courant "aller" circule sur la face intérieure : $I(a) = j_{Sa}(a) \times 2\pi a = \chi I$

Un courant "retour" circule sur la face extérieure : $I(b) = j_{Sa}(b) \times 2\pi b = -\chi I$.

Les faces planes aux extrémités du barreau permettent la fermeture des lignes de courant (sur la face 1, l'ensemble des courants élémentaires converge de $r = b$ à $r = a$).

Le cylindre étant infiniment long, le champ créé par les courants circulant sur les bases est négligé.

Le théorème d'Ampère pour $\vec{B}_d$ s'écrit alors :

- pour $a < r < b$: $B_d^i \cdot 2\pi r = \mu_0 I(a) \implies \vec{B}_d^i = \dfrac{\mu_0 \chi I}{2\pi r}\vec{u}_\theta = \chi \vec{B}_0$
  (c'est ce que laissait prévoir le résultat $I(a) = \chi I$).
- pour $r > b$: la somme des courants d'aimantation enlacés est $I(a) + I(b) = 0$, d'où $\vec{B}_d^e = \vec{0}$.

c) En l'absence de gaine (fil métallique à nu), $\vec{B} = \vec{B}_0 = \dfrac{\mu_0 I}{2\pi r}\vec{u}_\theta$.

Avec la gaine, $\vec{B}_0$ est inchangé et $\vec{B}^i = \mu_r \vec{B}_0$ dans la gaine et $\vec{B}^e = \vec{B}_0$ à l'extérieur, comme en l'absence de gaine.

Le champ magnétique créé par le courant libre "franchit" donc sans altération le milieu magnétique (c'est également le cas des champs électriques à travers un diélectrique, voir M.D., exercice 1.8). Dans le milieu, le champ $\vec{B}$ est cependant μ_r fois plus grand que dans le vide, avec cependant $\mu_r \simeq 1$!

1.8 Ascension d'un liquide paramagnétique

Un liquide paramagnétique remplit un tube en U dont l'une des branches minces passe entre les pôles d'un électro-aimant, l'autre étant relié à un réservoir de grande surface situé dans une zone de champ nul.

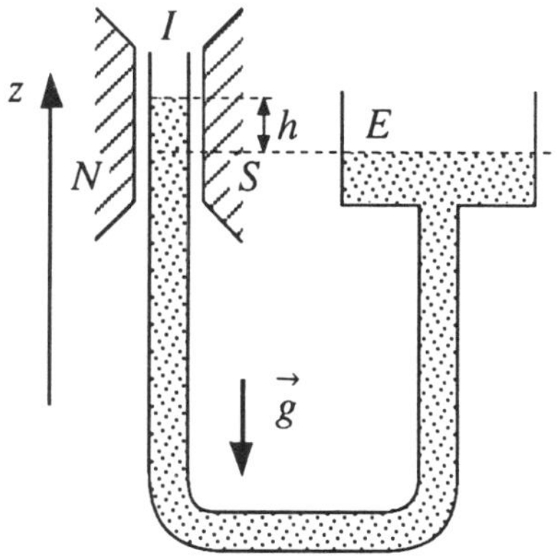

L'établissement du champ magnétique dans l'entrefer provoque une ascension du liquide d'une hauteur h ce qui constitue une méthode de mesure de sa susceptibilité χ.

a) Établir de deux manières différentes l'expression de la densité volumique de force

$$\vec{f}_v = \frac{\chi}{2\mu_0}\overrightarrow{\text{grad}}\,\vec{B}_0^2$$

à laquelle est soumis le liquide dans le champ extérieur inhomogène $\vec{B}_0$ en justifiant la relation constitutive sous la forme

$$\vec{J} \simeq \chi\vec{B}_0/\mu_0$$

b) La masse volumique du liquide est ρ et son champ de pression est P.
Écrire la relation fondamentale de l'hydrostatique et exprimer h en fonction de χ, ρ, g et $B_0(I)$.

AN : En déduire la valeur de χ pour $\rho = 10^3$ kg/m^{-3}, $B_0 = 1$ T et $h = 6$ mm.

a) * Un élément de volume $d\tau$ du liquide aimanté possède un moment magnétique $d\vec{\mathcal{M}} = \vec{J}d\tau$. Placé dans un champ inhomogène $\vec{B}_0$, il subit la force

$$d\vec{F} = (d\vec{\mathcal{M}} \cdot \overrightarrow{\text{grad}})\vec{B}_0$$

et par unité de volume : $\vec{f}_v = \dfrac{\overrightarrow{dF}}{d\tau} = (\vec{J} \cdot \overrightarrow{\text{grad}})\vec{B}_0$

Pour les substances paramagnétiques, $\chi \ll 1$ (ou $\mu \simeq \mu_0$) soit $\vec{B} \simeq \vec{B}_0$ car $|\vec{B}_d| \ll |\vec{B}_0|$. La relation constitutive du milieu LHI s'écrit alors sous la forme approchée :

$$\vec{J} = \chi\vec{H} = \chi\frac{\vec{B}}{\mu} \simeq \chi\frac{\vec{B}_0}{\mu_0}$$

d'où $\vec{f}_v = \dfrac{\chi}{\mu_0}(\vec{B}_0 \cdot \overrightarrow{\text{grad}})\vec{B}_0 \Longrightarrow$ $\boxed{\vec{f}_v = \dfrac{\chi}{2\mu_0}\overrightarrow{\text{grad}}\,\vec{B}_0^2}$

car $(\vec{B}_0 \cdot \overrightarrow{\text{grad}})\vec{B}_0 = \overrightarrow{\text{grad}}\,\vec{B}_0^2/2 - \vec{B}_0 \wedge \overrightarrow{\text{rot}}\,\vec{B}_0$ et $\overrightarrow{\text{rot}}\,\vec{B}_0 = \vec{0}$ hors de l'aimant.

* Considérons l'énergie d'assemblage des dipôles induits dans le champ extérieur lorsque celui-ci passe de $\vec{0}$ à $\vec{B}_0$ pour des valeurs intermédiaires $\vec{B}_0^i$:

champ : $\vec{0} \to \vec{B}_0^i \to \vec{B}_0$

moment dans $\delta\tau$: $\vec{0} \to \delta\vec{\mathcal{M}}^i \to \delta\vec{\mathcal{M}}$

A la valeur intermédiaire du champ $\vec{B}_0^i = \alpha\vec{B}$ où $0 \leq \alpha \leq 1$ correspond par linéarité $(\vec{J} \simeq \chi\vec{B}_0/\mu_0)$ la valeur intermédiaire du moment dans $\delta\tau$:

$\delta\vec{\mathcal{M}}^i = \alpha\delta\vec{\mathcal{M}}$.

Pour amener le petit dipôle rigide $\mathrm{d}\alpha\delta\vec{\mathcal{M}}$ depuis $\vec{0}$ jusqu'à $\alpha\vec{B}_0$, l'énergie nécessaire est son énergie potentielle élémentaire, au total :

$$\delta U_p = \int_0^1 -(\mathrm{d}\alpha\delta\vec{\mathcal{M}}) \cdot \alpha\vec{B}_0 = -\frac{1}{2}\delta\vec{\mathcal{M}} \cdot \vec{B}_0 = -\frac{\chi}{2\mu_0}\vec{B}_0^2\delta\tau$$

d'où la force $\delta\vec{F} = -\overrightarrow{\text{grad}}(\delta U_p) = \dfrac{\chi}{2\mu_0}\overrightarrow{\text{grad}}\,\vec{B}_0^2\delta\tau$

et la force volumique $\vec{f}_v = \dfrac{\delta\vec{F}}{\delta\tau} \Longrightarrow$ $\boxed{\vec{f}_v = \dfrac{\chi}{2\mu_0}\overrightarrow{\text{grad}}\,\vec{B}_0^2}$

b) La relation fondamentale de l'hydrostatique s'écrit :

$$\vec{0} = \rho\vec{g} - \overrightarrow{\text{grad}}\,P + \frac{\chi}{2\mu_0}\overrightarrow{\text{grad}}\,\vec{B}_0^2$$

Avec l'axe Oz orienté vers le haut :

$$\overrightarrow{\text{grad}}\left(-\rho gz - P + \frac{\chi}{2\mu_0}\vec{B}_0^2\right) = \vec{0}$$

soit $P + \rho gz - \dfrac{\chi}{2\mu_0}\vec{B}_0^2 = \text{Cste}$ dans le fluide

Bien sûr, pour $\vec{B}_0 = \vec{0}$, ce résultat redonne la loi de Pascal.
Écrite entre les points I et E des surfaces libres, cette relation donne

$$P(I) + \rho g z_I - \frac{\chi}{2\mu_0}\vec{B}_0^2(I) \doteq P(E) + \rho g z_E - \frac{\chi}{2\mu_0}\vec{B}_0^2(E)$$

– aux surfaces libres $P(I) = P(E) = P_0$ pression atmosphérique.
– $z_I - z_E = h$ représente en gros la hauteur dont monte le niveau dans l'entrefer car dans le réservoir le niveau est pratiquement fixe.

– $\vec{B}_0(E) = \vec{0}$ en dehors de la zone de champ.

ce qui conduit à

$$h = \frac{\chi}{2\mu_0\rho g}\vec{B}_0^2(I)$$

AN : $\chi = 1,5.10^{-4}$

Ceci est conforme aux ordres de grandeur habituels. Cette valeur dépend bien sûr de la concentration du sel paramagnétique dans la solution, et de la température.

1.9 Thermodynamique d'un corps paramagnétique

1. Travail nécessaire pour modifier l'aimantation

Un solénoïde de grande longueur l par rapport au rayon r, comportant N spires, est parcouru par un courant d'intensité i. Il est rempli d'un matériau aimantable de volume V et de susceptibilité magnétique χ fonction de la température T seule.

a) Rappeler l'expression de l'excitation magnétique $\vec{H}$ dans l'approximation du solénoïde infiniment long, ainsi que celles du moment magnétique $\vec{M}$ induit dans le matériau et du champ magnétique $\vec{B}$.

b) Calculer la force électromagnétique dans le circuit lors d'une variation infinitésimale $\overrightarrow{\mathrm{d}B}$ du champ magnétique dans le matériau. En déduire l'énergie $\delta W_{\text{gén.}}$ que doit fournir le générateur pour obtenir cette variation ; l'exprimer en fonction de $V, \vec{H}$ et $\vec{B}$.

c) Quelle est la partie de cette énergie utilisée pour aimanter le matériau ? Sachant que le matériau est paramagnétique, donc $\chi \ll 1$, montrer que ce travail s'écrit $\delta W = \vec{B}_0 \cdot \overrightarrow{\mathrm{d}M}$; en quoi cette expression est-elle satisfaisante ?

2. Relations thermodynamiques. Loi de Curie

a) Montrer par l'enthalpie libre généralisée que les phénomènes d'aimantation par contrainte et de magnétostriction sont liés : ils sont négligés. En déduire le nombre de variables thermodynamiques permettant de définir l'état du système sachant que toutes les grandeurs extensives sont ramenées à l'unité de volume (ainsi $\delta W = B_0 \cdot \mathrm{d}J$). Pour quelle "équation d'état" sont-elles reliées ? Combien d'entre elles sont indépendantes ?

b) Pour une transformation élémentaire quasi-statique, la quantité de chaleur échangée par l'unité de volume est :

$$\delta Q = C_{B_0}\mathrm{d}T + h\mathrm{d}B_0 \quad \text{en fonction des variables } T \text{ et } B_0$$
$$\delta Q = C_J\mathrm{d}T + l\mathrm{d}J \quad \text{en fonction des variables } T \text{ et } J$$

où C_{B_0} et C_J sont les chaleurs volumiques à B_0 ou J constant.

* Exprimer les coefficients calorimétriques volumiques l et h en fonction de χ, B_0, T et $\chi' = \mathrm{d}\chi/\mathrm{d}T$. (relations de Clapeyron).

* Évaluer la différence $C_{B_0} - C_J$ (relation de Mayer) en fonction des mêmes paramètres.

* Calculer $\left.\dfrac{\partial C_{B_0}}{\partial B_0}\right)_T$ et en déduire une expression $C_{B_0}(B_0, T)$ en introduisant la chaleur volumique en champ nul $C^0_{B_0} = C_{B_0}(0, T)$.

c) En admettant que $C^0_{B_0} = C_{B_0}(0, T)$ s'identifie à la chaleur volumique à aimantation constante $C_J(J, T)$ pour tout T, montrer que la substance obéit à une loi de la forme $\chi = f(T - \theta)$ à déterminer. Commenter ce résultat.

3. Désaimantation adiabatique

La suite concerne une substance paramagnétique vérifiant la loi de Curie $\chi = C/T$ et de chaleur volumique $C^0_{B_0} = A/T^2$ où C et A sont des constantes.

a) Déterminer l et montrer que l'énergie interne U ne dépend que de la température.

b) Établir l'expression de l'entropie $S(T, B_0)$ pour la substance considérée. Commenter les variations de S en fonction de T et de B_0.

c) L'échantillon est dans un état initial défini par une température (basse) T_i et un champ extérieur B^i_0 (important). Il subit une transformation réversible consistant en une désaimantation adiabatique jusqu'à $B^f_0 = 0$. Quelle est la température finale T_f atteinte ?
Comparer T_f à T_i. Quelle interprétation qualitative permet d'expliquer cette inégalité ?

AN : Pour le sulfate de gadolinium : $C = 10^{-4}$ K et $A = 2,7$ J.K/m^3.
Calculer T_f sachant que $T_i = 2$ K et $B^i_0 = 1,2$ T.
Quel est l'intérêt de cette opération ?

d) On souhaite réitérer cette opération. Comment faut-il réaliser les aimantations de 0 à B^i_0 pour que les températures finales soient de plus en plus basses ? Représenter ces transformations dans un diagramme portant T en ordonnée et S en abscisse en y faisant figurer les courbes $B_0 = 0$ et $B_0 = B^i_0$.

1.a) * Un solénoïde infiniment long est le cas limite d'un tore de collier infiniment grand. Le calcul est facile (voir chapitre 5) et le résultat classique :

$\vec{H} = (N/l)i\vec{u}_z$ à l'intérieur (N/l est le nombre de spires par unité de longueur) et $\vec{H} = \vec{0}$ à l'extérieur.

* $\vec{M} = V\vec{J} = V\chi\vec{H}$ où $\vec{J} = \chi\vec{H}$ est la relation constitutive du matériau entre aimantation $\vec{J}$ et excitation magnétique $\vec{H}$.
* $\vec{B} = \mu\vec{H} = \mu_0(1+\chi)\vec{H}$.

b) La loi de Faraday donne $e = -\dfrac{\mathrm{d}\Phi}{\mathrm{d}t}$ où le flux de $\vec{B}$ à travers le circuit est $\Phi = N\pi r^2 B$ (e est orienté par i, qui oriente les vecteurs surface et $\vec{B}$ par $\vec{u}_z$).

$$e = -N\pi r^2 \mathrm{d}B/\mathrm{d}t$$

Pour obtenir cette variation, le générateur doit fournir un travail

$$\delta W_{\text{gén.}} = -ei\mathrm{d}t = +N\pi r^2 i\mathrm{d}B = \pi r^2 l \cdot \frac{N}{l} i \cdot \mathrm{d}B$$

où $\pi r^2 l = V$ est le volume du matériau, $\dfrac{N}{l}i = H$ et $\vec{H}$ et $\overrightarrow{\mathrm{d}B}$ colinéaires.

$$\boxed{\delta W_{\text{gén.}} = V\vec{H}\cdot\overrightarrow{\mathrm{d}B}}$$

c) Comme $\vec{B} = \mu_0(\vec{H} + \vec{M}/V)$, cette énergie se décompose en deux termes :
* $\mu_0 V\vec{H}\cdot\mathrm{d}\vec{H}$ qui est l'énergie nécessaire pour faire varier $\vec{H}$ (comme dans le vide)
* $\mu_0 V\vec{H}\cdot\mathrm{d}(\vec{M}/V) = \mu_0\vec{H}\cdot\mathrm{d}\vec{M}$ pour V constant, qui est l'énergie nécessaire pour faire varier $\vec{M}$, par la suite notée δW.

Remarque : Il est vain de prétendre que la signification de ces deux termes est d'indiquer l'énergie pour faire varier $\vec{H}$ sans faire varier $\vec{M}$ et réciproquement puisque les deux grandeurs varient simultanément.

Pour un milieu paramagnétique $\vec{B} = \mu_0(1+\chi)\vec{H} \simeq \mu_0\vec{H}$ et par ailleurs $\vec{B} \simeq \vec{B}_0$ car $|\vec{B}_d| \ll |\vec{B}_0|$ (les dipôles s'orientent dans le seul champ extérieur et non dans le champ local).

$$\text{d'où}\quad \delta W = \mu_0\vec{H}\cdot\mathrm{d}\vec{M} \Longrightarrow \boxed{\delta W = \vec{B}_0\cdot\overrightarrow{\mathrm{d}M}}$$

produit d'une variable intensive extérieure $\vec{B}_0$ par la variation d'une variable extensive $\vec{M}$ caractérisant le système, ce qui est satisfaisant (comme T et S d'une part et $-P$ et V de l'autre).

2.a) La différentielle de l'énergie interne s'écrit :

$$\mathrm{d}U = T\mathrm{d}S - P\mathrm{d}V + B_0\mathrm{d}M$$

Introduisons l'enthalpie libre (généralisée) :

$$G = U - TS + PV - B_0 M \implies \mathrm{d}G = V\mathrm{d}P - S\mathrm{d}T - M\mathrm{d}B_0$$

La forme différentielle (théorème de Schwarz) assure

$$\left.\frac{\partial V}{\partial B_0}\right)_{P,T} = -\left.\frac{\partial M}{\partial P}\right)_{T,B_0} = -\frac{\chi B_0}{\mu_0}\left.\frac{\partial V}{\partial P}\right)_{T,B_0} \quad \text{car } \vec{M} = V\chi(T)\frac{\vec{B}_0}{\mu_0}$$

- La 1ère dérivée décrit le phénomène de magnétostriction - variation du volume lors de l'établissement isotherme et isobare du champ magnétique extérieur (voir M.D. exercice 1.13 pour le phénomène d'électrostriction).
- La 2e dérivée décrit le phénomène de piézo-aimantation - variation du moment magnétique induit par contrainte extérieure (ou pression) à champ et température constantes (voir M.D. exercice 1.9 pour la piézo-électricité).
- La 3e dérivée montre, ce que l'on comprend intuitivement, que les phénomènes précédents, par l'intermédiaire de l'équation d'état, sont simplement liés au coefficient de compressibilité à T et B_0 constants du matériau.

  Dans la suite on néglige les variations de volume de la substance ; de plus les transformations ont lieu à pression constante : P et V ne sont donc pas des variables thermodynamiques susceptibles de définir la transformation du système. Il reste les trois variables $T, J(= M/V)$ et $B_0(\simeq B \simeq \mu_0 H)$ liées par la relation constitutive ou équation d'état : $J = \chi(T)B_0/\mu_0$. Seules deux sont donc indépendantes.

b) * Les grandeurs U, S, F, G utilisées ici sont toutes volumiques.

$$\mathrm{d}U = T\mathrm{d}S + B_0\mathrm{d}J \quad \text{et} \quad \mathrm{d}S = C_{B_0}\frac{\mathrm{d}T}{T} + h\frac{\mathrm{d}B_0}{T} = C_J\frac{\mathrm{d}T}{T} + l\frac{\mathrm{d}J}{T}$$

* $F = U - TS \implies \mathrm{d}F = -S\mathrm{d}T + B_0\mathrm{d}J$

$$\text{soit} \quad \left.\frac{\partial B_0}{\partial T}\right)_J = -\left.\frac{\partial S}{\partial J}\right)_T = -\frac{l}{T} \implies l = -T\left.\frac{\partial B_0}{\partial T}\right)_J$$

$$\text{et avec } J = \chi B_0/\mu_0 : \quad \boxed{l = \frac{TB_0}{\chi}\chi'}$$

$G = F - B_0 J \implies \mathrm{d}G = -S\mathrm{d}T - J\mathrm{d}B_0$

$$\text{soit} \quad \left.\frac{\partial J}{\partial T}\right)_{B_0} = \left.\frac{\partial S}{\partial B_0}\right)_T = \frac{h}{T} \implies h = T\left.\frac{\partial J}{\partial T}\right)_{B_0}$$

$$\text{et avec } J = \chi B_0/\mu_0 : \quad \boxed{h = \frac{TB_0}{\mu_0}\chi'}$$

* A aimantation constante $(\mathrm{d}J = 0)$, les expressions de δQ donnent

$$C_{B_0}\mathrm{d}T + h\mathrm{d}B_0 = C_J\mathrm{d}T \implies C_{B_0} - C_J = -h\left.\frac{\partial B_0}{\partial T}\right)_J = \frac{hl}{T}$$

d'où $$\boxed{C_{B_0} - C_J = \frac{TB_0^2}{\mu_0\chi}\chi'^2}$$

* A partir de l'expression de $\mathrm{d}S$, il vient

$$\frac{1}{T}\left.\frac{\partial C_{B_0}}{\partial B_0}\right)_T = \frac{\partial}{\partial T}\left(\frac{h}{T}\right)_{B_0} = \frac{B_0}{\mu_0}\chi'' \implies \boxed{\left.\frac{\partial C_{B_0}}{\partial B_0}\right)_T = \frac{TB_0}{\mu_0}\chi''}$$

et par intégration $$\boxed{C_{B_0}(B_0, T) = C^0_{B_0} + T\chi'' \cdot \frac{B_0^2}{2\mu_0}}$$

c) Si dans la relation de Mayer, on porte $B_0 = 0$, il vient $C^0_{B_0} = C_J \ldots$.
Écrivons alors $C_{B_0} - C_J = C_{B_0} - C^0_{B_0}$
soit en utilisant l'expression de Mayer au premier membre et l'expression de C_{B_0} au second, après simplification par TB_0^2/μ_0 :

$$\frac{\chi'^2}{\chi} = \frac{\chi''}{2} \implies \frac{\chi''}{\chi'} = 2\frac{\chi'}{\chi} \implies \chi' = K\chi^2 \text{ où } K \text{ est une constante}$$

d'où $$\frac{\mathrm{d}\chi}{\chi^2} = K\mathrm{d}T \implies -\frac{1}{\chi} = K(T - \theta) \implies \boxed{\chi(T) = \frac{C}{T - \theta}}$$

où C et θ sont des constantes caractéristiques de la substance :

- C est la constante de Curie
- si $\theta = 0$, $\chi = C/T$: paramagnétisme de Curie-Langevin
- si $\theta \neq 0$, il s'agit de paramagnétisme de Curie-Weiss (voir exercice 2.9), qui suppose des interactions quantiques entre dipôles ce qui est exclu ici.
  (si $\theta > 0$, $\theta = T_c$: température de Curie ; si $\theta < 0$, $\theta = -T_N$ où T_N est la température de Néel, voir exercices 5.8 et 5.10).

3.a) Avec $\chi = C/T$, $\chi'/\chi = -1/T$ et $l = TB_0\chi'/\chi = -B_0$

$$\text{d'où } \mathrm{d}U = \delta Q + \delta W = C_j \mathrm{d}T + (l + B_0)\mathrm{d}J = C_J \mathrm{d}T$$

l'énergie interne ne dépend donc que de la température (1ère loi de Joule).

Ceci montre que C_J est indépendant de J. Vérifions-le :

L'expression de $\mathrm{d}S$ à la question 2b) conduit à

$$\frac{1}{T} \cdot \frac{\partial C_J}{\partial J}\bigg)_T = \frac{\partial}{\partial T}\left(\frac{l}{T}\right)_J = \frac{\partial}{\partial T}\left(\frac{\mu_0 J}{C}\right)_J = 0$$

Remarque : Ces comportements rappellent ceux du gaz parfait. De même, un paramagnétique est dit parfait lorsque son aimantation ne dépend que du rapport B_0/T. L'exercice 5.8 montre qu'en négligeant les interactions entre dipôles magnétiques, l'aimantation s'écrit $J = n\mu_B \mathrm{th}(\mu_B B_0/kT)$ pour un paramagnétisme de spin 1/2 (n moments par unité de volume). Alors un développement en série $J = \sum_{p=1}^{\infty} \alpha_p (B_0/T)^p$, au lieu de se limiter au seul terme $p = 1$ comme ici, conduit aux mêmes résultats : C_J et U ne dépendent que de T.

b) $\mathrm{d}S = C_J \frac{\mathrm{d}T}{T} + l\frac{\mathrm{d}J}{T}$ donne avec $C_J = C^0_{B_0} = \frac{A}{T^2}$ et $l = -B_0 = -\frac{\mu_0 JT}{C}$

$$\mathrm{d}S = A\frac{\mathrm{d}T}{T^3} - \frac{\mu_0}{C} J\mathrm{d}J \implies S = S^0 - \frac{A}{2T^2} - \frac{\mu_0 J^2}{2C} \quad \text{avec } J = \frac{CB_0}{\mu_0 T}$$

$$\text{d'où} \qquad \boxed{S(T, B_0) = S^0 - \frac{A}{2T^2} - \frac{CB_0^2}{2\mu_0 T^2}}$$

– à B_0 fixé, S augmente lorsque T augmente : le désordre augmente avec l'agitation thermique.

Remarque : D'autres modèles proposent $C_J = \alpha T$ ce qui conduit à la même conclusion.

– à T fixée, S diminue lorsque B_0 augmente : l'orientation croissante des moments magnétiques sous l'effet d'un champ croissant augmente la tendance à l'ordre magnétique et donc diminue l'entropie.

c) La désaimantation étant adiabatique et réversible est donc isentropique. Il suffit d'écrire $S_f = S_i$ soit

$$\frac{A + 0}{T_f^2} = \frac{A + CB_0^{i2}/\mu_0}{T_i^2} \implies \boxed{T_f = \frac{T_i}{\sqrt{1 + CB_0^{i2}/\mu_0 A}}}$$

$T_f < T_i$; il y a refroidissement lors de la désaimantation adiabatique réversible. Le processus est à entropie constante, donc à "désordre" du système constant. La désaimantation détruit l'orientation des moments magnétiques atomiques, donc a tendance à augmenter le désordre ; pour que celui-ci reste globalement constant, il faut que le désordre dû à l'agitation thermique diminue, et donc que la température baisse.

AN : $\underline{T_f = 0,3\,\mathrm{K}}$

L'intérêt de la désaimantation adiabatique est l'obtention de très basses températures pour des corps paramagnétiques préalablement refroidis à basse température.

d) La transformation étant réversible, une aimantation adiabatique réaugmenterait la température de l'échantillon ! Il faut donc prévoir un échange de chaleur avec une source très froide pour réaliser une aimantation isotherme capable de maintenir la température préalablement atteinte... Ce "cycle" à deux opérations peut alors être réitéré, la température étant réduite du même facteur à chaque "cycle", le processus pouvant être poursuivi jusqu'à une température arbitrairement petite...

Dans un diagramme (T, S) les courbes B_0 = Cste ont l'allure indiquée sur le graphe suivant et sont données par

$$T^2 = \frac{A + CB_0^2/\mu_0}{2(S_0 - S)} \quad \text{du type} \quad T = \frac{K}{\sqrt{S_0 - S}}$$

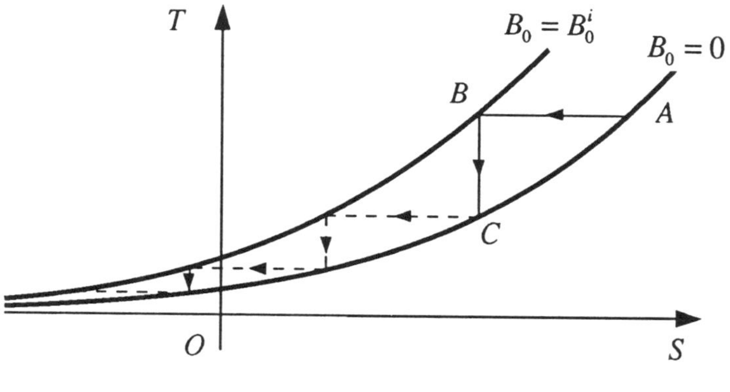

AB aimantation isotherme; *BC* désaimantation adiabatique

Références du chapitre 1 :

Chimie Nord P83 - ESTP 83 - Ville de Paris P83
Travaux ruraux 89 - École de l'Air 92 - ENSIETA 94.

Chapitre 2

Lien avec les processus microscopiques d'aimantation

Contrairement à l'étude microscopique de la polarisation des milieux diélectriques, celle de l'aimantation de la matière magnétique relève de la mécanique quantique. Ainsi un atome à un ou plusieurs électrons ne possède-t-il pas forcément de moment magnétique orbital ; en revanche il suffit que sa configuration électronique conduise à un (ou des) électron(s) célibataire(s) pour faire apparaître un moment magnétique de spin (exercice 2.1). L'expérience de Stern et Gerlach confirme la quantification de la projection des moments magnétiques sur la direction du champ et dans le cas envisagé du lithium (historiquement avec des atomes d'argent), prouve l'existence d'un moment cinétique propre ou spin 1/2 de l'électron (exercice 2.2).

Parmi les milieux magnétiques à aimantation induite faible (sans interaction entre les moments), il faut distinguer ceux constitués d'atomes, de molécules ou d'ions ne possédant pas de moment magnétique permanent (ni orbital, ni de spin) et dont l'aimantation est liée à un mouvement de précession dite de Larmor (diamagnétisme) et se fait dans le sens opposé au champ (exercice 2.4), de ceux constitués d'atomes, de molécules ou d'ions possédant un moment magnétique permanent et dont l'aimantation dans le sens du champ est due à un mécanisme d'orientation (paramagnétisme) fonction de la température (exercices 2.7 et 2.8).

La susceptibilité diamagnétique (négative) est très faible (exercice 2.5) et s'efface, aux températures usuelles, devant la susceptibilité paramagnétique (positive) (exercice 2.8). Cependant dans les deux cas la perméabilité relative $\mu_r = 1 + \chi$ reste très voisine de l'unité.

L'effet Zeeman décrit les modifications induites par un champ magnétique sur la lumière émise par une source à partir de l'examen des modifications des mouvements électroniques des atomes émetteurs (exercice 2.6).

La théorie phénoménologique de Curie-Weiss des interactions d'origine quantique entre les dipôles se propose d'accéder aux températures de changement de phase (de Curie et de Néel) marquant les limites du domaine paramagnétique (exercice 2.9).

L'unité de moment magnétique électronique est $\mu_B = e\hbar/2m$, le magnéton de Bohr ; le magnétisme nucléaire lié non seulement au spin du proton mais également à celui du neutron (exercice 2.3) est, à cause de la masse, de l'ordre de mille fois plus faible. Ainsi le paramagnétisme de spin nucléaire de l'eau lié aux protons des atomes d'hydrogène est-il en champ statique négligeable devant le diamagnétisme électronique de la molécule ! (complément de l'exercice 2.11). Des méthodes spéciales en champ variable basées sur la résonance magnétique nucléaire (R.M.N.) sont alors nécessaires pour l'étudier, la résonance des moments magnétiques de spin nucléaires s'effectuant dans une gamme de fréquences hertziennes spécifique et différente de celle du magnétisme électronique. Les phénomènes de relaxation (exercice 2.10) fixent la bande passante de ces résonances ainsi que la durée du régime d'oscillations amorties, appelée temps de relaxation magnétique (exercice 2.11). Ces phénomènes sont à la base des investigations médicales au scanner (Imagerie par Résonance Magnétique).

L'interaction quantique (et non magnétostatique) entre spins voisins d'une chaîne d'atomes permet la propagation des mouvements de spin sous forme d'ondes de spin dispersives (exercice 2.12). Lorsque tous les spins sont alignés par un champ magnétique stationnaire $\vec{B}_0$, l'excitation du système par un champ magnétique $\vec{B}_1$ plus faible, perpendiculaire au précédent et variable dans le domaine des radiofréquences, entretient cette onde de spin et pour une pulsation fixée du champ $\vec{B}_1$, il apparaît des résonances pour certaines valeurs du champ stationnaire $\vec{B}_0$; ce phénomène permet entre autres une détermination précise du rapport gyromagnétique (exercice 2.13).

2.1 Moments magnétiques

1. Moment magnétique orbital

a) En prenant comme modèle classique de Bohr un électron, de charge $-e$ et de masse m, en orbite circulaire autour d'un noyau ponctuel fixe, montrer qu'entre le moment cinétique moyen $\vec{\sigma}$ de l'électron par rapport au noyau et le moment magnétique $\vec{\mathcal{M}}$ associé à son mouvement orbital existe la relation :

$$\vec{\mathcal{M}} = -\gamma\vec{\sigma}$$

et donner l'expression du coefficient γ appelé rapport gyromagnétique.

Montrer qu'en fait cette relation ne dépend pas de la nature de la trajectoire de l'électron.

b) Rappeler les règles de quantification du moment cinétique en mécanique quantique. Un atome à un ou plusieurs électrons possède-t-il forcément un moment magnétique orbital ?

2. Moment magnétique de spin

Le spin est le moment cinétique propre ou intrinsèque d'une particule ; il ne dépend que de cette particule.

a) Comme la Terre qui tourne autour du Soleil et en plus sur elle-même, l'idée classique et simpliste de spin consiste à rajouter au mouvement de révolution de l'électron autour du noyau, un mouvement de rotation sur lui-même.
L'électron est assimilé à une petite sphère en rotation à la vitese angulaire $\vec{\omega}$, et dont la charge et la masse sont uniformément réparties. Dans chaque cas de répartition soit surfacique soit volumique, calculer le rapport gyromagnétique prévu par ce modèle et montrer qu'il est indépendant du type de répartition utilisé.

b) La théorie quantique affecte aux projections du moment cinétique de spin de l'électron (particule de spin 1/2), les deux seules valeurs $\pm\hbar/2$ où $\hbar = h/2\pi$ et une valeur du rapport gyromagnétique double de celle prévue par le modèle précédent soit $\gamma = -e/m$.
En déduire, y compris numériquement, les valeurs possibles des projections du moment magnétique de spin de l'électron.

c) Que peut-on dire du moment magnétique de spin d'un atome à plusieurs électrons ?

3. Action d'un champ magnétique extérieur

A tout moment magnétique $\vec{\mathcal{M}}$ est associé un moment cinétique moyen $\vec{\sigma}$ tel que $\vec{\mathcal{M}} = \gamma\vec{\sigma}$ où γ est une constante. Un tel système est placé dans un champ magnétique uniforme $\vec{B}_0 = B_0\vec{u}_z$.

a) Écrire l'équation d'évolution de $\vec{\mathcal{M}}$ dans le champ $\vec{B}_0$.
En déduire que la norme du vecteur $\vec{\mathcal{M}}$ est constante et que l'angle entre les deux vecteurs $\vec{\mathcal{M}}$ et $\vec{B}_0$ est également indépendant du temps.
En déduire le mouvement de l'extrémité du vecteur $\vec{\mathcal{M}}$ (dont l'origine est fixée en O). Avec quelle vitesse angulaire $\vec{\omega}_0$ s'effectue-t-il ?

AN : Dans le cas du mouvement de spin de l'électron ($\gamma = -e/m$) dans un champ magnétique $B_0 = 1\,\mathrm{T}$, calculer $\nu_0 = \omega_0/2\pi$.

b) Les projections sur la direction de $\vec{B}_0$ du moment cinétique de spin de l'électron ont pour valeur $\pm\hbar/2$.
Calculer les deux valeurs possibles de l'énergie de la particule placée dans le champ extérieur $\vec{B}_0$ et en déduire la pulsation de l'onde électromagnétique dont les photons, absorbés par les particules, permettraient à celles-ci de passer de l'état d'énergie le plus bas à l'état le plus haut. Comparer avec ω_0.

AN : Dans quel domaine des ondes électromagnétiques doit-on se placer pour observer ce phénomène de résonance pour des électrons si le champ extérieur est de l'ordre de 1 T ?

Pour des protons, particules de charge e et de masse M, également de spin 1/2 cette résonance se produit dans le même champ pour des ondes métriques de fréquence $\nu = 42{,}5\,\mathrm{MHz}$, avec une précession des moments dans le sens rétrograde (par rapport à $\vec{B}_0$). En déduire le coefficient α dans le rapport gyromagnétique écrit sous la forme $\gamma = \alpha e/M$.

1.a) Le moment cinétique orbital de l'électron par rapport à O est :

$$\vec{\sigma} = mr^2\dot{\theta}\vec{u}_z$$

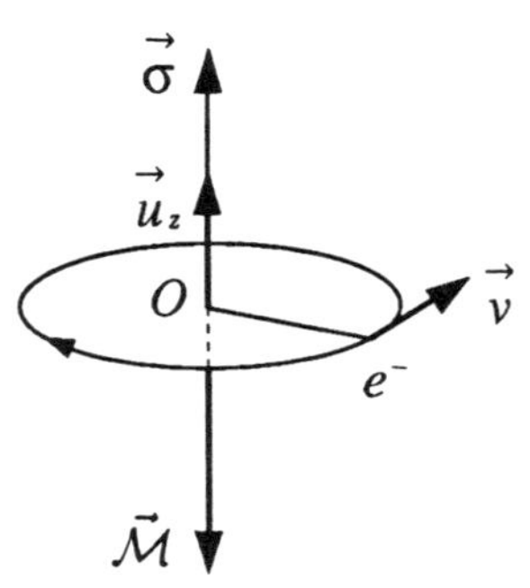

Le moment magnétique de cette boucle de courant de surface S est orienté par $i = e/T$ (charge traversant une surface par unité de temps, la période T du mouvement)

$$\vec{\mathcal{M}} = -iS\vec{u}_z = -e(S/T)\vec{u}_z = -er^2\dot{\theta}/2\vec{u}_z$$

car S/T est la surface balayée par unité de temps et vaut $r^2\dot{\theta}/2$ (constante des aires ou à défaut vitesse aréolaire moyenne sur une période).

d'où $\boxed{\vec{\mathcal{M}} = \gamma\vec{\sigma}}$ avec $\boxed{\gamma = -e/2m}$

Le signe – est dû au fait que le courant électrique est de sens opposé au déplacement de l'électron.

Rappelons les définitions : $\vec{\sigma} = \vec{r} \wedge m\vec{v}$ et $\vec{\mathcal{M}} = \frac{1}{2}\vec{r} \wedge q\vec{v}$.

Il vient immédiatement $\vec{\mathcal{M}} = (q/2m)\vec{\sigma}$ et ceci quelle que soit la trajectoire de la charge q de masse m.

b) Un électron dans un champ central est décrit en mécanique quantique par une fonction d'onde Ψ_{n,l,m_l} à trois nombres quantiques :

– n est lié à la quantification de l'énergie et donne la couche ou le niveau

– l est liée à la quantification du (module du) moment cinétique orbital

$$|\vec{\sigma}| = \sqrt{l(l+1)}\hbar \quad \text{avec} \quad l \in [0, 1, \ldots, n-1] \quad (n \text{ valeurs})$$

(et non $|\vec{\sigma}| = n\hbar$ comme l'avait proposé Bohr !)

ceci donne les sous-couches $s(l = 0)$, $p(l = 1)$, $d(l = 2)$...

– m_l est lié à la quantification de la projection du moment cinétique sur Oz, direction du champ extérieur.

$$\sigma_z = m_l\hbar \text{ avec } \quad m_l \in [-l, \ldots, l] \quad (2l + 1 \text{ valeurs pour } n \text{ et } l \text{ fixés})$$

ceci donne les cases ou orbitales : 0 pour s ; $-1, 0, 1$ pour p ; $-2, -1, 0, 1, 2$ pour d.

m_l est le nombre quantique magnétique ; la quantification du moment cinétique entraîne celle du moment magnétique

$$\mathcal{M}_z = -\frac{e}{2m}\sigma_z = -m_l\mu_B \quad \text{où } \mu_B = \frac{e\hbar}{2m} \text{ est le magnéton de Bohr.}$$

* Pour un atome d'hydrogène avec un seul électron dans l'orbitale 1s (soit $l = 0$ et $m_l = 0$), il n'y a ni moment cinétique, ni moment magnétique ! (fonction d'onde à symétrie sphérique).

* Dans le cas d'un atome à plusieurs électrons, pour une sous-couche donnée, le moment total a une projection donnée par Σm_l. Pour une sous-couche à moitié remplie (un électron dans chaque case) ou totalement remplie cette somme vaut $\Sigma_{m_l} = -l + \ldots + l = 0$; il n'y a donc pas forcément de moment magnétique orbital non nul.

2.a) Dans le cas d'une répartition surfacique uniforme :

* $\vec{\sigma} = J_\Delta\vec{\omega}$ où $J_\Delta = \frac{2}{3}mR^2$ est le moment d'inertie par rapport à un diamètre

$$(J_{Ox} = J_{Oy} = J_{Oz} = (1/3)2J_0 = (2/3)mR^2)$$

* $\vec{\mathcal{M}} = \frac{4}{3}\pi R^3\vec{J}$ par analogie avec une sphère uniformément aimantée (voir

exercice 1.5) d'aimantation $\vec{J} = -(1/3)eR^2\vec{\omega}$. En effet il suffit d'écrire pour une boucle de courant :

$$\vec{\jmath}_S = \sigma\vec{v} = \vec{\jmath}_{Sa} \quad \text{soit} \quad -\frac{e}{4\pi R^2}R\sin\theta\omega\vec{u}_\varphi = J\sin\theta\vec{u}_\varphi$$

d'où $\vec{\mathcal{M}} = -\frac{e}{3}R^2\vec{\omega}$

$$\text{soit} \quad \boxed{\vec{\mathcal{M}} = -\frac{e}{2m}\vec{\sigma}}$$

Là encore, les définitions $\vec{\sigma} = \iint \vec{r}\wedge \mathrm{d}m\vec{v}$ et $\vec{\mathcal{M}} = \frac{1}{2}\iint \vec{r}\wedge \mathrm{d}q\vec{v}$ où $\mathrm{d}m = \frac{m}{4\pi R^2}\mathrm{d}S$ et $\mathrm{d}q = -\frac{e}{4\pi R^2}\mathrm{d}S$ sont les masse et charge élémentaires de l'élément de surface $\mathrm{d}S$, conduisent directement au résultat.

Ce résultat reste vrai pour une répartition volumique uniforme

$$\vec{\sigma} = \iiint \vec{r}\wedge\rho_m\mathrm{d}\tau\vec{v} \qquad \text{et} \quad \vec{\mathcal{M}} = \frac{1}{2}\iiint \vec{r}\wedge\rho_e\mathrm{d}\tau\vec{v}$$

et de manière plus générale lorsque les densités ρ_m et ρ_e, sans être uniforme, sont en rapport constant : $\rho_e(M)/\rho_m(M) = -e/m$, $\forall M$. Cette vision classique du spin ne donne cependant pas le bon rapport γ.

b) Le moment cinétique de spin $\vec{s}$ a une projection quantifiée comme le moment cinétique orbital

$s_z = m_s\hbar$ avec $m_s \in [-s,\ldots,s]$, soit ici $m_s = \pm 1/2$ pour une particule de spin $s = 1/2$, d'où les projections du moment magnétique de spin avec $\vec{\mathcal{M}} = -\gamma\vec{s}$,

$$\mathcal{M}_z = -\frac{e}{m}(\pm\frac{\hbar}{2}) = \mp\mu_B \quad \text{où } \mu_B = \frac{e\hbar}{2m} \quad \text{est le magnéton de Bohr}$$

AN : $\underline{\mu_B = 0{,}93.10^{-23}\mathrm{A.m}^2}$ grandeur "faible", mais à résultante macroscopique pour une mole ($\mathcal{N} = 6.10^{23}\mathrm{mol}^{-1}$) où tous les moments seraient alignés.

c) Le moment cinétique de spin d'un couple d'électrons appariés dans une case est nul ($\sum m_s = +1/2 - 1/2 = 0$).

Un atome n'aura de moment magnétique de spin total que si sa configuration électronique conduit à des électrons célibataires.

3.a) Le moment magnétique $\vec{\mathcal{M}}$ est soumis de la part du champ uniforme $\vec{B}_0$ au seul couple $\vec{\mathcal{M}}\wedge\vec{B}_0$.

Le théorème du moment cinétique dans un référentiel galiléen R_0 s'écrit :

$$\left.\frac{\mathrm{d}\vec{\sigma}}{\mathrm{d}t}\right)_{R_0} = \vec{\mathcal{M}} \wedge \vec{B}_0 \quad \text{soit} \quad \boxed{\left.\frac{\mathrm{d}\vec{\mathcal{M}}}{\mathrm{d}t}\right)_{R_0} = \gamma\vec{\mathcal{M}} \wedge \vec{B}_0}$$

La multiplication scalaire par $\vec{\mathcal{M}}$ donne $\dfrac{\mathrm{d}\vec{\mathcal{M}}^2}{\mathrm{d}t} = 0$ soit $|\vec{\mathcal{M}}| = \text{Cste}$

celle par $\vec{B}_0$ donne $\dfrac{\mathrm{d}\vec{\mathcal{M}} \cdot \vec{B}_0}{\mathrm{d}t} = 0$ soit $\theta = (\vec{\mathcal{M}}, \vec{B}_0) = \text{Cste}$

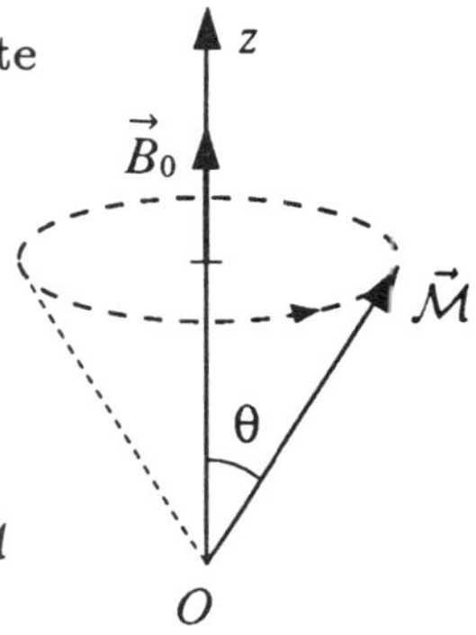

L'évolution de $\vec{\mathcal{M}}$ consiste en une révolution autour de $\vec{B}_0$: l'extrémité de $\vec{\mathcal{M}}$ décrit un cercle d'axe Oz ou encore $\vec{\mathcal{M}}$ décrit un cône d'axe $\vec{B}_0$ et de demi angle θ au sommet O constant.

La formule de dérivation vectorielle

$$\left.\frac{\mathrm{d}\vec{\mathcal{M}}}{\mathrm{d}t}\right)_{R_0} = \left.\frac{\mathrm{d}\vec{\mathcal{M}}}{\mathrm{d}t}\right)_{R} + \vec{\Omega}_{R/R_0} \wedge \vec{\mathcal{M}}$$

où l'on choisit pour R un référentiel tournant où $\vec{\mathcal{M}}$ est fixe montre par rapport à l'équation ci-dessus

$$\left.\frac{\mathrm{d}\vec{\mathcal{M}}}{\mathrm{d}t}\right)_{R_0} = \vec{0} - \gamma\vec{B}_0 \wedge \vec{\mathcal{M}}$$

que ce référentiel R, et donc $\vec{\mathcal{M}}$, tourne avec le vecteur instantané de rotation

$$\boxed{\vec{\Omega}_{R/R_0} = \vec{\omega}_0 = -\gamma\vec{B}_0}$$

et ceci uniformément car $\gamma\vec{B}_0$ est constant. (précession de Larmor).

AN : $\omega_0 = \dfrac{eB_0}{m}$ soit $\underline{\nu_0 \simeq 2,8.10^{10}\,\text{Hz} = 28\,\text{GHz}}$

la précession se fait dans le sens direct autour de $\vec{B}_0$.

b) L'énergie d'interaction entre le moment $\vec{\mathcal{M}}$ et le champ $\vec{B}_0$ est

$$U_p = -\vec{\mathcal{M}} \cdot \vec{B}_0 = -\gamma\sigma_z \cdot B_0 = \frac{e}{m}(\pm\frac{\hbar}{2})B_0 = \pm\mu_B \cdot B_0$$

Soit ω la pulsation de l'onde dont le photon d'énergie $h\nu = \hbar\omega$ permet le retournement du spin.

$$\hbar\omega = 2\mu_B \cdot B_0 \implies \boxed{\omega = \frac{eB_0}{m} = \omega_0}$$

La transition s'observe à la pulsation de Larmor.

AN : * pour l'électron, $\nu_e = 28\,\text{GHz}$ soit $\lambda \simeq 1\,\text{cm}$ (ondes centimétriques)
* pour le proton la précession rétrograde indique $\gamma > 0$ soit $\alpha > 0$
la fréquence $\nu_p = 42,5\,\text{MHz}$ correspond à $\lambda \simeq 7\,\text{m}$ (ondes métriques)

$$\text{avec } \omega_p = \gamma B_0 = \frac{\alpha e B_0}{M} \simeq \frac{\alpha\omega_e}{1836} \Longrightarrow \underline{\alpha = 1836\frac{\nu_p}{\nu_e} = 2,79}$$

Dans les deux cas il s'agit du domaine des radiofréquences.

Remarques : * Pour le facteur 2,79 voir l'introduction de l'exercice 2.3.
* Ces ondes sont envoyées parallèlement à l'axe Oz et polarisées circulairement car il n'y a pas seulement transfert d'énergie, mais aussi transfert de moment cinétique du photon absorbé ($\hbar$ pour une polarisation circulaire) pour modifier l'orientation du spin de la particule de $-\hbar/2$ à $+\hbar/2$. (voir "Ondes électromagnétiques", exercice 7.2 pour le spin du photon). Le champ magnétique de l'onde est donc un champ tournant, perpendiculairement à $\vec{B}_0$ (voir exercices 2.10 et 5.2).
* Ces calculs de précession sont valables pour des particules "isolées", mais dans la matière ces mouvement sont amortis, sauf si justement ils sont entretenus.

2.2 Expérience de Stern et Gerlach

Un four contient des atomes de lithium porteurs de moments dipolaires magnétiques. Un jet de ces atomes sort par un petit trou pratiqué dans la paroi du four. On suppose que tous les atomes de lithium sont animés de la même vitesse $\vec{v}_0$ parallèle à l'axe Ox ; E_c désigne leur énergie cinétique à la sortie du four. L'expérience est réalisée dans le vide.

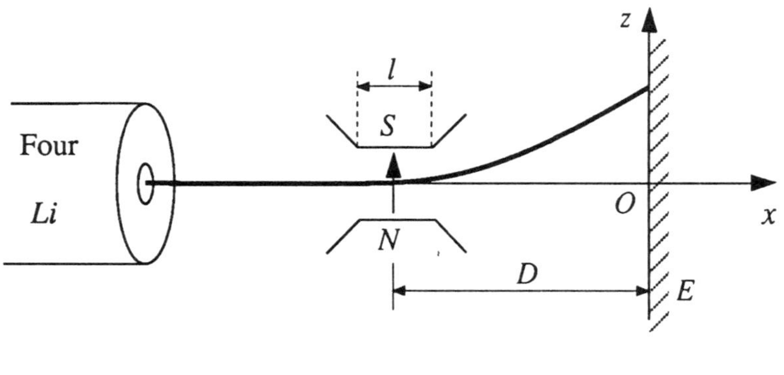

Les atomes de lithium pénètrent dans une région de l'espace de largeur l (l'entrefer d'un électroaimant symétrique par rapport au plan Oxz) dans laquelle règne un champ magnétique $\vec{B}$; on suppose que la composante B_z varie linéairement avec la cote z, et que les effets de bord sont négligeables soit $\vec{B} \simeq B_z\vec{u}_z$ en tout point du plan Oxz.

Le jet atomique est reçu sur un écran E situé à une distance D du centre de la région dans laquelle règne le champ magnétique.

a) Dans l'entrefer, les moments sont animés d'un mouvement de précession autour de $\vec{B}$ (voir exercice 2.1). Expliquer pourquoi le jet atomique est dévié par la traversée du champ magnétique et donner l'expression des composantes F_x, F_y et F_z de la force moyenne (sur une période de précession) agissant sur ces dipôles magnétiques de moment $\vec{\mathcal{M}}$.

b) Exprimer la cote moyenne z du point d'impact d'un atome de lithium sur l'écran en fonction de $D, l, E_c, \mathcal{M}_z$ et $\partial B_z/\partial z$.

c) L'observation de l'écran permet de distinguer sur Oz deux taches symétriques par rapport à l'axe Ox, de cote $z = \pm a$. Commenter ce résultat.

AN : $a = 3\,\text{mm}$; $E_c = 0,1\,\text{eV}$; $\partial B_z/\partial z = 10\,\text{T/m}$; $l = 0,1\,\text{m}$ et $D = 10\,\text{m}$.
En déduire la valeur de la composante $\mathcal{M}_z$ du moment magnétique porté par un atome de lithium. Commentaire.

a) Le plan Oxz étant plan de symétrie du système, les trajectoires des atomes appartiennent à ce plan. La précession de Larmor qui affecte leurs moments se fait donc autour d'un axe parallèle à Oz avec $\mathcal{M}_z$ constant et $< \mathcal{M}_x >=< \mathcal{M}_y >= 0$ sur une période.
Un moment magnétique $\vec{\mathcal{M}}$ placé dans un champ magnétique **non uniforme** subit la force moyenne de composantes :

$$F_x \simeq \mathcal{M}_z \frac{\partial B_z}{\partial x} = 0 \quad \text{car} \quad \frac{\partial B_z}{\partial x} = 0 \text{ (en négligeant les effets de bord)}$$

$$F_y \simeq \mathcal{M}_z \frac{\partial B_z}{\partial y} = 0 \quad \text{car} \quad \frac{\partial B_z}{\partial y} = 0 \text{ dans le plan de symétrie } Oxz$$

$$F_z \simeq \mathcal{M}_z \cdot \frac{\partial B_z}{\partial z} \quad \text{seule composante non nulle.}$$

b) Comme B_z varie linéairement avec z, cette force est constante si bien que la trajectoire des atomes dans l'entrefer est un arc de parabole.
Si $t = 0$ est l'instant auquel un atome pénètre dans l'entrefer :

$$m\ddot{z} = F_z \implies z = \frac{\mathcal{M}_z}{2m} \cdot \frac{\partial B_z}{\partial z} t^2 \quad \text{car } \dot{z}_0 = 0$$

$$m\ddot{x} = 0 \implies \Delta x = v_0 t = \sqrt{\frac{2E_c}{m}}\, t$$

à la sortie de l'entrefer $\Delta x = l$ soit $z_l = \dfrac{\mathcal{M}_z}{4E_c} \dfrac{\partial B_z}{\partial z} l^2$.

La tangente à la parabole à la sortie du champ coupe l'axe Ox au milieu de l'entrefer d'où

$$\frac{z}{D} = \frac{z_l}{l/2} \Longrightarrow \quad \boxed{z = \frac{\mathcal{M}_z}{2E_c}\frac{\partial B_z}{\partial z} Dl}$$

c) En théorie classique $\mathcal{M}_z$ est susceptible de prendre toutes les valeurs entre $-|\vec{\mathcal{M}}|$ et $|\vec{\mathcal{M}}|$, ce qui conduirait à l'observation d'un segment continu d'impacts sur l'écran, dirigé suivant Oz et symétrique par rapport à Ox.

L'observation effective infirme cette prévision. L'existence de deux taches symétriques prouve la quantification du moment magnétique qui ne peut, dans ce cas, prendre que deux valeurs discrètes $\pm\mathcal{M}_z$.

AN : $\mathcal{M}_z = \dfrac{2aE_c}{(\partial B_z/\partial z)Dl}$; $\underline{\mathcal{M}_z = 0{,}96.10^{-23}\,\text{A.m}^2}$

Cette valeur expérimentale correspond au magnéton de Bohr :

$$\mu_B = e\hbar/2m = 0{,}93 \cdot 10^{-23}\ \text{A.m}^2$$

Cette expérience confirme l'existence d'un moment cinétique de spin 1/2, lié à l'existence d'un électron célibataire dans le tableau électronique des atomes de lithium ($Z = 3$) :

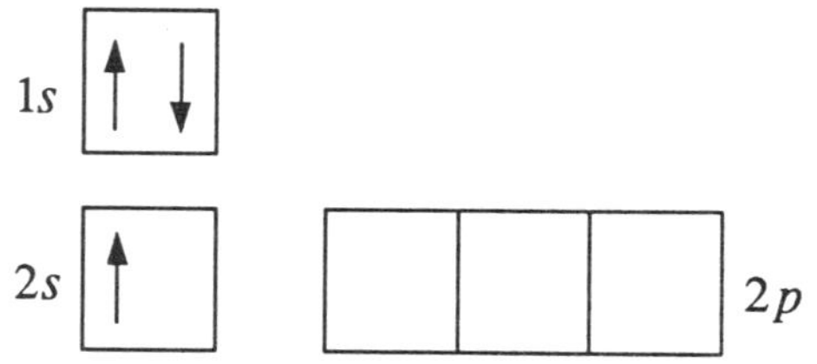

(Il ne s'agit pas ici de moment cinétique orbital puisque pour les orbitales s, $l = 0$!).

Le spin $\vec{s}$ est le moment cinétique propre (on intrinsèque) de l'électron ; sa projection sur la direction Oz du champ est quantifiée et vaut pour une particule de spin 1/2 : $s_z = \pm\hbar/2$.

Il lui correspond un moment magnétique propre ou moment magnétique de spin

$$\vec{\mathcal{M}}_s = -g\frac{e}{2m}\vec{s}$$

où $g = 2{,}0023 \simeq 2$ est le facteur de Landé.

(alors qu'entre moment cinétique orbital $\vec{l}$ et moment magnétique orbital $\vec{\mathcal{M}}_l$ existe la relation $\vec{\mathcal{M}}_l = -(e/2m)\vec{l}$, voir exercice 2.1).

$\vec{\mathcal{M}}_s$ suit les mêmes règles de quantification que $\vec{s}$:

$$\mathcal{M}_{sz} = -g\frac{e}{2m}(\pm\frac{\hbar}{2}) \simeq \mp\frac{e\hbar}{2m} \mp \mu_B \quad \text{décrit dans l'exercice 2.1}$$

L'expérience de Stern et Gerlach (1922) est antérieure à la proposition de Uhlenbeck et Goudsmit (1925) sur l'existence d'un spin, justifiée par Dirac en mécanique quantique (1928).

2.3 Confinement de neutrons ultra-froids

Introduction : Le confinement de particules chargées telles que les électrons ou les protons dans le vide poussé des accélérateurs ou anneaux de stockage est réalisé à l'aide de champs magnétiques pour incurver leurs trajectoires (et de champs électriques pour les accélérer). Ces techniques ne conviennent pas pour les particules non chargées telles les neutrons.

Au moment cinétique de spin de l'électron (particule de spin 1/2) correspond un moment magnétique propre de projection $\mathcal{M}_e \simeq \mu_B$ où $\mu_B = e\hbar/2m$ est le magnéton de Bohr (voir exercices 2.1 ou 2.2).

Les nucléons (protons et neutrons) possèdent également un spin 1/2 ; le magnéton nucléaire est défini par $\mu_N = \dfrac{e\hbar}{2M} \simeq \dfrac{\mu_B}{1836}$ où M est la masse d'un nucléon. Et le moment magnétique d'un neutron est non nul, bien qu'il n'ait pas de charge globale ! pour le proton $\mathcal{M}_p = 2,79\mu_N$ et pour le neutron $\mathcal{M}_n = -1,91\mu_N$.

En effet les nucléons, contrairement à l'électron, possède une structure interne connue à trois quarks : uud pour le proton et udd pour le neutron où u est le quark "up" de charge $2e/3$ et d le quark "down" de charge $-e/3$; ils sont tous les deux de spin 1/2.

Autour et le long de l'axe Oz, dans une région cylindrique limitée à $r \leq a$, un ensemble de fils parcourus par des courants convenablement orientés crée un champ magnétique dont la norme est fonction de r seulement, distance à l'axe :

$$B(r) = B_0 r^2/a^2, \qquad r \leq a$$

Un neutron de masse m et de moment magnétique M oriente son moment magnétique dans la direction du champ mais son sens peut être parallèle ou antiparallèle au champ magnétique.

1. Exprimer en fonction de $\Omega = (2B_0M/ma^2)^{1/2}$, m et r l'énergie potentielle d'interaction entre le neutron et le champ magnétique $\vec{B}$ en distinguant le cas des neutrons "parallèles" et celui des neutrons "antiparallèles" au champ. Montrer à partir de la force qui s'exerce sur ces neutrons qu'il est possible d'en confiner certains dans ce champ ; préciser lesquels.

2. Écrire les équations différentielles de mouvement d'un neutron confiné (r est la distance à l'axe Oz, dans le plan xOy). Exprimer $x(t), y(t)$ et $z(t)$ pour un neutron qui, à $t = 0$, a pour coordonnées $(x_0, 0, 0)$ et pour vecteur vitesse $(0, u_0, v_0)$. Quelle est sa trajectoire ? Commentaire.

3. Soit $\vec{u}$ la projection du vecteur vitesse sur le plan xOy.

a) Montrer qu'il existe une vitesse critique u_c à exprimer en fonction de B_0, M et m telle que si $|\vec{u}| > u_c$ aucun neutron n'est confiné.
A quelle température cinétique critique T_c correspond l'énergie cinétique critique ?

AN : $m = 1,67.10^{-27}$kg ; $M = 9,66.10^{-27}$A.m^2 et $B_0 = 3$ T.
Calculer u_c et T_c et justifier le qualificatif "d'ultra froids" donné aux neutrons confinés.

b) Un faisceau de neutrons ralentis est en équilibre thermique dans un milieu de température $T = 300$ K. Évaluer à l'aide d'une approximation justifiée la fraction de ces neutrons susceptibles d'être piégés dans le champ sachant que la loi de répartition en énergie de la statistique de Boltzmann est :

$$\mathrm{d}P(E) = \frac{1}{\sqrt{2\pi}} \cdot \frac{1}{(kT)^{3/2}} \cdot \sqrt{E}\exp(-E/kT)\mathrm{d}E$$

c) Pourquoi dans la pratique, la durée de confinement est-elle forcément limitée ?

1. L'énergie potentielle de moment magnétique $\vec{M}$ dans le champ $\vec{B}$ est :

$$U_p = -\vec{M} \cdot \vec{B}$$

Si $\vec{M}$ et $\vec{B}$ sont de même sens : $U_{\parallel} = -MB = -MB_0\dfrac{r^2}{a^2} = -\dfrac{1}{2}m\Omega^2 r^2$

Dans le cas contraire : $U_{\nparallel} = \dfrac{1}{2}m\Omega^2 r^2$

Le neutron subit la force $\vec{F} = -\overrightarrow{\mathrm{grad}}\, U_p$ soit

$\vec{F}_{\parallel} = m\Omega^2 r\vec{u}_r$ centrifuge : le neutron "parallèle" s'éloigne de l'axe

$\vec{F}_{\nparallel} = -m\Omega^2 r\vec{u}_r$ centripète : le neutron "antiparallèle" est retenu, il y a possibilité de confinement

2. Les équations du mouvement pour un neutron "antiparallèle" soumis à la seule action du champ magnétique sont :

$$\begin{cases} m\ddot{x} &= -m\Omega^2 x \\ m\ddot{y} &= -m\Omega^2 y \\ m\ddot{z} &= 0 \end{cases} \Longrightarrow \begin{cases} x &= x_0 \cos \Omega t \\ y &= (u_0/\Omega)\sin \Omega t \\ z &= v_0 t \end{cases}$$

Compte tenu des conditions initiales la trajectoire est une hélice s'enroulant autour de l'axe Oz, la projection dans le plan xOy étant elliptique. La stabilité radiale est confirmée, mais un dispositif de longueur finie le long de l'axe Oz conduirait à un confinement de trop courte durée ; la solution consiste à "courber" le cylindre et à en faire un tore circulaire (anneau de stockage).

3.a) L'ellipse doit s'inscrire dans un rayon $r < a$ soit $u < a\Omega$, d'où la vitesse critique

$$\boxed{u_c = a\Omega = \sqrt{2B_0M/m}}$$

La température cinétique critique à ne pas dépasser est donnée par :

$$E_c = \frac{1}{2}mu_c^2 = \frac{3}{2}kT_c \quad \Longrightarrow \quad \boxed{T_c = 2B_0M/3k}$$

AN : $\underline{u_c = 5,89\,\mathrm{m/s}}$; $\underline{T_c = 1,4.10^{-3}\,\mathrm{K}}$ d'où la terminologie.
Ceci correspond à une énergie cinétique E_c du même ordre que l'énergie potentielle U_p.

b) Les protons piégés sont ceux d'énergie cinétique inférieure à la valeur critique. Cela en concerne donc très peu à une température d'équilibre très supérieure à la température critique

$$\text{d'où} \quad \mathrm{e}^{-E/kT} \simeq 1 \quad \text{et } \mathrm{d}P \simeq \frac{1}{\sqrt{2\pi}} \cdot \frac{1}{(kT)^{3/2}}\sqrt{E}\mathrm{d}E$$

Il suffit d'intégrer de $E = 0$ à $E_c = \dfrac{3}{2}kT_c$ pour avoir la fraction de neutrons concernés.

$$P = \frac{1}{\sqrt{2\pi}} \cdot \frac{1}{(kT)^{3/2}}\frac{2}{3}E_c^{3/2} \quad \Longrightarrow \quad \boxed{P = \frac{1}{2}\sqrt{\frac{3}{\pi}}\left(\frac{T_c}{T}\right)^{3/2}}$$

AN : $\underline{P \simeq 5.10^{-9}}$ ce qui constitue une proportion infime.

c) Un vide insuffisamment poussé conduit à des collisions qui désorientent et surtout augmentent la vitesse. Par ailleurs le neutron non lié est une particule instable (temps de demi-vie voisin de 15 minutes).

2.4 Précession de Larmor

1. Influence de l'établissement d'un champ magnétique

Un électron atomique de charge $-e$ et de masse m décrit une trajectoire circulaire autour du noyau fixe en O. On fait passer progressivement de $\vec{0}$ à $\vec{B}_0$ le champ magnétique extérieur appliqué à l'atome perpendiculairement au plan de l'orbite. L'établissement du champ est rapide à l'échelle macroscopique, mais se fait cependant sur un intervalle de temps τ très grand devant la période de révolution $T = 2\pi/\omega$ de l'électron, de sorte que sur un tour, l'électron "voit" un champ quasi-stationnaire. Par ailleurs ce champ peut toujours être considéré comme uniforme sur une portion d'espace de dimension atomique.

a) Le champ $\vec{B}$ est d'axe $\vec{u}_z$. Rappeler l'expression d'un potentiel vecteur $\vec{A}$ dont il dérive.

b) Quelle est l'expression du champ électromoteur $\vec{E}_m$ qui accompagne l'établissement de $\vec{B}_0$? En déduire la force électrique supplémentaire $\vec{f}_e$ à laquelle est soumis l'électron pendant cette phase. Donner aussi la force magnétique $\vec{f}_m$.

AN : Estimer l'ordre de grandeur des rapports f_m/f_e et f_m/F où F est la force qu'exerce le noyau sur l'électron lorsqu'un champ fort $B_0 = 1\,\text{T}$ s'établit rapidement en $\tau = 0,1\,\text{ms}$.

Que peut-on en déduire sur le rayon r de la trajectoire et sur la vitesse de l'électron ? Calculer la.

c) Calculer la variation de vitesse angulaire subie par l'électron ; exprimer $\delta\vec{\omega}$ en fonction de e, m et $\vec{B}_0$.

AN : Calculer $\delta\omega$ pour $B_0 = 1\,\text{T}$ et estimer la variation relative $\Delta\omega/\omega$.

d) Calculer la variation $\delta\vec{\sigma}$ du moment cinétique de l'électron et en déduire celle $\delta\vec{M}$ du moment magnétique orbital en fonction de e, m, r et $\vec{B}_0$. Le sens de $\delta\vec{M}$ était-il prévisible ?

2. Généralisation par introduction d'un référentiel tournant

Le système étudié est le même que précédemment mais à présent la trajectoire n'est pas spécifiée et donc l'orientation relative du champ magnétique est quelconque.

$(R) = (Oxyz)$ est un repère galiléen et $(R') = (Ox'y'z')$ un repère en rotation uniforme à vitesse angulaire $\vec{\Omega}$ constante autour de l'axe Oz de (R).

Il s'agit de comparer le mouvement de l'électron sans champ ($\vec{B} = \vec{0}$) dans (R) et celui avec champ établi ($\vec{B} = \vec{B}_0$) dans (R').

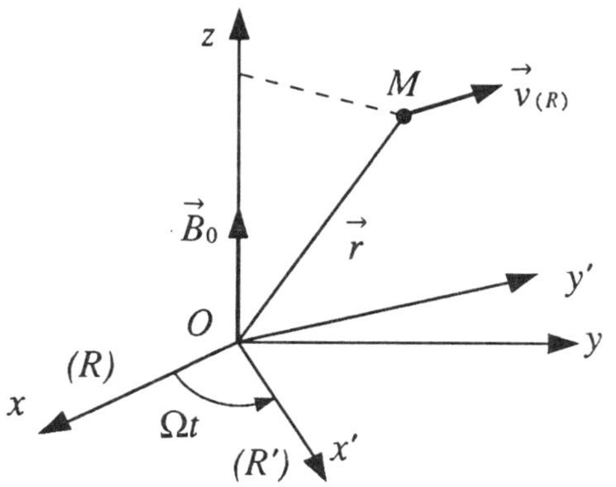

a) En notant $\vec{F}$ la force centrale exercée par le noyau O sur l'électron M, écrire la relation fondamentale de la dynamique (1) dans (R) sans champ.

b) Rappeler l'expression des accélérations d'inertie dans (R') puis écrire la relation fondamentale de la dynamique dans (R') avec champ.

c) Pour quelle valeur de $\vec{\Omega}$ dite pulsation de Larmor $\vec{\omega}_L$ cette expression se simplifie-t-elle en devenant indépendante de $\vec{v}_{(R)}$? Montrer que le terme restant est négligeable devant $\vec{F}$. A quelle relation (2) se réduit alors l'équation du mouvement dans (R') ?

d) Comparer (1) et (2). Conclusion sur le rôle du champ magnétique.
Comment évolue le mouvement orbital de l'électron dans un champ magnétique $\vec{B}_0$ de direction quelconque par rapport au plan de l'orbite ?

1.a) Le champ magnétique étant uniforme au niveau atomique, il lui correspond un potentiel vecteur

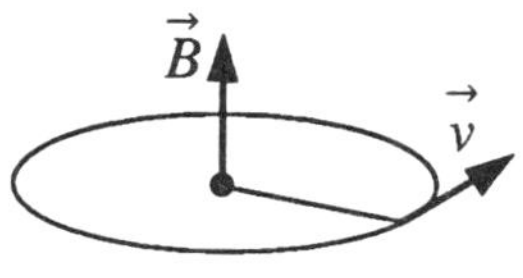

$$\vec{A} = \frac{1}{2}\vec{B} \wedge \vec{r} = \frac{1}{2}Br\vec{u}_\theta$$

où $\vec{u}_\theta$ est le vecteur unitaire orthoradial (dont le rotationnel est dirigé par $\vec{u}_z$).

b) L'établissement de $\vec{B}_0$ entraîne l'apparition d'un champ électromoteur (dans l'approximation des régimes quasi permanents) :

$$\vec{E}_m = -\frac{\partial \vec{A}}{\partial t} = -\frac{1}{2}\frac{\mathrm{d}B}{\mathrm{d}t}r\vec{u}_\theta \quad \text{opposé à la vitesse } \vec{v} = v\vec{u}_\theta$$

d'où la force électrique supplémentaire qui s'exerce sur l'électron

$$\vec{f}_e = -e\vec{E}_m = \frac{er}{2}\frac{\mathrm{d}B}{\mathrm{d}t}\vec{u}_\theta \quad \text{orthoradiale dans le sens du mouvement}$$

La force magnétique vaut :

$$\vec{f}_m = -e\vec{v} \wedge \vec{B} \simeq -evB\vec{u}_r \quad \text{radiale attractive } (\vec{v} \simeq v\vec{u}_\theta)$$

AN : * $|\vec{f}_m| = e\omega r B \simeq e\omega r\dfrac{B_0}{2}$ et $|\vec{f}_e| \simeq \dfrac{er}{2}\dfrac{B_0}{\tau}$

d'où $\dfrac{f_m}{f_e} \simeq \omega\tau \simeq 10^{12}$

car $\tau \simeq 0,1\,\text{ms}$ et $\omega \simeq 10^{16}\text{rad s}^{-1}$ (correspondant à $r = 1\,\text{Å}$).

* La force électrique du noyau sur l'électron (pour un électron externe compte tenu de l'écrantage) est :

$$\vec{F} \simeq -\frac{e^2}{4\pi\varepsilon_0 r^2}\vec{u}_r = -m\omega^2 r\vec{u}_r$$

(bien sûr ω et r sont liés : à $r \simeq 0,1\,\text{nm}$ correspond $\omega \simeq 10^{16}\text{rad s}^{-1}$)

$$\text{d'où}\quad \frac{f_m}{F} = \frac{eB_0}{2m\omega} \simeq 10^{-5}$$

On tire de ces ordres de grandeur les conclusions suivantes :

- suivant $\vec{u}_r$: $\vec{f}_m$ est négligée devant $\vec{F}$ et donc le rayon de la trajectoire reste constant avec une très bonne approximation.
- suivant $\vec{u}_\theta$: il apparaît une force nouvelle $\vec{f}_e$ dont il faut tenir compte et ceci bien qu'en module $|\vec{f}_e| \ll |\vec{f}_m|$ car $f_{e\theta} \neq 0$ alors que $f_{m\theta} = 0$. A rayon constant, elle a pour effet de modifier les vitesses linéaire et angulaire.

c) La projection de la relation fondamentale de la dynamique sur la tangente à la trajectoire s'écrit :

$$mr\frac{\mathrm{d}\omega}{\mathrm{d}t} \simeq 0 + \frac{er}{2}\frac{\mathrm{d}B}{\mathrm{d}t}$$

La vitesse angulaire augmente donc avec l'établissement du champ.

$$\boxed{\delta\vec{\omega} = \frac{e}{2m}\vec{B}_0}$$

AN : $\delta\omega = 8,8.10^{10}\text{rad.s}^{-1}$ d'où $\delta\omega/\omega \simeq 10^{-5} \ll 1$.

d) $\delta\vec{\sigma}$ peut s'obtenir à partir de $\delta\vec{\omega}$ ou $\delta\vec{v}$ ou plus simplement à partir du théorème du moment cinétique (le moment des autres forces est négligeable)

$$\frac{\mathrm{d}\vec{\sigma}}{\mathrm{d}t} \simeq \vec{r} \wedge \vec{f}_e = \frac{er^2}{2}\frac{\mathrm{d}B}{\mathrm{d}t}\vec{u}_z$$

et par intégration $\quad \delta\vec{\sigma} \simeq \dfrac{er^2}{2}\vec{B}_0$

et puisque $\vec{M} = -\dfrac{e}{2m}\vec{\sigma}$, il vient $\quad \boxed{\delta\vec{M} = -\dfrac{e^2r^2}{4m}\vec{B}_0}$

Ce moment induit est de sens opposé à $\vec{B}_0$ (petit courant supplémentaire suivant $\vec{u}_\theta^-$) et crée un champ magnétique qui s'oppose à $\vec{B}_0$; l'application de la loi de Lenz permettait donc de prévoir son sens (phénomène de diamagnétisme).

2.a) Dans (R) sans champ : $\boxed{m\vec{a}_{(R)} = \vec{F}}$ (1)

b) Dans (R'), les accélérations d'inertie sont :

$$\vec{a}_{ie} = \vec{0} + \vec{0} + \vec{\Omega} \wedge (\vec{\Omega} \wedge \overrightarrow{OM}) \qquad \text{avec} \quad \vec{\Omega} = \vec{\Omega}_{(R')/(R)}$$

car les origines des repères coïncident (pas de translation) et la rotation est uniforme

$$\vec{a}_{ic} = 2\vec{\Omega} \wedge \vec{v}_{(R')}$$

et avec la composition des vitesses : $\vec{v}_{(R)} = \vec{v}_{(R')} + \vec{0} + \vec{\Omega} \wedge \overrightarrow{OM}$

$$\vec{a}_{ic} = 2\vec{\Omega} \wedge \vec{v}_{(R)} + 2\vec{\Omega} \wedge (\vec{\Omega} \wedge \overrightarrow{OM})$$

Les forces d'interaction $(\vec{F} - e\vec{v}_{(R)} \wedge \vec{B}_0)$ sont des invariants par changement de repères d'où la relation fondamentale de la dynamique dans (R') avec champ :

$$\begin{aligned} m\vec{a}_{(R')} &= \vec{F} - e\vec{v}_{(R)} \wedge \vec{B}_0 - m\vec{a}_{ie} - m\vec{a}_{ic} \\ &= \vec{F} + \vec{v}_{(R)} \wedge (2m\vec{\Omega} - e\vec{B}_0) + m\vec{\Omega} \wedge (\vec{\Omega} \wedge \overrightarrow{OM}) \end{aligned}$$

c) Cette expression se simplifie et devient indépendante de $\vec{v}_{(R)}$ par choix du vecteur rotation de (R') par rapport à (R) :

$$\boxed{\vec{\Omega} = \frac{e\vec{B}_0}{2m} = \vec{\omega}_L}$$

d'où $m\vec{a}_{(R')} = \vec{F} + m\vec{\Omega} \wedge (\vec{\Omega} \wedge \overrightarrow{OM})$.

Le terme supplémentaire résulte d'une contribution des deux forces d'inertie : son module est majoré par $m\Omega^2 r$ (il n'est que du second ordre en Ω).

Quant à $\vec{F} = -\dfrac{e^2}{4\pi\varepsilon_0 r^2}\vec{u}_r \simeq -m\omega^2 r\vec{u}_r$ car la perturbation est faible.

Le rapport vaut en gros $\left(\dfrac{\Omega}{\omega}\right)^2 = \left(\dfrac{8,8.10^{10}}{10^{16}}\right)^2 \simeq 10^{-10}$ pour $B_0 = 1\,\text{T}$.

il reste donc $\boxed{m\vec{a}_{(R')} \simeq \vec{F}}$ (2) pour $\vec{\Omega} = \vec{\omega}_L$

d) Les relations (1) et (2) conduisent à $\vec{a}_{(R')} = \vec{a}_{(R)}$; le choix $\vec{\Omega} = \vec{\omega}_L$ défini en 2c) permet d'amener le mouvement relatif en présence de $\vec{B}_0$ à être identique au mouvement absolu en l'absence de $\vec{B}_0$ (théorème de Larmor). Il y a donc précession des orbites autour de $\vec{B}_0$ à la vitesse $\vec{\omega}_L$.

Le couple exercé par $\vec{B}_0$ sur le moment magnétique orbital $\vec{\mathcal{M}} = -\dfrac{e}{2m}\vec{\sigma}$ est $\vec{\mathcal{M}} \wedge \vec{B}_0$ en moyenne sur une période ; le théorème du moment cinétique dans (R) donne

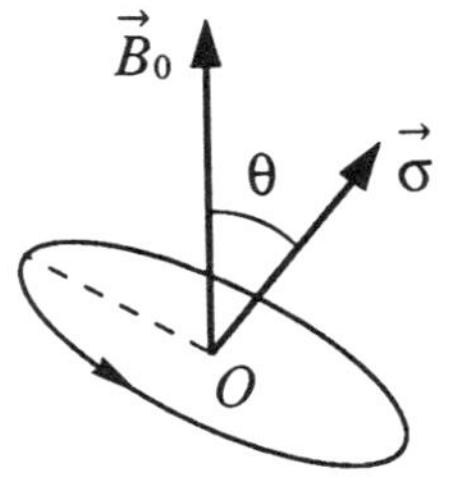

$$\left.\frac{\mathrm{d}\vec{\sigma}}{\mathrm{d}t}\right)_{(R)} = \vec{\mathcal{M}} \wedge \vec{B}_0 \Longrightarrow \left.\frac{\mathrm{d}\vec{\sigma}}{\mathrm{d}t}\right)_{(R)} = \frac{e\vec{B}_0}{2m} \wedge \vec{\sigma}$$

Ce résultat indique d'après la formule de dérivation vectorielle

$$\left.\frac{\mathrm{d}\vec{\sigma}}{\mathrm{d}t}\right)_{(R)} = \left.\frac{\mathrm{d}\vec{\sigma}}{\mathrm{d}t}\right)_{(R')} + \vec{\Omega}_{(R')/(R)} \wedge \vec{\sigma}$$

que le vecteur $\vec{\sigma}$ est fixe dans un référentiel (R') en rotation uniforme de vecteur $\vec{\Omega}_{(R')/(R)} = \vec{\omega}_L = \dfrac{e\vec{B}_0}{2m}$.

L'extrémité de $\vec{\sigma}$ décrit donc un cône de demi angle au sommet θ autour de $\vec{B}_0$ à une vitesse ω_L indépendante de θ ; comme $\omega_L \ll \omega$, la trajectoire est pratiquement inchangée (sur une période T) mais précesse lentement ($T_L \gg T$) autour de la direction du champ.

2.5 Susceptibilité diamagnétique

Un atome comportant Z électrons est placé dans un champ magnétique $\vec{B}$.

a) Expliquer le phénomène de diamagnétisme et à partir du théorème de Larmor, exprimer le moment magnétique induit (moyen) $\vec{\mathcal{M}}$ de l'atome par le champ magnétique en introduisant $< r^2 >$ la distance quadratique moyenne des électrons au noyau.

b) Soit n le nombre d'atomes par unité de volume. Exprimer l'aimantation $\vec{J}$ du milieu, puis la lier au vecteur excitation $\vec{H}$ sachant que $\mu_0|\vec{J}| \ll |\vec{B}|$; en déduire l'expression de la susceptibilité diamagnétique χ.

AN : Proposer un ordre de grandeur de χ pour les gaz d'une part, les liquides et les solides de l'autre.

a) Considérons une substance dont les atomes ou molécules qui la composent ne possèdent pas de moment magnétique permanent :

– ni de spin, ce qui suppose que tous les électrons soient appariés (pas d'électron célibataire).

– ni orbital, ce qui suppose que les sous-couches $(s, p, d, \dots)$ soient ou remplies ou à moitié remplies $(\Sigma m_l = 0)$.

En plaçant ces atomes dans un champ magnétique extérieur, il est possible d'induire un tel moment par modification des trajectoires électroniques (théorème de Larmor) ; la résultante macroscopique qui apparaît est très faible ($\vec{B}_d$ opposé à $\vec{B}_0$ et $|\vec{B}_d| \ll |\vec{B}_0|$) : c'est le diamagnétisme.

D'après l'exercice 2.4, il y a précession des orbites électroniques dans le sens direct autour du champ à la pulsation $\vec{\omega}_L = e\vec{B}/2m$, ce qui correspond à un courant :

$$I = -\frac{Ze}{T_L} = -\frac{Ze\omega_L}{2\pi} = -\frac{Ze^2B}{4\pi m}$$

(le signe – pour signifier que le courant est opposé à la vitesse).
ce qui correspond à un moment magnétique induit moyen

$$\vec{\mathcal{M}} = I\pi < \rho^2 > \vec{u}_z$$

où ρ est la distance d'un électron à l'axe Oz avec :

$$< \rho^2 > = < x^2 > + < y^2 > = \frac{2}{3} < r^2 >$$

puisque par symétrie, en moyenne $< x^2 > = < y^2 > = < z^2 > = \frac{1}{3} < r^2 >$

d'où
$$\boxed{\vec{\mathcal{M}} = -\frac{Ze^2 < r^2 >}{6m}\vec{B}}$$

Ce moment magnétique induit est de sens opposé au champ magnétique contrairement à la polarisation électronique qui se fait dans le sens du champ électrique.

b) Le vecteur aimantation est $\vec{J} = n\vec{\mathcal{M}}$
et comme $\vec{B} \simeq \mu_0\vec{H}$ car $|\vec{J}| \ll |\vec{B}|/\mu_0$ soit $\mu_r \simeq 1$
il vient $\vec{J} = -\mu_0 n\frac{Ze^2}{6m} < r^2 > \vec{H}$

du type $\vec{J} = \chi\vec{H}$ avec
$$\boxed{\chi = -\mu_0 n\frac{Ze^2}{6m} < r^2 >}$$

La susceptibilité diamagnétique est négative, pratiquement indépendante de la température (dans n).

AN :* pour un gaz $n = \mathcal{N}/V_m = 6.10^{23}/24.10^{-3} = 2,5.10^{25}\mathrm{m}^{-3}$
avec $Z = 2$ et $< r^2 > \simeq 10^{-20}\mathrm{m}^2$

il vient $\underline{\chi \simeq -3.10^{-9}}$

ce qui est un ordre de grandeur très satisfaisant puisque $\chi_{\mathrm{He}} = -1.10^{-9}$, $\chi_{\mathrm{H_2}} = -2,2.10^{-9}$.

* pour les liquides et solides diamagnétiques, n est de l'ordre de 1000 fois plus grand que pour un gaz.

exemple : l'eau : $n = \dfrac{\mathcal{N}\rho}{M} = \dfrac{6.10^{23} \times 10^{3}}{18.10^{-3}} = 3,3.10^{28}\mathrm{m}^{-3}$

ce qui conduit à $\underline{\chi \simeq -10^{-6}}$

également conforme aux valeurs observées puisque $\chi_{\mathrm{H_2O}} = -9.10^{-6}$.

2.6 Effet Zeeman normal

L'action d'un champ magnétique sur une source de lumière provoque des modifications des mouvements électroniques dans les atomes émetteurs, et par suite, des modifications de la lumière émise.

Rappels sur l'oscillateur harmonique

Un point matériel M de masse m, soumis de la part d'un point fixe O à une force de rappel $\vec{f} = -k\vec{r}$ (où $k > 0$ et $\vec{r} = \overrightarrow{OM}$), décrit comme trajectoire plane, une ellipse de centre O à la pulsation $\omega = \sqrt{k/m}$.

Dans un repère orthonormé R d'origine O, par rapport auquel le plan de la trajectoire est quelconque, le mouvement de M peut être décomposé en trois mouvements de même fréquence $\omega/2\pi$: un mouvement rectiligne sinusoïdal le long de Oz, et deux mouvements circulaires dans le plan (xOy) de même amplitude, l'un dans le sens direct et l'autre dans le sens rétrograde par rapport à Oz (penser à une représentation géométrique avec des vecteurs tournants).

1. Théorie de Lorentz

Dans la théorie classique de l'émission d'une radiation lumineuse par un atome, l'électron émetteur est élastiquement lié, c'est-à-dire qu'il se déplace dans l'atome sous l'action d'une force de la forme $\vec{f} = -k\vec{r}$. Avec ce modèle, la trajectoire électronique est une ellipse parcourue avec une fréquence $\nu = \omega/2\pi$ égale à la fréquence de la radiation émise.

L'atome est plongé dans un champ magnétique $\vec{B}$ uniforme et constant. Le repère $R(Oxyz)$ est choisi de telle sorte que $\vec{B}$ soit porté par Oz. A la force élastique sur l'électron de charge $-e$ et de masse m se superpose la force de Lorentz. On utilisera la décomposition rappelée ci-dessus.

a) Montrer que la projection sur Oz du mouvement de l'électron n'est pas modifiée par la présence du champ magnétique.

b) Soit maintenant, dans le plan (xOy), la composante de mouvement circulaire dans le sens direct. Montrer qu'en présence du champ magnétique, sa pulsation ω_1 doit satisfaire la relation

$$\omega_1^2 = \omega^2 + \omega_1 eB/m$$

Vérifier par une application numérique que ω_1 est très voisin de ω et en déduire $\Delta\nu_1 = (\omega_1 - \omega)/2\pi$.

c) Reprendre le raisonnement pour la composante circulaire rétrograde de pulsation modifiée ω_2 et donner l'expression de $\Delta\nu_2 = (\omega_2 - \omega)/2\pi$.

2. Théorie fondée sur l'effet Larmor

A l'électron mobile sur sa trajectoire elliptique et possédant un moment cinétique $\vec{\sigma}$ correspond un moment magnétique $\vec{\mathcal{M}} = \gamma\vec{\sigma}$ où $\gamma = -e/2m$ est le rapport gyromagnétique.

a) Rappeler que lorsque cet électron est plongé dans un champ magnétique $\vec{B}$ uniforme et constant, porté par l'axe Oz du repère R avec à l'instant $t = 0$ une orientation quelconque de son moment magnétique par rapport à $\vec{B}$:

– le module de son moment cinétique reste constant

– le vecteur $\vec{\sigma}$ décrit un cône d'axe Oz avec une vitesse angulaire $\vec{\Omega}$ constante et indépendante de l'angle au sommet du cône (précession de Larmor).

b) En déduire une description qualitative de la trajectoire de l'électron atomique en présence du champ magnétique $\vec{B}$.

c) En utilisant la décomposition du mouvement indiqué en "rappels", montrer qu'en présence d'un champ magnétique $\vec{B}$, le mouvement de l'électron se décompose en un mouvement rectiligne parallèlement à $\vec{B}$ avec la même pulsation ω qu'en l'absence de champ, et deux mouvements circulaires inverses dans le plan perpendiculaire à $\vec{B}$, avec des pulsations à déterminer.

3. Conséquences sur l'émission

A grande distance, dans une direction d'observation Δ, le champ électrique en M de l'onde électromagnétique émise par un électron en O est proportionnel à la projection de $\overrightarrow{OM}$ sur le plan perpendiculaire à Δ (voir "Ondes électromagnétiques" exercices 5.4 ou 5.5).

a) Justifier qu'en présence d'un champ magnétique uniforme et constant :

* une observation dans la direction du champ (Δ parallèle à $\vec{B}$) fait apparaître une lumière constituée par deux radiations de fréquencs $\nu + \Delta\nu$ et $\nu - \Delta\nu$ polarisées circulairement.

* une observation dans une direction perpendiculaire au champ (plan perpendiculaire à $\vec{B}$) fait apparaître une lumière constituée par trois radiations polarisées

rectilignement, de fréquences ν, $\nu + \Delta\nu$ et $\nu - \Delta\nu$. Quelles sont leurs directions de polarisation ?

b) Ainsi, en plongeant une lampe à vapeur de calcium dans un champ magnétique uniforme et constant, la radiation violette de longueur d'onde $\lambda = 422,7\,\text{nm}$ se décompose en un triplet, c'est-à-dire trois radiations très voisines de longueurs d'onde λ, $\lambda + \Delta\lambda$ et $\lambda - \Delta\lambda$, et ces trois radiations sont polarisées : ceci constitue l'effet Zeeman "normal".

AN : Calculer $\Delta\lambda$ pour $B = 0,5\,\text{T}$.
Quel procédé de mesures fines permet l'étude expérimentale de l'effet Zeeman ?

1.a) Le mouvement de l'électron est régi par l'équation

$$m\ddot{\vec{r}} = -k\vec{r} - e\dot{\vec{r}} \wedge \vec{B}$$

et en projection sur l'axe Oz : $\quad m\ddot{z} = -kz$
car avec $\vec{B} = B\vec{u}_z$ la force de Lorentz est orthogonale à Oz.

L'introduction du champ magnétique ne modifie pas le mouvement de l'électron suivant Oz qui reste rectiligne sinusoïdal de pulsation $\omega = \sqrt{k/m}$.

b) En supposant que la trajectoire reste circulaire, mais de pulsation ω_1 pour le sens direct, la vitesse s'écrit dans le plan xOy :

$$\dot{\vec{r}} = \omega_1\vec{u}_z \wedge \vec{r} = \omega_1 r\vec{u}_\theta$$

et par conséquent $\dot{\vec{r}} \wedge \vec{B} = \omega_1 r\vec{u}_\theta \wedge B\vec{u}_z = \omega_1 B\vec{r}$
L'équation du mouvement donne alors

$$-m\omega_1^2\vec{r} = -k\vec{r} - e\omega_1 B\vec{r} \implies \omega_1^2 = \omega^2 + \omega_1 eB/m$$

AN : Dans le visible $\lambda \simeq 0,6\mu\text{m}$ soit $\omega = 2\pi c/\lambda \simeq 3.10^{15}\text{rad.s}^{-1}$
à comparer à $eB/m = 1,8.10^{11}\text{rad.s}^{-1}$ pour un champ fort ($B = 1\,\text{T}$).

La correction est donc très faible ce qui permet d'écrire :

$$\omega_1^2 = \omega^2\left(1 + \frac{\omega_1 eB}{\omega^2 m}\right) \implies \omega_1 \simeq \omega\left(1 + \frac{\omega_1 eB}{2\omega^2 m}\right) \simeq \omega + \frac{eB}{2m} \quad \text{car} \quad \omega \simeq \omega_1$$

$$\omega_1 - \omega = \frac{eB}{2m} \implies \boxed{\Delta\nu_1 = eB/4\pi m}$$

c) Pour la composante circulaire rétrograde $\dot{\vec{r}} = (-\omega_2\vec{u}_z) \wedge \vec{r} = -\omega_2 r\vec{u}_\theta$

$$\text{d'où} \quad \omega_2^2 = \omega^2 - \omega_2 eB/m \quad \text{soit} \quad \boxed{\Delta\nu_2 = -eB/4\pi m}$$

et donc à l'ordre un, $|\Delta\nu_2| = \Delta\nu_1$.

2. L'expression de $\gamma = -e/2m$ reste vraie pour une trajectoire quelconque (non nécessairement circulaire) par $\vec{\sigma} = \vec{r} \wedge m\vec{v}$ et $\vec{\mathcal{M}} = (1/2)\vec{r} \wedge (-e)\vec{v}$ en moyenne.

a) En champ uniforme, la résultante des actions mécaniques exercées par le champ $\vec{B}$ sur le moment magnétique $\vec{\mathcal{M}}$ (boucle de courant) est nulle en moyenne sur une période ; seul demeure un couple de moment moyen

$$\vec{M} = \vec{\mathcal{M}} \wedge \vec{B}$$

Le théorème du moment cinétique appliqué à l'atome dans R donne pour les moyennes temporelles

$$\left.\frac{\mathrm{d}\vec{\sigma}}{\mathrm{d}t}\right)_R = \vec{M} \quad \text{soit} \quad \left.\frac{\mathrm{d}\vec{\sigma}}{\mathrm{d}t}\right)_R = \gamma\vec{\sigma} \wedge \vec{B} \quad \text{puisque } \vec{\mathcal{M}} = \gamma\vec{\sigma}$$

Soit R' le repère en rotation d'axe Oz par rapport à R et dans lequel $\vec{\sigma}$ est fixe. La relation précédente

$$\left.\frac{\mathrm{d}\vec{\sigma}}{\mathrm{d}t}\right)_R = \vec{0} - \gamma\vec{B} \wedge \vec{\sigma}$$

s'apparente alors à la relation de dérivation vectorielle :

$$\left.\frac{\mathrm{d}\vec{\sigma}}{\mathrm{d}t}\right)_R = \left.\frac{\mathrm{d}\vec{\sigma}}{\mathrm{d}t}\right)_{R'} + \vec{\omega}_{R'/R} \wedge \vec{\sigma}$$

ce qui donne pour vitesse angulaire de précession de $\vec{\sigma}$ autour de $\vec{B}$:

$$\vec{\Omega} = \vec{\omega}_{R'/R} = -\gamma\vec{B} \implies \boxed{\vec{\Omega} = e\vec{B}/2m}$$

b) Cette pulsation Ω est très faible devant la pulsation ω à laquelle l'électron décrit sa trajectoire (voir l'A.N. du 1b).

Sur une période $T = 2\pi/\omega$ de rotation, la trajectoire n'est donc pas sensiblement modifiée : l'électron atomique décrit, à la même fréquence $\nu = \omega/2\pi$ que sans champ magnétique, une ellipse dont la normale au plan (portée par $\vec{\sigma}$) tourne avec la vitesse angulaire $\vec{\Omega}$ par rapport à R autour de l'axe de $\vec{B}$.

c) Au mouvement rectiligne parallèle à $\vec{B}$ ne correspond ni moment cinétique, ni moment magnétique : il n'y a donc pas d'interaction avec le champ $\vec{B}$. Ce mouvement est donc inchangé dans le champ $\vec{B}$, et en particulier il garde la même pulsation ω qu'en l'absence de champ.

Aux mouvements circulaires dans le plan perpendiculaire à $\vec{B}$ correspondent des moments parallèles à $\vec{B}$ ce qui ne signifie pas que l'action du champ soit nulle ! En effet la précession de Larmor est indépendante de l'angle au sommet du cône entre $\vec{\sigma}$ et $\vec{B}$. Ici le mouvement de précession s'ajoute directement au mouvement de révolution initial

- pour le sens direct : $\vec{\omega} = \omega \vec{u}_z$ (avec $\omega > 0$) devient $\vec{\omega}_1 = \vec{\omega} + \vec{\Omega} = \omega_1 \vec{u}_z$ de pulsation $\omega_1 = \omega + eB/2m$
- pour le sens rétrograde : $-\vec{\omega}$ devient $\vec{\omega}_2 = -\vec{\omega} + \vec{\Omega} = -\omega_2 \vec{u}_z$ de pulsation $\omega_2 = \omega - eB/2m$.

  Ces résultats confirment ceux de la théorie de Lorentz.

3.a) Pour répondre à cette question, il suffit de faire un dessin représentant les trois mouvements précédents :

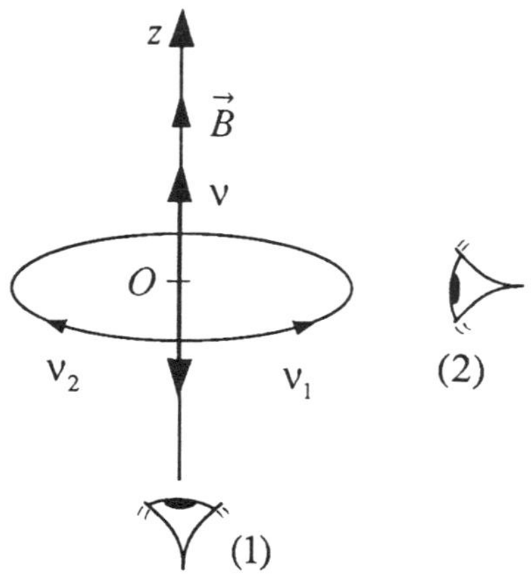

(1) : une observation dans la direction du champ n'entraîne pas de contribution au mouvement rectiligne ; la lumière observée est constituée seulement de deux ondes polarisées circulairement, l'une à la fréquence ν_1, l'autre à la fréquence ν_2 (le sens droite ou gauche dépend du côté de l'observation).

(2) : une observation dans un plan perpendiculaire au champ permet de voir pleinement la lumière polarisée rectilignement dans la direction de $\vec{B}$ à la fréquence ν. En revanche les mouvements circulaires vus par "la tranche" se réduisent à deux radiations polarisées rectilignement dans la direction orthogonale à $\vec{B}$ aux fréquences ν_1 et ν_2.

b) Avec $\Delta\nu = eB/4\pi m$ et $\lambda = c/\nu$, $\Delta\lambda/\lambda = -\Delta\nu/\nu$

soit au signe près $$\Delta\lambda = \frac{\lambda^2}{c}\Delta\nu = \frac{\lambda^2 eB}{4\pi mc}$$

AN : $\underline{\Delta\lambda = 4.10^{-3}\text{nm}}$ $(\Delta\lambda/\lambda = 10^{-5})$.

L'observation ne peut se faire qu'avec un dispositif optique de haute résolution ($\mathcal{R} \geq \lambda/\Delta\lambda = 10^5$), ce qui est possible avec un interféromètre de Fabry-Pérot, dont les anneaux d'interférences très fins et très lumineux sur fond sombre, se détriplent avec l'établissement du champ magnétique (pour une observation perpendiculaire à $\vec{B}$).

Remarque : La mécanique quantique propose l'explication suivante de l'effet Zeeman. Considérons, en l'absence de champ, deux niveaux d'énergie E_1 et $E_2 > E_1$. Le rayonnement (électron qui passe du niveau supérieur au niveau inférieur) s'accompagne de l'émission d'un photon de fréquence ν donnée par $E_2 - E_1 = h\nu$.

Un atome possédant un moment magnétique de spin dont la projection sur un axe z déterminé ne peut prendre que deux valeurs quantifiées voit ses niveaux d'énergie se décomposer chacun en deux sous-niveaux lorsqu'il est placé dans un champ magnétique dirigé suivant z :

$$E_1 \to E_1 \pm \mu_B B \quad \text{et} \quad E_2 \to E_2 \pm \mu_B B \qquad (\mu_B \text{ magnéton de Bohr})$$

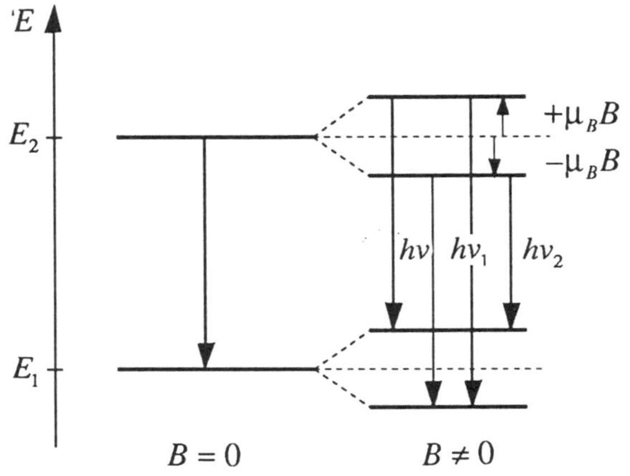

Aux quatre transitions représentées sur la figure, en présence du champ $\vec{B}$, correspondent trois fréquences (permises) distinctes d'émission :

$$h\nu = (E_2 \pm \mu_B B) - (E_1 \pm \mu_B B) = E_2 - E_1$$
$$h\nu_1 = (E_2 + \mu_B B) - (E_1 - \mu_B B) = h\nu + 2\mu_B B$$
$$h\nu_2 = (E_2 - \mu_B B) - (E_1 + \mu_B B) = h\nu - 2\mu_B B$$

Il apparaît que $\nu_1 = \nu + 2\mu_B B/h$, et avec $\mu_B = e\hbar/2m$ où $\hbar = h/2\pi$, il vient $\Delta\nu_1 = \nu_1 - \nu = eB/2\pi m$ ce qui est le double de la valeur trouvée dans le modèle classique où le moment magnétique était orbital ($\gamma = -e/2m$) alors que dans cet exemple a été utilisé un moment magnétique de spin 1/2 ($\gamma = -e/m$) (voir exercice 2.1, § 2c).

2.7 Paramagnétisme à deux états. Loi de Curie

Une collection d'un grand nombre N de spins 1/2 identiques est placée dans une région de l'espace de volume V où règne un champ magnétique constant et uniforme $\vec{B}_0$ dirigé suivant un axe Oz. A chaque spin correspond un moment magnétique $\vec{\mathcal{M}}$ dont la projection sur l'axe Oz est quantifiée et ne peut prendre que deux valeurs opposées $\mathcal{M}_z = \pm\mu_B$ où $\mu_B = e\hbar/2m$ est le magnéton de Bohr. (plus précisément $\vec{\mathcal{M}} = -g(e/2m)\vec{S}$ où $g \simeq 2$ est le facteur de Landé et $S_z = \pm\hbar/2$).

On note N^+ (respect. N^-) le nombre de spins tels que $\vec{\mathcal{M}} \cdot \vec{B} > 0$ (respect. $\vec{\mathcal{M}} \cdot \vec{B} < 0$).

La température du système est maintenue à une valeur T et les interactions entre spins (ou dipôles magnétiques correspondants) sont négligeables.

1.a) En utilisant la loi de répartition de Boltzmann, déterminer le moment magnétique résultant $\vec{\mathcal{M}}_s$ de cette assemblée de dipôles magnétiques en fonction de N, μ_B et de la grandeur sans dimension $a = \mu_B B_0/kT$ où k est la constante de Boltzmann.

b) Commenter les variations de $|\vec{\mathcal{M}}_s|$ en fonction de la température. Graphe.
Évaluer en électron-volts, les deux énergies $\mu_B B_0$ et kT pour un champ important $B_0 = 1$ T à température ordinaire $T = 20°$ C.
En déduire l'expression de la susceptibilité magnétique χ dans les conditions usuelles sous la forme $\chi = C/T$. Exprimer la constante de Curie C.

c) Exprimer l'énergie interne $U(a)$ des N dipôles en considérant uniquement leur énergie potentielle dans le champ $\vec{B}_0$. Cas limites. Quelle est la capacité calorifique correspondante, à champ constant, soit $C_{B_0}(T)$ dans les conditions usuelles $a \ll 1$?

d) Calculer la longueur d'onde λ d'une onde électromagnétique dont les photons ont une énergie suffisante pour induire une transition entre les deux niveaux.

AN : Calculer λ pour $B_0 = 0{,}33$ T.

2. On se propose de retrouver le résultat classique de la question 1a) par un dénombrement statistique.

a) Montrer que l'énergie U du système n'est fonction que de la variable $n = N^- - N^+$.

b) Les spins étant supposés indiscernables, montrer que le nombre $\Omega(n)$ d'états microscopiques du système ayant une énergie $U(n)$ est :

$$\Omega(n) = \frac{N!}{(\dfrac{N-n}{2})!(\dfrac{N+n}{2})!}$$

Exemple : $N = 7$, $n = 3$.

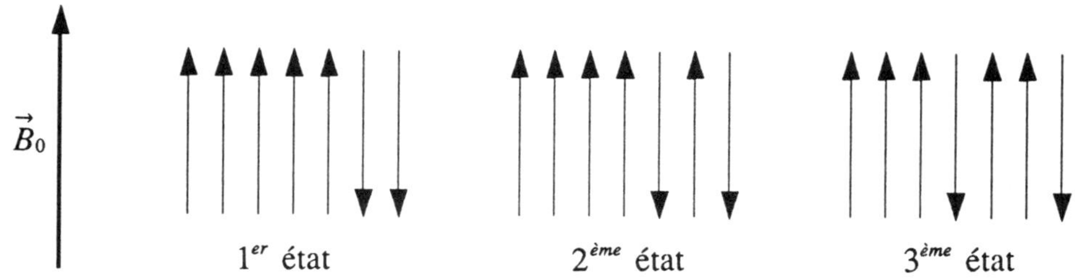

etc., soit $\Omega = 21$ états.

c) L'entropie statistique du système est définie par $S = k \ln \Omega(n)$.
En utilisant l'approximation $\ln N\,! = N \ln N - N$ pour N grand, calculer S en fonction de N et n.

d) En se référant à la thermodynamique classique, calculer $\left(\dfrac{\partial S}{\partial U}\right)_V$ où V est le volume occupé par le système.
En déduire l'expression de l'énergie U et du moment magnétique résultant $\vec{\mathcal{M}}_s$ en fonction des données, à l'équilibre thermodynamique.

1.a) Un moment magnétique $\vec{\mathcal{M}}$ placé dans un champ magnétique $\vec{B}_0$ possède l'énergie

$$U^{\pm} = -\vec{\mathcal{M}} \cdot \vec{B}_0 = -\mathcal{M}_z \cdot B_0 = \mp \mu_B B_0$$

La probabilité qu'a un moment de se trouver à un niveau d'énergie $U^{\pm}$ est, d'après la loi de répartition de Boltzmann :

$$\mathcal{P}_{\pm} = \alpha \exp(-U^{\pm}/kT) = \alpha \exp(\pm \mu_B B_0/kT) = \alpha \exp(\pm a)$$

où la constante α se détermine par $\mathcal{P}_+ + \mathcal{P}_- = 1$ soit $\alpha = 1/2\mathrm{ch}\, a$.
Le moment résultant s'obtient, avec $N^{\pm} = \mathcal{P}_{\pm} N$, par :

$$\vec{\mathcal{M}}_s = N^+(\mu_B \vec{u}_z) + N^-(-\mu_B \vec{u}_z) = N\mu_B(\mathcal{P}_+ - \mathcal{P}_-)\vec{u}_z$$

soit $\boxed{\vec{\mathcal{M}}_s = N\mu_B \mathrm{th}\, a \vec{u}_z}$ $\quad a = \mu_B B_0/kT$

b) $\mathcal{M}_s = \vec{\mathcal{M}}_s \cdot \vec{u}_z = N\mu_B \mathrm{th}(\mu_B B_0/kT)$
* à "haute" température, $kT \gg \mu_B B_0$

$$\mathcal{M}_s \simeq \frac{N\mu_B^2 B_0}{kT} \to 0$$

l'agitation thermique l'emporte sur l'effet d'alignement des dipôles dans le champ $\vec{B}_0$
* à basse température, $kT \ll \mu_B B_0$

$$\mathcal{M}_s \simeq N\mu_B$$

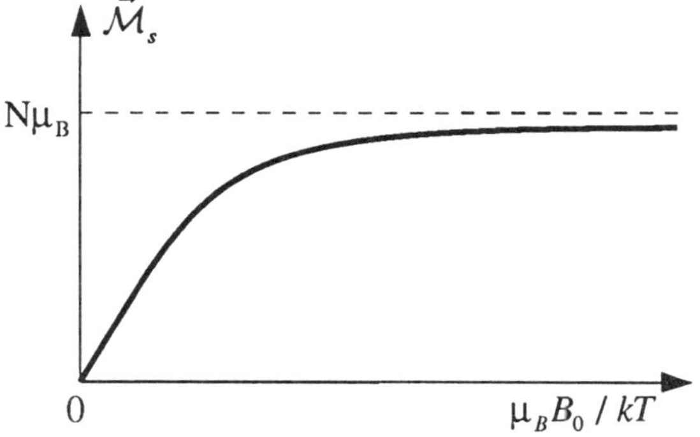

tous les dipôles sont orientés dans le sens de $\vec{B}_0$ (domaine de saturation).

AN : $\underline{\mu_B B_0 = 5,8.10^{-5}\mathrm{eV}}$ et $\underline{kT = 2,5.10^{-2}\mathrm{eV}}$

d'où $a = \mu_B B_0/kT = 2,3.10^{-3} \ll 1$.

(La valeur de B_0 pour laquelle $\mu_B B_0 = kT$ est $B_0 = 435\,\mathrm{T}$! et la valeur de T pour laquelle à $B_0 = 1\,\mathrm{T}$, $\mu_B B_0 = kT$ est $T = 0,7\,\mathrm{K}$!).

L'énergie potentielle magnétique est donc très faible dans ces conditions devant l'énergie d'agitation thermique et donc

$$\vec{\mathcal{M}}_s \simeq \frac{N\mu_B^2}{kT}\vec{B}_0$$

La relation entre $\vec{\mathcal{M}}_s$ et $\vec{B}_0$ est linéaire ; il en est donc de même du vecteur aimantation $\vec{J} = \vec{\mathcal{M}}_s/V$ et du vecteur excitation $\vec{H} \simeq \vec{B}_0/\mu_0$ puisque $\mu_r \simeq 1$.

d'où $$\boxed{\vec{J} = \chi\vec{H}}$$ avec $\chi = \dfrac{\mu_0 N\mu_B^2}{VkT}$

La constante de Curie est $$\boxed{C = \mu_0 N\mu_B^2/kV}$$

Remarque : Avec pour les gaz $N/V \simeq 10^{25}\mathrm{m}^{-3}$ et pour les milieux denses $N/V \simeq 10^{28}\mathrm{m}^{-3}$, cela conduit respectivement à $\chi \simeq 10^{-6}$ et $\chi \simeq 10^{-3}$ qui sont les valeurs expérimentales.

c) L'énergie des N dipôles dans le champ $\vec{B}_0$ est :

$$U = N^+U^+ + N^-U^- = \frac{N}{2\mathrm{ch}\,a}(-\mu_B B_0 \cdot \mathrm{e}^{+a} + \mu_B B_0 \cdot \mathrm{e}^{-a})$$

d'où $$\boxed{U(a) = -N\mu_B B_0 \mathrm{th}\,a}$$

Ce résultat peut aussi s'écrire $U = -\vec{\mathcal{M}}_s \cdot \vec{B}_0$ et s'interprète comme l'énergie potentielle du moment résultant dans le champ $\vec{B}_0$.

* $a \gg 1$: $U(a) \simeq -N\mu_B B_0$, tous les dipôles sont orientés dans le même sens que le champ $\vec{B}_0$.

* $a \ll 1$: $U(a) \simeq -N\mu_B B_0\; a = -\dfrac{N\mu_B^2 B_0^2}{kT}$, conditions usuelles,

dans ce cas $$\boxed{C_{B_0}(T) = \left.\frac{\partial U}{\partial T}\right)_{B_0} = -\frac{N\mu_B^2 B_0^2}{kT^2}}$$ en $\dfrac{1}{T^2}$

Le calcul sans approximation donne $C_{B_0}(a) = Nk\dfrac{a^2}{\mathrm{ch}^2 a}$.

d) L'énergie du photon doit être suffisante pour "retourner" un spin de l'état "parallèle" d'énergie $U^+ < 0$ à l'état "antiparallèle" d'énergie $U^- > 0$ d'où

$$h\nu \geq U^- - U^+ = 2\mu_B \cdot B_0$$

AN : $\nu \geq 9,27.10^9\,\text{Hz} \simeq 9,3\,\text{GHz} \implies \underline{\lambda \leq 3,2\,\text{cm}}$ onde centimétrique.

2.a) L'énergie totale U du système est :

$$U = N^+(-\mu_B \cdot B_0) + N^-(+\mu_B \cdot B_0) \implies \boxed{U(n) = (\mu_B \cdot B_0)n} \qquad (1)$$

b) Les N spins étant indiscernables, un macro-état comportant N^+ spins parallèles et N^- spins antiparallèles peut être réalisé à partir d'un nombre de micro-états différents donné par l'analyse combinatoire :

$$\Omega = \mathrm{C}_N^{N^+} = \mathrm{C}_N^{N-N^+} = \mathrm{C}_N^{N^-} = \frac{N!}{N^+!\,N^-!}$$

De $N = N^+ + N^-$ et $n = N^- - N^+$, il vient $N^+ = \dfrac{N-n}{2}$ et $N^- = \dfrac{N+n}{2}$

d'où $$\boxed{\Omega(n) = \frac{N!}{(\frac{N-n}{2})!\,(\frac{N+n}{2})!}}$$

c) L'entropie statistique se calcule à partir du nombre de complexions $\Omega(n)$ par la formule de Boltzmann (qui lui servit d'épitaphe !) :

$$S(n) = k \ln \Omega(n) = k\Big[\ln N! - \ln(\frac{N-n}{2})! - \ln(\frac{N+n}{2})!\Big]$$

soit par la formule de Stirling pour N, et donc $(N \pm n)/2$ grands

$$\boxed{S(n) = k\Big(N \ln N - \frac{N+n}{2} \ln \frac{N+n}{2} - \frac{N-n}{2} \ln \frac{N-n}{2}\Big)} \qquad (2)$$

d) Pour le système étudié, le nombre N de spins et donc le volume V qu'ils occupent sont des variables extensives constantes ; la température thermodynamique du système est alors définie par la relation :

$$\Big(\frac{\partial S}{\partial U}\Big)_V = \frac{1}{T}$$

A B_0 ou T (paramètres intensifs) variables, exprimons les différentielles $\mathrm{d}S$ et $\mathrm{d}U$ de l'entropie et de l'énergie en fonction de $\mathrm{d}n$:

$$(2) \Longrightarrow \mathrm{d}S = \frac{k}{2}\ln\frac{N-n}{N+n}\mathrm{d}n \quad \text{et} \quad (1) \Longrightarrow \mathrm{d}U = \mu_B B_0 \mathrm{d}n$$

$$\text{d'où} \quad \frac{k}{2\mu_B B_0}\ln\frac{N-n}{N+n} = \frac{1}{T} \Longrightarrow n = N\frac{1-\mathrm{e}^{2a}}{1+\mathrm{e}^{2a}} \quad \text{avec} \quad a = \frac{\mu_B B_0}{kT}$$

résultat qui permet d'exprimer n en fonction de B_0 et T : $n(a) = -N\,\mathrm{th}\,a$
ce qui par (1) donne accès à l'énergie interne : $U = -N\mu_B B_0 \mathrm{th}\,a$.
L'énergie totale est liée au moment magnétique total par : $U = -\vec{\mathcal{M}}_s \cdot \vec{B}_0$

$\vec{\mathcal{M}}_s$ est porté par $\vec{u}_z$ d'où $\boxed{\vec{\mathcal{M}}_s = N\mu_B \mathrm{th}\,a\vec{u}_z}$ avec $a = \dfrac{\mu_B B_0}{kT}$

résultat identique à celui de la question 1).

2.8 Susceptibilité paramagnétique du dioxygène

Préliminaires : Quelles sont les propriétés magnétiques de la plupart des corps à structure moléculaire ? Y a-t-il des exceptions ?
Dans son état fondamental, la molécule O_2 possède un moment cinétique $\vec{S}$ et un moment magnétique associé $\vec{\mathcal{M}} = -g\dfrac{e}{2m}\vec{S}$ où g est le facteur de Landé. La composante S_z, selon un axe Oz quelconque, de $\vec{S}$ peut prendre les trois valeurs suivantes : $-\hbar, 0, +\hbar$.
De quel phénomène s'agit-il ? Quelle en est son origine ?

1. La molécule O_2 est placée dans un champ magnétique uniforme (au niveau moléculaire) et indépendant du temps $\vec{B} = B\vec{u}_z$.
Montrer que le niveau fondamental d'énergie de la molécule se sépare en trois sous-niveaux équidistants en énergie, et exprimer la différence d'énergie ε entre deux sous-niveaux voisins à l'aide de g, $\mu_B = e\hbar/2m$ (magnéton de Bohr) et B.

2. Une assemblée de molécules O_2 sans interaction entre elles, uniformément répartie avec une densité n (nombre de molécules par unité de volume), est en équilibre thermique avec un thermostat de température absolue T. Elle est placée dans le champ $\vec{B}$ précédent et les molécules se répartissent alors sur les trois sous-niveaux selon la loi de distribution de Boltzmann.

a) Déterminer les populations par unité de volume pour chacun de ces trois sous-niveaux d'énergie en fonction de n et $a = \varepsilon/kT$ où k est la constante de Boltzmann.

b) Évaluer le vecteur aimantation $\vec{J}$ de l'assemblée de molécules O_2.

c) Montrer qu'en champ "faible" l'aimantation $\vec{J}$ est proportionnelle au champ appliqué $\vec{B}$ et en déduire la susceptibilité magnétique χ sous la forme $\chi = C/T$ où la constante de Curie C s'exprime en fonction de n, μ_0, g, μ_B et k.

d) AN : Évaluer n pour un gaz parfait sous pression $P = 1\,\text{atm}$ et température $T = 20°\text{C}$, puis donner la valeur numérique de C pour $g = 2$.
En déduire χ pour cette température ; cette valeur est-elle satisfaisante ?
L'approximation de la question c) est-elle justifiée ? Commenter.

La plupart des corps à structure moléculaire sont diamagnétiques ; c'est le cas de H_2, N_2, H_20,... La règle de l'octet lors de la mise en commun d'électrons célibataires pour les liaisons moléculaires explique l'inexistence à la fois d'un moment cinétique de spin (les électrons appariés du type $\uparrow\downarrow$ ont des spins opposés) et d'un moment cinétique orbital (les sous-couches sont pleines : pour les orbitales p du niveau $n = 2$, le nombre quantique magnétique m_l prend toutes les valeurs -1,0 et 1 d'où $\Sigma m_l = 0$).
Il y a cependant des exceptions telles que NO et O_2 qui sont paramagnétiques et que le modèle simple de la théorie de Lewis s'appuyant sur les orbitales atomiques ne permet pas d'expliquer. Le diagramme énergétique des orbitales moléculaires de O_2 ($Z = 8$) montre l'existence de deux électrons célibataires dans des orbitales antiliantes π_x^* et π_y^* (alors que pour N_2 ($Z = 7$), ils n'y sont pas). Chaque électron étant de spin 1/2, il s'agit là d'un paramagnétisme de spin 1 (confirmé par la présence du facteur de Landé g) à trois sous-niveaux : $-\hbar$ et $+\hbar$ (les 2 spins sont "parallèles", dans un sens ou dans l'autre) et 0 (les 2 spins sont "antiparallèles").

1. Un moment magnétique $\vec{\mathcal{M}}$ placé dans un champ magnétique $\vec{B}$ possède l'énergie potentielle

$$U_p = -\vec{\mathcal{M}} \cdot \vec{B} = g\frac{e}{2m}S_z \cdot B \quad \text{avec } S_z = -\hbar, 0, \text{ ou } \hbar$$

Il existe donc trois sous-niveaux d'énergie pour l'état fondamental :

$$\left.\begin{array}{lll} U_1 & = -g\mu_B B & (\vec{\mathcal{M}} \text{ et } \vec{B} \text{ de même sens}) \\ U_0 & = 0 & (\vec{\mathcal{M}} = \vec{0}) \\ U_{-1} & = +g\mu_B B & (\vec{\mathcal{M}} \text{ et } \vec{B} \text{ de sens opposé}) \end{array}\right\} \text{ d'où } \boxed{\varepsilon = g\mu_B B}$$

2.a) L'énergie d'une molécule O_2 est $W = E_c + U_p$. D'après la loi de répartition de Boltzmann, la probabilité qu'une molécule se trouve à un niveau d'énergie W_i est proportionnelle à $\exp(-W_i/kT)$.
Après intégration sur toutes les vitesses (le terme d'énergie cinétique E_c est indépendant de celui d'énergie potentielle magnétique U_p), cette probabilité s'écrit $P = A\exp(-U_i/kT)$.

La constante de normalisation A se détermine par :

$$P_1 + P_0 + P_{-1} = A(\mathrm{e}^{+\varepsilon/kT} + 0 + \mathrm{e}^{-\varepsilon/kT}) = 1 \implies A = \frac{1}{1+2\mathrm{ch}\,a}$$

en ayant posé $a = \varepsilon/kT$.

Si n_i désigne le nombre de molécules par unité de volume dans l'état d'énergie U_i, alors $P_i = n_i/n$ permet d'écrire :

$$\boxed{n_1 = \frac{n\mathrm{e}^{+a}}{1+2\mathrm{ch}a}\ ;\quad n_0 = \frac{n}{1+2\mathrm{ch}\,a}\ ;\quad n_{-1} = \frac{n\mathrm{e}^{-a}}{1+2\mathrm{ch}a}}$$

b) Le vecteur aimantation résultant est

$$\vec{J} = \sum_{i=-1}^{1} n_i \overrightarrow{\mathcal{M}}_i = n_1(g\mu_B\vec{u}_z) + \vec{0} + n_{-1}(-g\mu_B\vec{u}_z)$$

$$\boxed{\vec{J} = \frac{2ng\mu_B \mathrm{sh}\,a}{1+2\mathrm{ch}\,a}\vec{u}_z} \qquad \text{avec } a = \frac{g\mu_B B}{kT}$$

c) Pour $a \ll 1$, c'est-à-dire en champ B extérieur "faible", $\mathrm{ch}\,a \simeq 1$ et $\mathrm{sh}\,a \simeq a$:

$$\text{d'où} \qquad \vec{J} \simeq \frac{2ng^2\mu_B^2}{3kT}\vec{B}$$

La susceptibilité magnétique est définie par $\vec{J} = \chi\vec{H}$. L'excitation magnétique $\vec{H}$ est par définition $\vec{H} = \dfrac{\vec{B}}{\mu_0\mu_r} \simeq \dfrac{\vec{B}}{\mu_0}$ ici car pour un corps paramagnétique $(\chi \ll 1)$ la perméabilité $\mu_r = 1 + \chi$ est voisine de l'unité

d'où $\vec{J} \simeq \dfrac{\chi}{\mu_0}\vec{B}$, relation linéaire du type précédent

et donc $\boxed{\chi = \dfrac{C}{T}}$ (loi de Curie) avec $\boxed{C = \dfrac{2\mu_0 n g^2\mu_B^2}{3k}}$

d) **AN** : pour un gaz parfait $P = nkT \implies \underline{n = 2{,}5.10^{25}\mathrm{m}^{-3}}$

d'où $\underline{C = 5{,}2.10^{-4}\mathrm{K}}$ et $\underline{\chi = 1{,}8.10^{-6}}$

ce qui est tout à fait conforme à la valeur expérimentale $\chi_{O_2} \simeq 2.10^{-6}$ (alors que $\chi_{N_2} = -5.10^{9}$ diamagnétique).

Pour un solide paramagnétique où la densité particulaire n est de l'ordre de 1000 fois plus grande, il faut s'attendre à $\chi \simeq 10^{-3}$ (exemple : $\chi_{\mathrm{FeCl_3}} = 3.10^{-3}$).

Validité de l'approximation

L'approximation $\mathrm{ch}\, a \simeq 1$ et $\mathrm{sh}\, a \simeq a$ est valable à mieux que 1% près dès que $a \leq 0,1$ soit $B \leq kT/g\mu_B = 220\,\mathrm{T}$! valeur impossible à atteindre expérimentalement. L'approximation dite en champ "faible" ne conduit donc pas à des restrictions sur B à température ambiante.

Pour $B = 1\,\mathrm{T}$ (valeur importante), $a \simeq 5.10^{-3}$ à $T = 20°\mathrm{C}$ (il faudrait descendre à $T = 14\,\mathrm{K}$ pour atteindre $a = 0,1$ mais l'oxygène est alors solide !).

2.9 Paramagnétisme de Curie-Weiss

En fait peu de substances paramagnétiques suivent la loi de Curie-Langevin : $\chi = C/T$. Expérimentalement la courbe $1/\chi$ en fonction de T donne bien une droite, mais qui ne passe pas par l'origine.

Ceci concerne les substances paramagnétiques où l'interaction des dipôles n'est pas négligeable ; le champ effectif $\vec{B}_{\text{eff}}$ agissant sur un dipôle s'obtient alors en ajoutant au champ macroscopique un champ supplémentaire qui s'explique par des interactions d'origine quantique entre dipôles (voir exercice 5.8).

Weiss a proposé la théorie phénoménologique suivante :

$$\vec{B}_{\text{eff}} = \vec{B} + \vec{B}_E = \mu_0(\vec{H} + \vec{H}_E) \quad \text{avec} \quad \mu_r \simeq 1$$

où $\vec{B}_E$ est le champ d'échange et $\vec{H}_E$ l'excitation de Weiss proportionnelle à l'aimantation existant au point considéré :

$$\vec{H}_E = \lambda \vec{J} \qquad \text{avec} \quad \lambda > 0 \ \text{ou} \ \lambda < 0$$

a) Montrer que ceci conduit à une susceptibilité magnétique de la forme

$$\chi = \frac{C}{T - \theta}$$

Exprimer θ en fonction de λ et C, constante de Curie.

b) Commenter brièvement ce résultat en fonction du signe de λ. Tracer $1/\chi$ en fonction de T puis χ en fonction de T dans chaque cas. Quel nom donne-t-on à $|\theta|$? Que devient la substance paramagnétique en dessous de la température $|\theta|$?

a) A l'équilibre, l'aimantation $\vec{J}$ est proportionnelle (au sens Curie-Langevin) à l'excitation totale :

$$\vec{J} = \frac{C}{T}(\vec{H} + \vec{H}_E) = \frac{C}{T}(\vec{H} + \lambda\vec{J}) \quad \text{soit} \quad \vec{J} = \frac{C}{T - \lambda C}\vec{H}$$

du type $\vec{J} = \chi\vec{H}$ avec
$$\boxed{\chi = \frac{C}{T-\theta}, \quad \theta = \lambda C}$$

θ est du signe de λ car $C > 0$ (voir aussi exercice 1.9).

b) Cette théorie phénoménologique permet de retrouver les droites expérimentales de $1/\chi$ en fonction de T ; leur position par rapport à O dépend du signe de θ et donc de celui de λ.

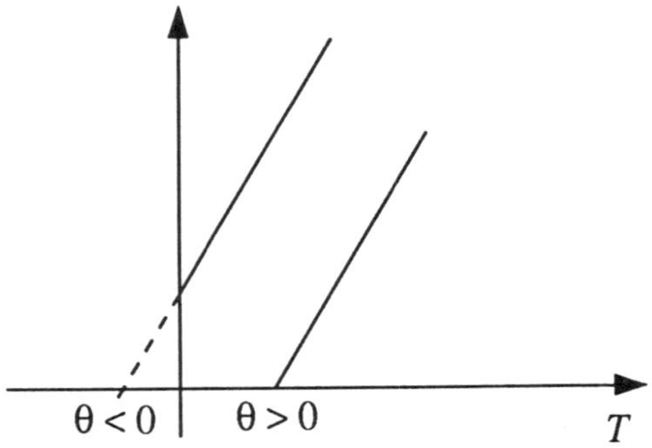

* $\lambda > 0$, $\theta = T_C$ est la température de Curie pour laquelle la susceptibilité est très grande.
Pour $T < T_c$ la substance paramagnétique devient ferromagnétique ($\lambda > 0$ donc $\vec{B}_E$ créé par les voisins de M est de même sens que $\vec{J}$ en M donc les dipôles voisins sont de même sens) (voir exercice 5.8).

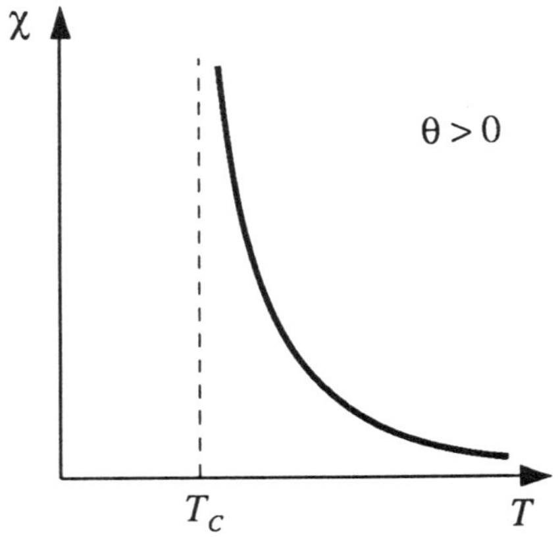

* $\lambda < 0$, $-\theta = T_N$ est la température de Néel pour laquelle la susceptibilité est maximale (contrairement au modèle présenté ici).
Pour $T < T_N$ la substance paramagnétique devient antiferromagnétique ($\lambda < 0$ donc $\vec{B}_E$ créé par les voisins de M est de sens opposé à $\vec{J}$ en M donc les dipôles voisins sont de sens opposé) (voir exercice 5.10).

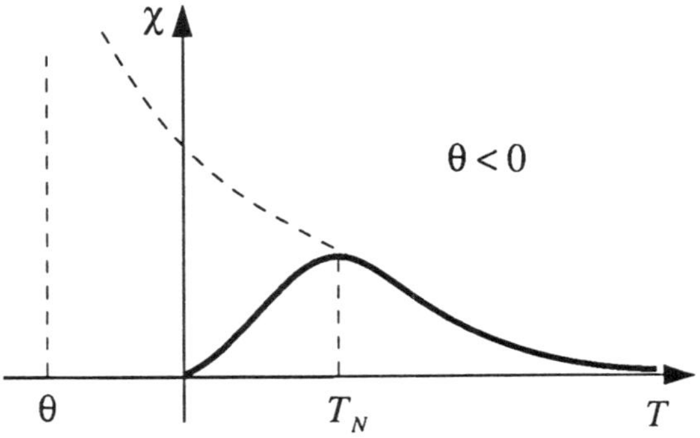

2.10 Relaxation et résonance magnétiques

Soit un ensemble de N moments sans interaction magnétique, chacun d'entre eux ne pouvant prendre que deux projections $\pm\mathcal{M}$ (spin 1/2) dans la direction du champ $\vec{B}_0$. Le couplage du système avec un thermostat permet aux moments de passer de la valeur $-\mathcal{M}$ (respect. $+\mathcal{M}$) à la valeur $+\mathcal{M}$ (respect. $-\mathcal{M}$). Soient P_1 et P_2 les probabilités par unité de temps qu'un moment effectue respectivement la transition collisionnelle $(+ \to -)$ ou $(- \to +)$, N_+ et N_- les populations des états $+$ et $-$ et $n = N_+ - N_-$.

a) Expliciter l'équation vérifiée par $\mathrm{d}n/\mathrm{d}t$ et n.
On part d'un système désordonné, en équilibre thermique, soit en l'absence de champ magnétique $N_+ = N_-$ et à l'instant $t = 0$, le champ magnétique uniforme et constant $\vec{B}_0 = B_0\vec{u}_z$ est établi.
Calculer $n(t)$ en posant $\tau_1 = 1/(P_1 + P_2)$ et n_0 la valeur d'équilibre. Commenter.

b) Montrer que le moment magnétique $\vec{M}$ de l'échantillon tend vers sa valeur d'équilibre $\vec{M}_0$ à une vitesse proportionnelle à l'écart qui le sépare de sa valeur d'équilibre. Avec quelle constante de temps ?

c) Le système est à présent soumis, à partir de $t = 0$ où $N_+ = N_-$, en plus du champ $\vec{B}_0$ précédent à un champ électromagnétique ($\vec{B}_1$ perpendiculaire à $\vec{B}_0$ et tournant autour de lui à la fréquence ν) dont la fréquence ν est telle que $h\nu = 2\mathcal{M}B_0$ ce qui permet au système d'effectuer en plus des transitions radiatives $(+ \to -)$ et $(- \to +)$ avec la même probabilité P par unité de temps.
Calculer la nouvelle expression de $n(t)$ et de la valeur n_0' d'équilibre. Comparer aux résultats de la question a) et expliquer l'apparition d'un phénomène de résonance lorsque ν est variable.

a) L'évolution de la population N_+ est liée au dépeuplement par des transitions $(+ \to -)$ et au peuplement par les transitions $(- \to +)$

$$\frac{\mathrm{d}N_+}{\mathrm{d}t} = -P_1 N_+ + P_2 N_-$$

et bien sûr $\dfrac{\mathrm{d}N_-}{\mathrm{d}t} = -P_2 N_- + P_1 N_+ = -\dfrac{\mathrm{d}N_+}{\mathrm{d}t}$ pour que $N_+ + N_- = N = \mathrm{Cste}$

$$\frac{\mathrm{d}n}{\mathrm{d}t} = \frac{\mathrm{d}N_+}{\mathrm{d}t} - \frac{\mathrm{d}N_-}{\mathrm{d}t} = 2\frac{\mathrm{d}N_+}{\mathrm{d}t} = -P_1(N+n) + P_2(N-n)$$

finalement
$$\boxed{\frac{\mathrm{d}n}{\mathrm{d}t} = -\frac{n}{\tau_1} + (P_2 - P_1)N} \qquad (1)$$

de solution $n(t) = K\mathrm{e}^{-t/\tau_1} + (P_2 - P_1)\tau_1 N$

la constante K est déterminée par la condition $n(0) = N_+(0) - N_-(0) = 0$

d'où $$\boxed{n(t) = (P_2 - P_1)\tau_1 N(1 - \mathrm{e}^{-t/\tau_1})}$$

La valeur à l'équilibre ($\mathrm{d}n/\mathrm{d}t = 0$ ou $n(t \to \infty)$) est : $n_0 = (P_2 - P_1)\tau_1 N$.
Cet équilibre est "atteint" exponentiellement en un temps de l'ordre de τ_1, dit temps de relaxation.

A noter qu'à l'équilibre, on a également $\mathrm{d}N_+/\mathrm{d}t = 0$ soit $P_2/P_1 = N_+^\circ/N_-^\circ > 1$ car les populations à l'équilibre sont données par la statistique de Boltzmann en $\exp(-U/kT)$ où $U = -\vec{\mathcal{M}} \cdot \vec{B}_0 = \mp\mathcal{M} \cdot B_0$, ou plus simplement : l'état $+\mathcal{M}$ correspond à une énergie minimale, donc est davantage peuplé, ce qui assure bien $n(t) > 0$ et en particulier $n_0 > 0$.

Remarque : Avec $a = \mathcal{M}B_0/kT$, on a $P_2/P_1 = N_+^\circ/N_-^\circ = \mathrm{e}^a/\mathrm{e}^{-a} = \mathrm{e}^{2a}$ et

$$n_0 = \frac{(P_2 - P_1)}{P_2 + P_1}N = \frac{P_2/P_1 - 1}{P_2/P_1 + 1}N = N\operatorname{th} a$$

résultat classique sur la thermodynamique des systèmes à deux niveaux (voir exercice 2.7).

b) Le moment $\vec{M}(t)$ de l'échantillon est proportionnel à $n(t)$:

$$\vec{M}(t) = N_+(t) \cdot \mathcal{M}\vec{u}_z + N_-(t) \cdot (-\mathcal{M}\vec{u}_z) = \mathcal{M}n(t)\vec{u}_z$$

et donc aussi à l'équilibre $\vec{M}_0 = \mathcal{M}n_0\vec{u}_z$.
De même que l'équation (1) se récrit avec $n_0 = (P_2 - P_1)\tau_1 N$ sous la forme

$$\frac{\mathrm{d}n}{\mathrm{d}t} = \frac{n_0 - n}{\tau_1}$$

la linéarité entre $\vec{M}$ et n assure

$$\boxed{\frac{\mathrm{d}\vec{M}}{\mathrm{d}t} = \frac{\vec{M}_0 - \vec{M}}{\tau_1}}$$

qui prouve que $\vec{M}$ tend vers $\vec{M}_0$ avec une "vitesse" proportionnelle à $\vec{M}_0 - \vec{M}$ et une constante de temps τ_1 traduisant le fait que l'aimantation de l'échantillon dans le champ $\vec{B}_0$ n'apparaît pas instantanément. Les modifications d'énergie jusqu'à l'équilibre thermodynamique supposent une interaction entre les dipôles et le milieu extérieur.

c) En plus des transitions d'origine thermique (choc avec une molécule d'énergie de l'ordre de kT), existent à présent les transitions d'origine électromagnétique (absorption d'un photon d'énergie $h\nu$) :

$$\frac{\mathrm{d}N_+}{\mathrm{d}t} = -P_1N_+ + P_2N_- - PN_+$$
$$\frac{\mathrm{d}N_-}{\mathrm{d}t} = -P_2N_- + P_1N_+ - PN_-$$

soit $\dfrac{\mathrm{d}n}{\mathrm{d}t} = \dfrac{\mathrm{d}(N_+ - N_-)}{\mathrm{d}t} = -2P_1N_+ + 2P_2N_- - P(N_+ - N_-)$

et avec $N_+ + N_- = N$ et $N_+ - N_- = n$

$$\boxed{\frac{\mathrm{d}n}{\mathrm{d}t} = -(P_1 + P_2 + P)n + (P_2 - P_1)N}$$

En posant $\tau' = 1/(P_1 + P_2 + P)$ et toujours avec $n(0) = 0$, il vient

$$\boxed{n(t) = (P_2 - P_1)\tau' N(1 - \mathrm{e}^{-t/\tau'})}$$

Le temps de relaxation τ' est plus court, et à l'équilibre $n'_0 = (P_2 - P_1)\tau' N < n_0$, l'aimantation dans le sens de $\vec{B}_0$ est moins forte.

Lorsque la fréquence du champ $\vec{B}_1$ n'est pas accordée ($h\nu \neq 2\mathcal{M}B_0$) alors l'équilibre thermodynamique est le seul à se réaliser et l'équilibre est donné par n_0 avec une énergie

$$U_0 = N_+^\circ(-\mathcal{M}B_0) + N_-^\circ(\mathcal{M}B_0) = -\mathcal{M}B_0n_0$$

Pour une fréquence égale ou très voisine de l'accord $h\nu = 2\mathcal{M}B_0$ les transitions d'origine électromagnétique se réalisent et à l'équilibre l'énergie du système est

$$U'_0 = -\mathcal{M}B_0n'_0 > U_0 \quad \text{car} \quad n'_0 < n_0$$

Pour cette fréquence le champ $\vec{B}_1$ variable (en fait celui d'une onde) interagit avec le système de spins qui absorbe des photons et diminue l'intensité de l'onde au cours de sa propagation ; il y a résonance pour cette fréquence.

Remarque : A l'équilibre $\dfrac{N_+^{\circ'}}{N_-^{\circ'}} = \dfrac{N + n'_0}{N - n'_0} = \dfrac{P_2 + P/2}{P_1 + P/2}$

Pour $P \gg P_1$ et P_2, l'équilibre thermodynamique est détruit à la résonance et $N_+^{\circ'} = N_-^{\circ'}$ (système désordonné à aimantation nulle correspondant à des niveaux également peuplés) : cela correspond à la saturation de la transition entre ces deux niveaux.

2.11 Résonance magnétique nucléaire

Des noyaux atomiques portent chacun un moment magnétique $\vec{\mathcal{M}}$ auquel est associé un moment cinétique $\vec{\sigma}$ proportionnel à $\vec{\mathcal{M}}$:

$$\vec{\mathcal{M}} = \gamma\vec{\sigma}$$

Pour un proton (noyau d'atome d'hydrogène), $\gamma > 0$.

On s'intéresse non pas à l'évolution d'un moment magnétique isolé (comme dans l'exercice 2.1), mais à celle du moment magnétique résultant d'un petit volume δV du milieu ; ce moment global est $\vec{M}\delta V$ où $\vec{M}$ est le vecteur aimantation (habituellement noté $\vec{J}$).

1. Temps de relaxation magnétique

a) Montrer que dans un champ $\vec{B}_0$ (uniforme et constant) l'équation d'évolution de $\vec{M}$ est la même que celle d'un moment individuel $\vec{\mathcal{M}}$.

b) La réalisation de l'équilibre thermodynamique dans le champ $\vec{B}_0 = B_0\vec{u}_z$ n'est pas instantanée et suppose des échanges (ou interactions faibles) entre les entités porteuses d'un moment et avec le milieu extérieur: Ceci conduit à introduire les termes de relaxation (voir exercice 2.10) à rajouter dans les équations de la question précédente :

$$\left.\frac{\mathrm{d}M_x}{\mathrm{d}t}\right)_{\mathrm{relax}} = -\frac{M_x}{\tau_2} \;;\quad \left.\frac{\mathrm{d}M_y}{\mathrm{d}t}\right)_{\mathrm{relax}} = -\frac{M_y}{\tau_2} \;;\quad \left.\frac{\mathrm{d}M_z}{\mathrm{d}t}\right)_{\mathrm{relax}} = -\frac{M_z - M_0}{\tau_1}$$

avec τ_1 temps de relaxation longitudinale $(\tau_1 \simeq 5\,\mathrm{s})$, τ_2 temps de relaxation transversale $(\tau_2 \simeq 1\,\mathrm{s})$ et M_0 la valeur que prend M_z à l'équilibre thermique dans le champ $\vec{B}_0$ porté par $\vec{u}_z$, alors que $M_x = M_y = 0$ ($\vec{M}$ parallèle à $\vec{B}_0$ et de même sens).

Écrire les équations différentielles satisfaites par M_x, M_y, M_z sous l'effet du champ $\vec{B}_0$ et des phénomènes de relaxation en notant $\omega_0 = \gamma B_0$.

c) Pour $t < 0$, l'équilibre est réalisé dans $-B_0\vec{u}_z$ $(B_0 > 0)$.
A $t = 0$, le champ est brusquement inversé en $\vec{B}_0 = B_0\vec{u}_z$.
Donner les conditions initiales et exprimer $M_x(t), M_y(t)$ et $M_z(t)$ pour $t \geq 0$.
Interpréter le résultat pour $t \to \infty$.

d) Pour $t < 0$, l'équilibre est réalisé dans $B_0\vec{u}_x$.
A $t = 0$, le champ est brusquement tourné de $\pi/2$ en $\vec{B}_0 = B_0\vec{u}_z$.
Donner les conditions initiales et exprimer $M_x(t), M_y(t)$ et $M_z(t)$ pour $t \geq 0$.
Interpréter le résultat pour $t \to \infty$.

e) Pour suivre l'évolution d'une composante transversale, par exemple M_x, on place une bobine constituée de N spires de surface S près de l'échantillon (en O) afin qu'elle

ait pour axe Ox. La bobine subit de la part du milieu aimanté l'action d'un champ magnétique de type $k\mu_0\vec{M}$ où k est une constante numérique dépendant de la géométrie du système.
Trouver à partir de $M_x(t)$ de la question d) l'expression de la force électromotrice $e_x(t)$ qui apparaît aux bornes de la bobine.
Avec $B_0 = 0{,}15\,\mathrm{T}$, $\gamma = 2{,}67.10^8$ C/kg pour le proton (voir exercice 2.1) et $\tau_2 = 1$ s, ce signal est-il observable ?

Dans toute la suite du problème, en plus du champ $\vec{B}_0$, on applique au milieu un champ magnétique $\vec{B}_1$, de module constant et tournant autour de $\vec{B}_0$ (dans le sens rétrograde) à une vitesse angulaire constante $\vec{\omega} = -\omega\vec{u}_z$ ($\omega > 0$). Par analogie, on pose $\omega_1 = \gamma_1 B_1 > 0$.

R est le repère galiléen $Oxyz$ du laboratoire ; à l'instant $t = 0$, $\vec{B}_1$ y est dirigé dans le sens de $\vec{u}_x$;

R' est le repère $OXYz$ qui dans R tourne autour de Oz à la vitesse angulaire $\vec{\omega}$ (la même que $\vec{B}_1$). Les composantes de l'aimantation $\vec{M}$ y sont notées M_X, M_Y et $M_Z = M_z$. A l'instant $t = 0$, les deux trièdres coïncident.

2. Résonance magnétique sans relaxation

Dans cette question, les phénomènes de relaxation sont négligés.

a) Montrer que dans le référentiel tournant R' tout se passe comme si le milieu était soumis à un champ magnétique effectif $\vec{B}_{\text{eff}}$ uniforme et constant pour un observateur lié à R'. Donner les composantes de ce champ $\vec{B}_{\text{eff}}$ dans R'. Décrire l'évolution de $\vec{M}$ dans R' en introduisant une pulsation Ω.

b) Écrire les équations différentielles satisfaites par les composants M_X, M_Y et M_z.

c) A l'instant $t = 0$, $M_x(0) = M_y(0) = 0$ et $M_z(0) = M_0$. Déterminer les expressions de $M_X(t), M_Y(t)$ et $M_z(t)$ et montrer qu'il apparaît un phénomène de résonance, pourvu que ω ait une valeur à préciser. Une rotation directe de $\vec{B}_1$ autour de $\vec{B}_0$ peut-elle conduire au même phénomène ? Expliquer.

3. Résonance magnétique avec relaxation

On tient compte désormais des phénomènes de relaxation introduits à la question **1**b), en conservant les mêmes temps de relaxation τ_1 et τ_2 en présence de $\vec{B}_1$.

a) Écrire les nouvelles équations différentielles satisfaites par les composantes de $\vec{M}$ dans le repère tournant R'.

b) La solution de ce système linéaire est la superposition d'une solution particulière, et de la solution générale du système homogène associé. Montrer dans le cas particulier $\tau_1 = \tau_2$ que cette dernière représente un régime transitoire amorti (on admettra que le résultat reste vrai pour $\tau_1 \neq \tau_2$).

c) Montrer que, après disparition du régime transitoire, il subsiste un régime permanent dans R' et calculer les valeurs respectives u, v, et w des composantes M_X, M_Y et M_z de $\vec{M}$.

d) En déduire que dans le référentiel R du laboratoire, le régime permanent est un régime d'oscillations forcées. Exprimer les composantes $M_x(t)$ et $M_y(t)$.
En déduire les forces électromotrices e_x et e_y induites dans deux bobines identiques l'une d'axe Ox, l'autre d'axe Oy du type de celle décrite à la question **1.e**). Montrer qu'elles permettent de remonter à u et v.

e) Représenter sommairement les variations de u et v en fonction de $\varepsilon = \omega - \omega_0$. Calculer la largeur à mi-hauteur de la courbe $v(\varepsilon)$, les positions des extrema de la courbe $u(\varepsilon)$, et les amplitudes des extrema de v et u. Où se coupent les courbes u et v ? A quels renseignements conduit l'étude expérimentale ?

4. Puissance absorbée à la R.M.N.

Cette partie s'inscrit dans le même cadre que celui de la question **3**.

a) Exprimer en fonction de $\gamma, M_0, \tau_2, \omega_0$ et B_1 la puissance volumique $\mathcal{P}_1(\omega)$ dans R du couple exercé par le champ $\vec{B}_1$ sur le moment $\vec{M}(t)$ en régime forcé permanent. Cette puissance $\mathcal{P}_1(\omega)$ absorbée par l'échantillon est mesurable car proportionnelle à la puissance électrique consommée dans le circuit électrique oscillant à la pulsation ω et qui crée le champ $\vec{B}_1$.

b) Tracer le graphe $\mathcal{P}_1(\omega)$ et montrer qu'il admet un maximum pour une pulsation voisine de ω_0, à la condition que $\omega_0\tau_2 \gg 1$, $B_1 \ll B_0$ sachant que $\tau_1 \simeq \tau_2$. Dans ces conditions pour quelles pulsations la puissance est-elle égale à la moitié de la puissance maximale ? Donner la largeur $\Delta\omega$ à mi-hauteur.

AN : L'expérience de résonance magnétique nucléaire (RMN) est conduite avec les protons des noyaux d'hydrogène de molécules d'eau. Pour $B_0 = 0,37\,\text{T}$, $\mathcal{P}_1(\omega)$ présente un maximum pour $\omega_m = 10^8$rad.s^{-1}. En déduire la valeur de γ pour les protons.
Donner l'incertitude relative sur la mesure de γ sachant que le maximum de $\mathcal{P}_1(\omega)$ est décelé avec une incertitude de $\Delta\omega$ et en tenant compte de $1/\tau \simeq 1\,\text{s}^{-1} \ll \gamma B_1 = 1500\,\text{s}^{-1}$.

Complément sur le comportement magnétique de l'eau

Des mesures de susceptibilité en champ statique montrent que l'eau est un corps diamagnétique ($\chi = -0,9.10^{-5}$). Commet peut-on comprendre cette propriété ?
Le noyau d'oxygène ne possède pas de moment magnétique, mais les deux noyaux d'hydrogène possèdent chacun un proton de spin 1/2 dont les moments magnétiques (indépendants) confèrent à la molécule des propriétés paramagnétiques de spin nucléaire. Estimer l'importance de ce phénomène par une application numérique simple. Pourquoi la RMN permet-elle l'accès à ces faibles propriétés ?

1.a) L'équation d'évolution d'un moment $\vec{\mathcal{M}}_i$ dans le champ $\vec{B}_0$ est

$$\frac{\mathrm{d}\vec{\mathcal{M}}_i}{\mathrm{d}t} = \gamma \vec{\mathcal{M}}_i \wedge \vec{B}_0$$

En sommant sur tous les moments ($i = 1$ à N) de l'élément δV, sachant qu'ils ont tous le même rapport gyromagnétique et que $\vec{B}_0$ y est uniforme

$$\frac{\mathrm{d}\sum \vec{\mathcal{M}}_i}{\mathrm{d}t} = \gamma \sum \vec{\mathcal{M}}_i \wedge \vec{B}_0$$

et ramené au volume δV :

$$\boxed{\frac{\mathrm{d}\vec{M}}{\mathrm{d}t} = \gamma \vec{M} \wedge \vec{B}_0}$$

L'équation pour l'aimantation $\vec{M}$ est donc la même que pour un moment isolé $\vec{\mathcal{M}}_i$. Elle indique que $\vec{M}$ précesse autour de $\vec{B}_0$ dans le sens rétrograde à la pulsation $\omega_0 = \gamma B_0$ (rétrograde car $\mathrm{d}\vec{M}/\mathrm{d}t = \vec{\omega}_0 \wedge \vec{M}$ avec $\vec{\omega}_0 = -\gamma \vec{B}_0$).

Remarque : $\vec{M} = \sum \vec{\mathcal{M}}_i / \delta V$ consiste à faire une moyenne spatiale des moments magnétiques sur l'élément de volume δV. En l'absence de champ extérieur et sans interaction entre eux, la résultante vectorielle de ces moments est nulle (c'est l'état désordonné). En présence d'un champ extérieur apparaît une résultante macroscopique dans le sens du champ (paramagnétisme) et malgré la quantification des projections des moments $\vec{\mathcal{M}}_i$, $\vec{M}$ peut être considérée comme une grandeur continue car δV est suffisamment grand pour contenir un grand nombre de moments nucléaires, pas tous orientés dans le même sens car $\mathcal{M} B_0 \ll kT$ (voir exercice 2.7).

b) Avec $\vec{M} \wedge \vec{B}_0 = \begin{vmatrix} M_x \\ M_y \\ M_z \end{vmatrix} \wedge \begin{vmatrix} 0 \\ 0 \\ B_0 \end{vmatrix} = \begin{vmatrix} B_0 M_y \\ -B_0 M_x \\ 0 \end{vmatrix}$, il vient facilement

$$\begin{cases} \dfrac{\mathrm{d}M_x}{\mathrm{d}t} = \omega_0 M_y - \dfrac{M_x}{\tau_2} \\ \dfrac{\mathrm{d}M_y}{\mathrm{d}t} = -\omega_0 M_x - \dfrac{M_y}{\tau_2} \\ \dfrac{\mathrm{d}M_z}{\mathrm{d}t} = -\dfrac{M_z - M_0}{\tau_1} \end{cases}$$

c) Pour un équilibre réalisé dans $-B_0 \vec{u}_z$: $M_x(0) = M_y(0) = 0$ et $M_z(0) = -M_0$. Introduisons un moment transversal complexe : $\underline{M} = M_x + iM_y$.

Les deux premières équations s'écrivent alors :

$$\frac{\mathrm{d}\underline{M}}{\mathrm{d}t} = -(i\omega_0 + \frac{1}{\tau_2})\underline{M}$$

qui s'intègre en $\underline{M}(t) = \lambda e^{-t/\tau_2} e^{-i\omega_0 t}$
La condition $\underline{M}(0) = 0$ donne $\lambda = 0$ soit $\underline{M_x(t) = M_y(t) = 0,\ \forall t}$.

$$\frac{dM_z}{dt} = \frac{M_0 - M_z}{\tau_1} \implies M_z = M_0 + K e^{-t/\tau_1}$$

$$M_z(0) = -M_0 \implies \underline{M_z(t) = M_0(1 - 2e^{-t/\tau_1})}$$

Pour $t \to \infty$, $\vec{M} \to \vec{M}_0 = M_0 \vec{u}_z$; il y a eu inversion de l'aimantation à la suite de l'inversion du champ. (passage dans $\vec{B}_0$ d'une situation d'équilibre instable à une situation d'équilibre stable), et ceci en un temps caractéristique τ_1 (temps de relaxation longitudinale).

d) Pour un équilibre réalisé dans $B_0 \vec{u}_x$: $M_x(0) = M_0$ et $M_y(0) = M_z(0) = 0$

$$\underline{M}(t) = \lambda e^{-t/\tau_2} e^{-i\omega_0 t} \qquad \text{avec} \quad \underline{M}(0) = M_0 \ \text{ donne } \lambda = M_0$$

$$\text{d'où} \quad \underline{M_x(t) = M_0 e^{-t/\tau_2} \cos \omega_0 t} \quad \text{et} \quad \underline{M_y(t) = -M_0 e^{-t/\tau_2} \sin \omega_0 t}$$

$$M_z = M_0 + K e^{-t/\tau_1} \quad \text{avec } M_z(0) = 0 \text{ donne } \underline{M_z(t) = M_0(1 - e^{-t/\tau_1})}$$

Pour $t \to \infty$, $\vec{M} \to \vec{M}_0 = M_0 \vec{u}_z$, l'aimantation s'aligne dans le sens du champ $\vec{B}_0$ avec la constante de temps τ_1 alors que dans le plan xOy l'extrémité du vecteur $\vec{M}$ décrit une spirale convergent vers O : on retrouve ici la précession rétrograde à la pulsation ω_0 autour de la direction de $\vec{B}_0$ mais amortie en un temps caractéristique τ_2 (temps de relaxation transversale).

e) Choisissons un sens positif d'orientation sur la bobine et qui dirige les vecteurs surface suivant Ox^+.

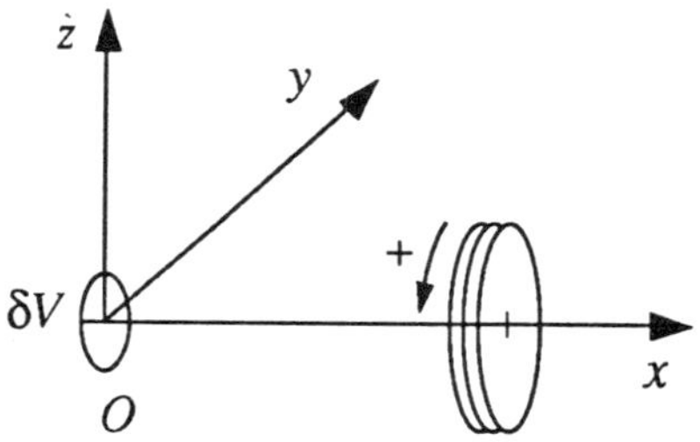

La bobine est le siège d'une fem puisque placée dans le champ créé par l'aimantation variable

$$e_x = -\left.\frac{\partial \Phi}{\partial t}\right)_x \simeq -\frac{\partial B_x}{\partial t} \cdot NS = -k\mu_0 NS \frac{\partial M_x}{\partial t}$$

Avec $T_0 = 2\pi/\omega_0 = 2\pi/\gamma B_0 = 1{,}6.10^{-7}$s et $\tau_2 = 1$ s, $\cos \omega_0 t$ varie beaucoup plus vite que $\exp(-t/\tau_2)$ d'où

$$\boxed{e_x(t) \simeq k\mu_0 NS\omega_0 M_0 e^{-t/\tau_2} \sin \omega_0 t}$$

Un tel signal pseudo-périodique de fréquence $\nu_0 = 6{,}4$ MHz amorti exponentiellement en un temps caractéristique $\tau_2 = 1$ s peut parfaitement s'afficher sur un écran d'oscilloscope. Ceci permet la détermination de τ_2, de ν_0 et par la mesure de $|\vec{B}_0|$ (parallèle à $\vec{u}_z$) avec une sonde à effet Hall, donne accès à γ.

2.a) La formule de dérivation vectorielle pour $\vec{M}$ entre R et R' d'une part, et le théorème du moment cinétique dans R pour l'évolution de $\vec{M}$ dans le champ total $\vec{B}_0 + \vec{B}_1$ d'autre part, donnent :

$$\left.\frac{\mathrm{d}\vec{M}}{\mathrm{d}t}\right)_R = \left.\frac{\mathrm{d}\vec{M}}{\mathrm{d}t}\right)_{R'} + \vec{\omega}_{R'/R} \wedge \vec{M} = \gamma \vec{M} \wedge (\vec{B}_0 + \vec{B}_1)$$

$$\left.\frac{\mathrm{d}\vec{M}}{\mathrm{d}t}\right)_{R'} = \gamma \vec{M} \wedge (\vec{B}_0 + \vec{B}_1 + \frac{\vec{\omega}}{\gamma})$$

Tout se passe, vu dans le référentiel R', commme si l'aimantation $\vec{M}$ subissait l'action d'un champ unique

$$\boxed{\vec{B}_{\text{eff}} = \vec{B}_0 + \vec{B}_1 + \vec{\omega}/\gamma}$$

L'intérêt du référentiel R' est évidemment que le champ $\vec{B}_1$ y est de direction fixe (suivant $\vec{u}_X$) donc indépendant du temps. $\vec{B}_{\text{eff}}$ y apparaît donc comme un champ uniforme et constant, de composantes

$$\vec{B}_{\text{eff}} = \left|\begin{array}{l} B_1 \\ 0 \\ B_0 - \omega/\gamma \end{array}\right._{R'}$$

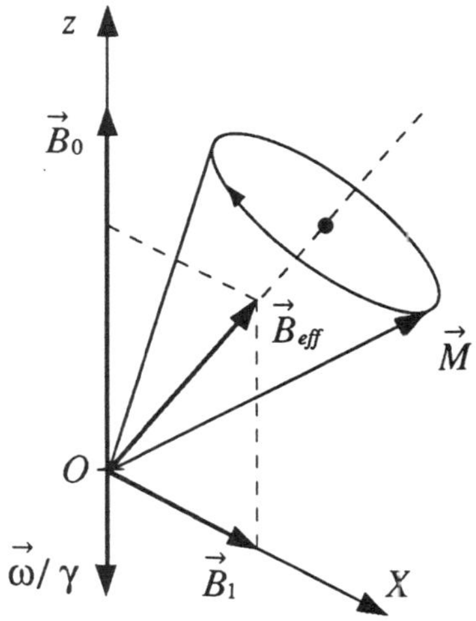

D'où dans R' la précession rétrograde de $\vec{M}$ autour de $\vec{B}_{\text{eff}}$ à la pulsation $\Omega = \gamma |\vec{B}_{\text{eff}}|$

$$\boxed{\Omega = \sqrt{\omega_1^2 + (\omega_0 - \omega)^2}}$$

b) En projection sur des axes liés à R' avec $\omega_0 = \gamma B_0$ et $\omega_1 = \gamma B_1$

$$\left.\frac{\mathrm{d}M}{\mathrm{d}t}\right)_{R'} = \vec{M} \wedge \gamma \vec{B}_{\text{eff}} \Longrightarrow \left| \begin{array}{l} \mathrm{d}M_X/\mathrm{d}t \\ \mathrm{d}M_Y/\mathrm{d}t \\ \mathrm{d}M_z/\mathrm{d}t \end{array}\right. = \left| \begin{array}{l} M_X \\ M_Y \\ M_z \end{array}\right. \wedge \left| \begin{array}{l} \omega_1 \\ 0 \\ \omega_0 - \omega \end{array}\right. = \left| \begin{array}{ll} (\omega_0 - \omega) M_Y & (1) \\ \omega_1 M_z - (\omega_0 - \omega) M_X & (2) \\ -\omega_1 M_Y & (3) \end{array}\right.$$

c) Les axes des repères coïcidant en $t = 0$, on a $M_X(0) = M_Y(0) = 0$ et $M_z(0) = M_0$

$$\frac{\mathrm{d}^2 M_Y}{\mathrm{d}t} \overset{(2)}{=} \omega_1 \frac{\mathrm{d}M_z}{\mathrm{d}t} - (\omega_0 - \omega) \frac{\mathrm{d}M_X}{\mathrm{d}t} \underset{(3)}{\overset{(1)}{=}} -\omega_1^2 M_Y - (\omega_0 - \omega)^2 M_Y = -\Omega^2 M_Y$$

La solution sinusoïdale de pulsation Ω vérifiant $M_Y(0) = 0$ et $\mathrm{d}M_Y/\mathrm{d}t(0) = \omega_1 M_0$ est :

$$\boxed{M_Y(t) = \frac{\omega_1 M_0}{\Omega} \sin \Omega t}$$

(1) donne M_X par intégration de M_Y ; la constante est donnée par $M_X(0) = 0$:

d'où $$\boxed{M_X(t) = \frac{(\omega_0 - \omega)\omega_1 M_0}{\Omega^2}(1 - \cos \Omega t)}$$

de même avec (3) pour M_z avec la condition $M_z(0) = M_0$

d'où $$\boxed{M_z(t) = M_0 - \frac{\omega_1^2 M_0}{\Omega^2}(1 - \cos \Omega t)}$$

Les amplitudes de M_X et M_Y ou les variations d'amplitude de M_z sont maximales (phénomène de résonance) pour Ω minimal soit

$$\boxed{\omega = \omega_0} \qquad \text{et alors } \Omega = \omega_1$$

ou de manière équivalente $\vec{B}_0 + \vec{\omega}/\gamma = \vec{0}$ et $\vec{B}_{\text{eff}} = \vec{B}_1$ (situation à réaliser sur la figure de la question 2a). L'effet de la rotation de $\vec{B}_1$ autour de Oz (soit $\vec{\omega}/\gamma$) compense alors le champ statique $\vec{B}_0$ et l'aimantation précesse autour du seul champ $\vec{B}_1$.
Ceci n'est pas possible pour une rotation directe de $\vec{B}_1$ autour de $\vec{B}_0$ (d'ailleurs Ω serait transformé en $\sqrt{\omega_1^2 + (\omega_0 + \omega)^2}$ minimal pour $\omega = 0$!).

Remarque : La condition $\omega = \omega_0$ s'écrit $\hbar\omega = \gamma B_0 \hbar$ soit $h\nu = 2(\gamma\hbar/2)B_0$ où $\mathcal{M} = \gamma\hbar/2$ est la projection d'un moment magnétique nucléaire (de spin) sur $\vec{B}_0$ avec $\gamma = 2,79\, e/M$ (voir AN exercice 2.1). Elle traduit les transitions entre $\pm\mathcal{M}B_0$ induites par les photons du champ électromagnétique associé à $\vec{B}_1$ (voir exercice 2.10 § c).

3.a) Soit $\vec{M}_\perp$ la composante de $\vec{M}$ perpendiculairement à Oz (c'est-à-dire sa projection dans le plan $Oxy = OXY$).
Les relations de la question 1b) s'écrivent :

$$\left.\frac{\mathrm{d}\vec{\mathcal{M}}_\perp}{\mathrm{d}t}\right)_{\text{relax}} = -\frac{\vec{M}_\perp}{\tau_2} \quad \text{soit} \quad \left.\frac{\mathrm{d}\mathcal{M}_X}{\mathrm{d}t}\right)_{\text{relax}} = -\frac{M_X}{\tau_2} \quad \text{et} \quad \left.\frac{\mathrm{d}\mathcal{M}_Y}{\mathrm{d}t}\right)_{\text{relax}} = -\frac{M_Y}{\tau_2}$$

Alors les équations de la question 2b) se complètent en :

$$\begin{cases} \mathrm{d}M_X/\mathrm{d}t &= -M_X/\tau_2 + (\omega_0 - \omega)M_Y \\ \mathrm{d}M_Y/\mathrm{d}t &= -(\omega_0 - \omega)M_X - M_Y/\tau_2 + \omega_1 M_z \\ \mathrm{d}M_z/\mathrm{d}t &= -\omega_1 M_Y - (M_z - M_0)/\tau_1 \end{cases}$$

Ce sont les équations de Bloch.

b) Pour $\tau_1 = \tau_2 = \tau$, le système homogène associé s'écrit sous la forme

$$\frac{\mathrm{d}}{\mathrm{d}t}\begin{pmatrix} M_X \\ M_Y \\ M_z \end{pmatrix} = \begin{pmatrix} -1/\tau & \omega_0 - \omega & 0 \\ -(\omega_0 - \omega) & -1/\tau & \omega_1 \\ 0 & -\omega_1 & -1/\tau \end{pmatrix}\begin{pmatrix} M_X \\ M_Y \\ M_z \end{pmatrix}$$

La solution de ce système tend vers 0 pour $t \to \infty$ si les valeurs propres de cette matrice (antisymétrique à cause du produit vectoriel) ont une partie réelle négative.
En les cherchant sous la forme λ/τ, l'équation caractéristique se réduit, en mettant à part la valeur évidente $\lambda = -1$, à :

$$(1+\lambda)^2 = -\Omega^2\tau^2 \implies \lambda = -1 \pm i\Omega\tau$$

Le régime transitoire est donc effectivement amorti.

c) En régime permanent, dans R', $\mathrm{d}/\mathrm{d}t \equiv 0$ et les équations s'écrivent

$$\begin{cases} -u/\tau_2 + (\omega_0 - \omega)v &= 0 \\ -(\omega_0 - \omega)u - v/\tau_2 + \omega_1 w &= 0 \\ \omega_1 v + w/\tau_1 &= M_0/\tau_1 \end{cases}$$

système qui se résout parallèlement en injectant dans (2) les expressions de u et w en fonction de v obtenues par (1) et (3) :

$$u = \frac{\omega_1\tau_2^2(\omega_0 - \omega)M_0}{1 + \omega_1^2\tau_1\tau_2 + (\omega_0 - \omega)^2\tau_2^2} \qquad v = \frac{\omega_1\tau_2 M_0}{1 + \omega_1^2\tau_1\tau_2 + (\omega_0 - \omega)^2\tau_2^2}$$

$$w = M_0 - \frac{\omega_1^2\tau_1\tau_2 M_0}{1 + \omega_1^2\tau_1\tau_2 + (\omega_0 - \omega)^2\tau_2^2} = \frac{(1 + (\omega_0 - \omega)^2\tau_2^2)M_0}{1 + \omega_1^2\tau_1\tau_2 + (\omega_0 - \omega)^2\tau_2^2}$$

Remarque : L'expression de w fait bien apparaître que l'aimantation suivant Oz a en présence de $\vec{B}_1$, une valeur inférieure à M_0, représentant l'équilibre dans $\vec{B}_0$ seul (voir $n_0' < n_0$ dans l'exercice 2.10 § c).

d) Les formules de changement de base

$$M_x = M_X \cos\omega t + M_Y \sin\omega t$$
$$M_y = -M_X \sin\omega t + M_Y \cos\omega t$$

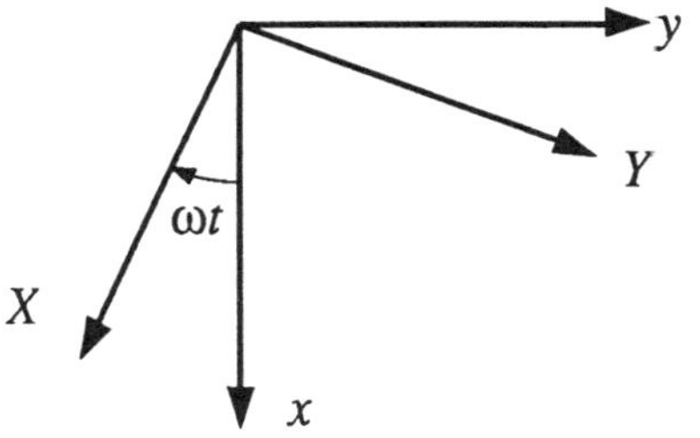

assurent que le régime transitoire est également amorti dans R, et que le régime permanent dans R' est un régime forcé de pulsation ω dans R :

$$M_x(t) = u\cos\omega t + v\sin\omega t$$
$$M_y(t) = -u\sin\omega t + v\cos\omega t$$
$$M_z = w$$

Le champ tournant $\vec{B}_1$ maintient donc la précession de $\vec{M}$ autour de $\vec{B}_0$ à la pulsation ω, alors que sans champ $\vec{B}_1$, cette précession autour de $\vec{B}_0$ est amortie à cause des phénomènes de relaxation (voir question **1**).

Remarque : Sans passer par R', il est possible d'écrire les équations de 3a) dans R avec $B_{1x} = B_1 \cos \omega t$ et $B_{1y} = -B_1 \sin \omega t$, puis en complexe, de chercher des solutions en $\exp i\omega t$ pour le régime forcé de M_x et M_y...

Pour la bobine d'axe Ox :

$$e_x \simeq -k\mu_0 NS \frac{\partial M_x}{\partial t} = k\mu_0 NS\omega(u \sin \omega t - v \cos \omega t)$$

et de même pour la bobine d'axe Oy :

$$e_y \simeq -k\mu_0 NS \frac{\partial M_y}{\partial t} = k\mu_0 NS\omega(u \cos \omega t + v \sin \omega t)$$

ce qui permet, par extraction, de remonter à u et v.

e) * $u(\varepsilon) = \dfrac{-\omega_1 \tau_2^2 M_0 \varepsilon}{1 + \omega_1^2 \tau_1 \tau_2 + \tau_2^2 \varepsilon^2}$

extremum : $\dfrac{\mathrm{d}u}{\mathrm{d}\varepsilon} = 0 \implies \varepsilon = \pm \dfrac{1}{\tau_2}\sqrt{1 + \omega_1^2 \tau_1 \tau_2}$; $u_{\max} = \dfrac{\omega_1 \tau_2 M_0}{2\sqrt{1 + \omega_1^2 \tau_1 \tau_2}}$

* $v(\varepsilon) = \dfrac{\omega_1 \tau_2 M_0}{1 + \omega_1^2 \tau_1 \tau_2 + \tau_2^2 \varepsilon^2}$

largeur à mi-hauteur : $1 + \omega_1^2 \tau_1 \tau_2 + \tau_2^2 \varepsilon^2 \implies \varepsilon = \pm \dfrac{1}{\tau_2}\sqrt{1 + \omega_1^2 \tau_1 \tau_2}$ (mêmes valeurs que précédemment) ; $v_{\max} = \dfrac{\omega_1 \tau_2 M_0}{1 + \omega_1^2 \tau_1 \tau_2} \simeq 2u_{\max}$ car $\omega_1^2 \tau_1 \tau_2 \ll 1$.

* $u = -\tau_2 \varepsilon v$: intersection $u = v \implies \varepsilon = -1/\tau_2$

Le tracé expérimental permet la détermination du temps de relaxation τ_2.

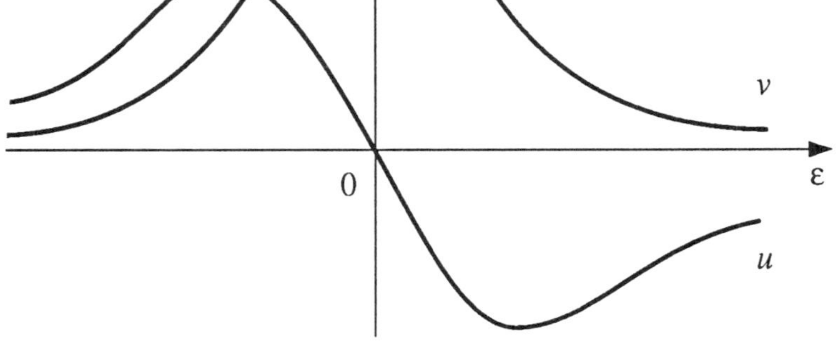

4.a) Le couple exercé par $\vec{B}_1$ sur le moment $\vec{M}\delta V$ de l'élément de volume est $\vec{M}\delta V \wedge \vec{B}_1$. La question d) a montré que ce moment tournait dans R autour de $\vec{B}_0$ avec le vecteur rotation $\vec{\omega}$. La puissance reçue dans R par unité de volume est donc

$$\mathcal{P}_1 = (\vec{M} \wedge \vec{B}_1) \cdot \vec{\omega}$$

Pour effectuer ce produit mixte, il est judicieux de projeter les vecteurs sur la base liée à R' et non celle liée à R.

$$\mathcal{P}_1 = \begin{vmatrix} u & B_1 & 0 \\ v & 0 & 0 \\ w & 0 & -\omega \end{vmatrix} = v\omega B_1$$

Avec l'expression de v et $\omega_1 = \gamma B_1$, il vient

$$\boxed{\mathcal{P}_1(\omega) = \frac{\gamma B_1^2 \tau_2 M_0 \omega}{1 + \gamma^2 B_1^2 \tau_1 \tau_2 + (\omega_0 - \omega)^2 \tau_2^2}}$$

b) La présence de ω au numérateur fait que le maximum de la courbe n'est pas a priori $\omega = \omega_0$

$$\frac{\mathrm{d}\mathcal{P}_1(\omega)}{\mathrm{d}\omega} = 0 \quad \text{pour } \omega_m^2 = \omega_0^2 + \frac{1}{\tau_2^2} + \frac{\gamma^2 B_1^2 \tau_1}{\tau_2}$$

la condition $\omega_0 \tau_2 \gg 1$ assure $1/\tau_2^2 \ll \omega_0^2$

la condition $B_1 \ll B_0$ (avec $\tau_1 \simeq \tau_2$) assure $\gamma^2 B_1^2 \tau_1/\tau_2 \ll \omega_0^2 = \gamma^2 B_0^2$

$$\text{d'où} \quad \boxed{\omega_m \simeq \omega_0 = \gamma B_0}$$

Avec un numérateur pratiquement constant, la largeur à mi-hauteur de la courbe est donnée par

$$(\omega_0 - \omega)^2 \tau_2^2 = 1 + \gamma^2 B_1^2 \tau_1 \tau_2 \implies \omega = \omega_0 \pm \sqrt{\frac{1 + \gamma^2 B_1^2 \tau_1 \tau_2}{\tau_2^2}}$$

soit $\omega \simeq \omega_0 \pm \gamma B_1$ car $\dfrac{1}{\tau_2^2} \ll \gamma^2 B_1^2$ (voir AN) et $\tau_1 \simeq \tau_2$.

La largeur à mi-hauteur est $\boxed{\Delta\omega \simeq 2\gamma B_1}$ d'où B_1 faible

AN : $\gamma = \omega_m / B_0 \implies \underline{\gamma = 2,7.10^8 \mathrm{C/kg}}$.

C'est effectivement la valeur du rapport gyromagnétique du proton ($\gamma = 2,79\, e/M$ voir exercice 2.1).

$$\gamma = \frac{\omega_m}{B_0} \implies \Delta\gamma = \frac{\Delta\omega_m}{B_0} = \frac{\Delta\omega}{B_0} = \frac{2\gamma B_1}{B_0} \implies \underline{\frac{\Delta\gamma}{\gamma} = \frac{2\gamma B_1}{\omega_0} = 3.10^{-5}}$$

La R.M.N. permet des mesures très fines du rapport gyromagnétique (l'incertitude relative est bien meilleure que la précision des données).

Remarque : *Toutes les approximations sont bien vérifiées ; en particulier $B_1 = 1500/\gamma = 5,5.10^{-6}\,\mathrm{T} \ll B_0 = 0,37\,\mathrm{T}$.

* Dans la pratique, la pulsation ω est fixée et on ajuste le champ B_0 (contenu dans M_0 et ω_0) pour obtenir la R.M.N.

Complément :

La structure électronique de la molécule (mise en commun d'électrons par recouvrement d'orbitales atomiques) fait que les sous-couches ($1s$ pour H et $2p$ pour O) sont pleines et qu'il n'y a plus d'électrons célibataires : il n'y a donc pas de moment magnétique électronique permanent, ni orbital, ni de spin. La molécule est diamagnétique.

Et le paramagnétisme de spin nucléaire ? L'exercice 2.7 pour un ensemble de spins 1/2 donne une susceptibilité dans les conditions habituelles :

$$\chi = \frac{\mu_0 n \mu_p^2}{kT}$$

où n est le nombre de moments (c'est-à-dire de protons) par unité de volume :

$$n = 2\mathcal{N}\rho/M = 2 \times 6.10^{23} \times 10^3/18.10^{-3} = 6,7.10^{28}\mathrm{m}^{-3}$$

et μ_p le moment magnétique d'un proton (un peu supérieur au magnéton nucléaire, voir exercice 2.3, mais beaucoup plus petit que le magnéton de Bohr) :

$$\mu_p = 2,79\mu_N = 2,79e\hbar/2M = 1,4.10^{-26}\mathrm{A.m}^2$$

D'où à $T = 20°\mathrm{C}$, $\chi = 4.10^{-9}$ masqué devant le diamagnétisme orbital !

Ce calcul permet d'obtenir l'aimantation M_0 dans le champ $B_0 = 0,37\,\mathrm{T}$

$$M_0 = \chi H = \chi B_0/\mu_0 = 1,2.10^{-3}\mathrm{A.m}^{-1}$$

et par là la puissance maximale absorbée par l'échantillon

$$\mathcal{P}_1(\omega = \omega_0) = \frac{\gamma B_1^2 \tau_2 M_0 \omega_0}{1 + \gamma^2 B_1^2 \tau_1 \tau_2} \simeq \frac{M_0\omega_0}{\gamma\tau_1} = \frac{1,2.10^{-3} \times 10^8}{2,7.10^8 \times 5} \simeq 0,1\mathrm{mW/m}^3$$

Pour mettre ce phénomène de faible intensité en évidence, il faut une méthode dynamique (et non statique) avec résonance sur une fréquence spécifique. En effet, à champ B_0 donné, $\omega_m = \gamma B_0$ dépend de γ et est donc environ 1000 fois plus faible en résonance magnétique nucléaire (R.M.N.) qu'en résonance paramagnétique électronique (R.P.E.).

Ce phénomène est à la base des investigations médicales au scanner.

(I.R.M. Imagerie par Résonance Magnétique, la précision "nucléaire" étant soigneusement évitée...).

2.12 Ondes de spin

Dans une chaîne d'atomes identiques, régulièrement espacés d'une distance a sur un axe fixe $x'Ox$, chaque atome (n) possède un moment cinétique (de spin) $\vec{S}_n$ et un moment magnétique $\vec{M}_n = -g\dfrac{e}{2m}\vec{S}_n$ où g est une constante pour l'atome, appelé facteur de Landé, e et m la charge et la masse de l'électron.

Entre deux atomes voisins n et $p = n+1$ ou $n-1$ existe une énergie potentielle d'interaction de la forme : $U_{n,p} = -2J\vec{S}_n \cdot \vec{S}_p$ où J est une constante positive. On suppose qu'il n'existe aucune autre interaction entre les atomes. La chaîne est supposée illimitée.

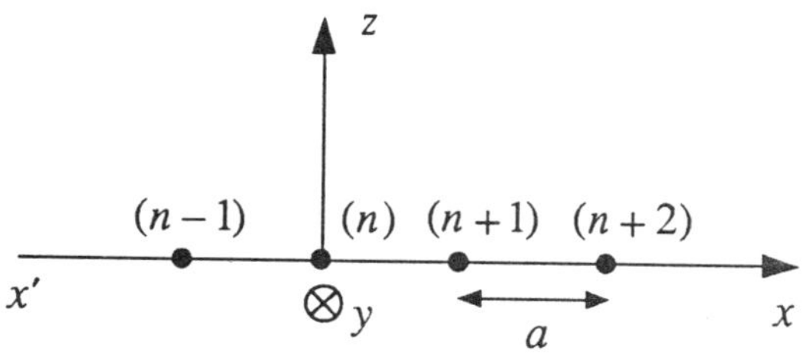

1.a) Montrer qu'il est possible d'assimiler l'action de l'atome $p = n \pm 1$ sur l'atome n à celle d'un champ magnétique $\vec{B}_p$ à déterminer agissant sur l'atome n, et que cette interaction ne peut se ramener à une interaction magnétostatique entre les moments $\vec{M}_n$ et $\vec{M}_p$.

b) Exprimer le moment du couple total $\vec{C}_n$ subi par l'atome n sous l'action des deux atomes voisins, à l'aide de $J, \vec{S}_n, \vec{S}_{n-1}$ et $\vec{S}_{n+1}$.
En admettant que le théorème du moment cinétique classique s'applique à l'atome n, donner l'équation différentielle du mouvement, puis la projeter sur la base orthonormée $(\vec{e}_x, \vec{e}_y, \vec{e}_z)$ (voir figure), dans laquelle $S_{n,x}, S_{n,y}$ et $S_{n,z}$ représentent les composantes de $\vec{S}_n$.

2. La perturbation de la file d'atomes est supposée faible, de telle sorte que le système reste voisin de l'état d'énergie minimale où les moments cinétiques $\vec{S}_n$ sont tous parallèles à $\vec{e}_z$, de même sens, et de même composante S_z.
Comment se simplifient, dans ces conditions, les deux premières équations du système différentiel précédent ?
Les récrire en fonction de la seule grandeur complexe $\underline{\xi}_n = S_{n,x} + iS_{n,y}$.

3. On recherche des solutions de l'équation précédente sous la forme

$$\underline{\xi}_n = \underline{\alpha} \exp i(kna - \omega t) \quad \text{où } \underline{\alpha} \text{ est complexe et } k \text{ réel}$$

a) Justifier ce type de solution et dire pourquoi il est possible de se limiter aux valeurs de k telles que $|k| \leq \pi/a$.

b) Donner la relation de dispersion $\omega(k)$ de ces ondes de spin. Quelle est la pulsation maximale, dite de coupure ω_c ? Le phénomène de dispersion disparaît-il aux grandes longueurs d'onde ($\lambda \gg a$) ?

c) En déduire que $S_{n,x}(t)$ et $S_{n,y}(t)$ ont même amplitude. Quel est leur déphasage ? Décrire qualitativement l'évolution au cours du temps du vecteur $\vec{S}_n$.

1.a) L'énergie d'interaction entre n et $p = n \pm 1$ est $U_{n,p} = -2J\vec{S}_n \cdot \vec{S}_p$ où $\vec{S}_n = -\dfrac{2m}{ge}\vec{M}_n$, donc $U_{n,p} = \dfrac{4Jm}{ge}\vec{M}_n \cdot \vec{S}_p$, de la forme $U_{n,p} = -\vec{M}_n \cdot \vec{B}_p$ (énergie magnétique d'un dipôle de moment $\vec{M}_n$ dans un champ $\vec{B}_p$)

$$\text{avec} \quad \boxed{\vec{B}_p = -\frac{4Jm}{ge}\vec{S}_p} \quad \text{ou encore } \vec{B}_p = \frac{8Jm^2}{(ge)^2}\vec{M}_p$$

Cette dernière relation ($\vec{B}_p = \alpha\vec{M}_p$ où α est une constante) n'est pas conforme à la magnétostatique. Rappelons que le champ $\vec{B}_p$ créé par un dipôle de moment $\vec{M}_p$ est $\vec{B}_p = \dfrac{\mu_0}{4\pi r^3}\left(\dfrac{3(\vec{M}_p \cdot \vec{r})\vec{r}}{r^2} - \vec{M}_p\right)$.
L'interaction quantique de spin entre n et p ne peut donc se ramener à une interaction magnétique classique entre $\vec{M}_n$ et $\vec{M}_p$.

b) Rappel : un moment magnétique $\vec{M}$ dans un champ $\vec{B}$ subit un couple de moment $\vec{M} \wedge \vec{B}$.
L'atome n de moment magnétique $\vec{M}_n = -g\dfrac{e}{2m}\vec{S}_n$ subit l'action des champs $\vec{B}_{n\pm1} = -\dfrac{4Jm}{ge}\vec{S}_{n-1}$; le moment du couple total $\vec{C}_n$ est :

$$\vec{C}_n = 2J\vec{S}_n \wedge (\vec{S}_{n-1} + \vec{S}_{n+1})$$

Le théorème du moment cinétique appliqué à l'atome n s'écrit :

$$\boxed{\frac{\mathrm{d}\vec{S}_n}{\mathrm{d}t} = 2J\vec{S}_n \wedge (\vec{S}_{n-1} + \vec{S}_{n+1})}$$

et en projection sur la base $(\vec{e}_x, \vec{e}_y, \vec{e}_z)$:

$$\begin{cases} \dfrac{\mathrm{d}S_{n,x}}{\mathrm{d}t} = 2J[S_{n,y}(S_{n-1,z} + S_{n+1,z}) - S_{n,z}(S_{n-1,y} + S_{n+1,y})] \\ \dfrac{\mathrm{d}S_{n,y}}{\mathrm{d}t} = 2J[S_{n,z}(S_{n-1,x} + S_{n+1,x}) - S_{n,x}(S_{n-1,z} + S_{n+1,z})] \\ \dfrac{\mathrm{d}S_{n,z}}{\mathrm{d}t} = 2J[S_{n,x}(S_{n-1,y} + S_{n+1,y}) - S_{n,y}(S_{n-1,x} + S_{n+1,x})] \end{cases}$$

2. Avec $S_{n,z} = S_{n-1,z} = S_{n+1,z} = S_z$, les expressions précédentes deviennent :

$$\begin{cases} \dfrac{\mathrm{d}S_{n,x}}{\mathrm{d}t} = -2JS_z(S_{n-1,y} - 2S_{n,y} + S_{n+1,y}) & (1) \\ \dfrac{\mathrm{d}S_{n,y}}{\mathrm{d}t} = 2JS_z(S_{n-1,x} - 2S_{n,x} + S_{n+1,x}) & (2) \end{cases}$$

et en posant $\underline{\xi}_n = S_{n,x} + iS_{ny}$, elles se réduisent par addition (1)+i(2) en une équation :

$$\boxed{\frac{\mathrm{d}\underline{\xi}_n}{\mathrm{d}t} = 2iJS_z(\underline{\xi}_{n-1} - 2\underline{\xi}_n + \underline{\xi}_{n+1})}$$

équation à “rapprocher” de celle obtenue pour les chaînes mécaniques (d'atomes ou de pendules), mais la dérivée temporelle est ici d'ordre un.

3.a) L'équation précédente montre que le mouvement de l'atome n est influencé par (et donc influence) celui des atomes $n-1$ et $n+1$. Pour l'ensemble des atomes, ces équations couplées suggèrent donc la notion de propagation modulée dans le temps et dans l'espace, c'est-à-dire sous forme d'onde. L'absence de conditions aux limites (chaîne illimitée) et d'amortissement amène à une solution sous forme d'onde progressive où tous les atomes ont la même amplitude complexe $\underline{\alpha}$. Pour que la notion de longueur d'onde garde une signification physique, il faut que $\lambda \geq 2a$ (si $\lambda = a$, tous les atomes sont en phase et le phénomène n'est plus modulé) soit $k = 2\pi/\lambda \leq \pi/a$; ceci correspond à un déphasage entre les atomes $n+1$ et n de ka compris entre 0 et π. Pour permettre une propagation dans les deux sens, k peut être positif (vers les n croissants) ou négatif (vers les n décroissants).

b) En injectant $\underline{\xi}_n = \underline{\alpha} \exp i(kna - \omega t)$ dans l'équation du mouvement :

$$-i\omega = 2iJS_z(\mathrm{e}^{-ika} - 2 + \mathrm{e}^{ika})$$

d'où $$\boxed{\omega = 8JS_z \sin^2 \frac{ka}{2}}$$

La pulsation maximale obtenue pour $k = \pm\pi/a$ est $\omega_c = 8JS_z$; elle est dite de coupure car aucune pulsation supérieure n'est propagée par le système. La détermination expérimentale de ω_c donne accès à J sachant que pour un électron $S_z = \pm\hbar/2$.
Aux grandes longueurs d'onde $\lambda \gg a$, soit $ka \ll 1$, la relation de dispersion devient $\omega \simeq 2JS_z k^2 a^2$; elle demeure non linéaire, donc la dispersion demeure, contrairement au cas des chaînes mécaniques.

c) En posant $\underline{\alpha} = \alpha_0 e^{i\varphi}$ où α_0 et φ sont réels, la solution complexe s'écrit

$$\underline{\xi}_n = \alpha_0 \exp i(kna - \omega t + \varphi)$$

$$\text{d'où } S_{n,x}(t) = Re(\underline{\xi}_n) = \alpha_0 \cos(kna - \omega t + \varphi)$$

$$\text{et } S_{n,y}(t) = I_m(\underline{\xi}_n) = \alpha_0 \sin(kna - \omega t + \varphi)$$

Les deux composantes $S_{n,x}$ et $S_{n,y}$ ont même amplitude et sont en quadrature (déphasage de $\pi/2$) ; rappelons que la 3e composante S_z de $\vec{S}_n$ est constante, il en est donc de même du module $|\vec{S}_n|$. $\vec{S}_n$ est donc un vecteur tournant, c'est-à-dire décrivant un petit cône d'axe $O_n z$ à la pulsation ω dans le sens rétrograde (direct pour une phase $\omega t - kna + \varphi$).

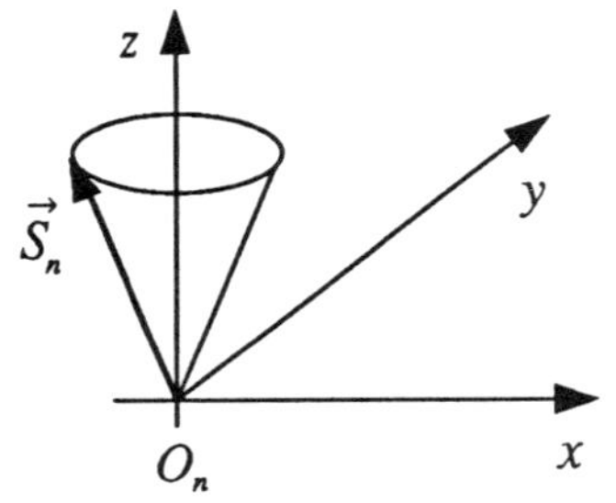

vue de dessus :

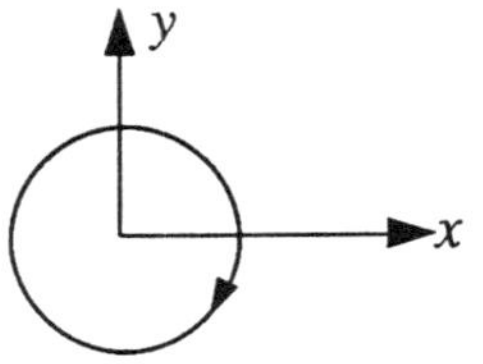

NB : La composante $S_{n,x}$ correspond à une onde longitudinale et la composante $S_{n,y}$ à une onde transversale ; on ne peut donc pas parler de polarisation circulaire dans le même sens que pour une onde électromagnétique. Le mouvement des spins de plusieurs atomes s'apparente à celui des tiges verticales sur lesquelles un équilibriste ferait tourner des assiettes...

2.13 Résonance d'ondes de spin

Sur une chaîne linéaire d'atomes identiques et équidistants de a, chaque atome possède un moment cinétique $\vec{S}_n$ et un moment magnétique $\vec{M}_n$ avec $\vec{M}_n = -\gamma\vec{S}_n$ et γ positif.

On suppose que chaque atome interagit uniquement avec ses deux plus proches voisins ; ces interactions ne sont pas d'origine magnétostatique, c'est-à-dire faibles et de longue portée, mais d'origine quantique possédant un caractère plus local et beaucoup plus fort : l'énergie d'interaction est de la forme $U_{np} = -\alpha \vec{M}_n \cdot \vec{M}_p$ où α est une constante.

1. Pour $\alpha > 0$, montrer que dans une position d'équilbre de la chaîne, tous les moments magnétiques ont la même direction. Comment est dénommé cet état ?
A quel autre comportement conduirait le cas $\alpha < 0$?
La suite concerne $\alpha > 0$.

2. L'ensemble des atomes de la chaîne est de plus soumis à un champ magnétique extérieur $\vec{B}_0$, uniforme et constant.

a) Montrer que tout se passe comme si le moment $\vec{M}_n$ était soumis à un champ magnétique effectif $\vec{B}_{\text{eff}}$ à exprimer en fonction de $\vec{B}_0$, $\vec{M}_{n-1}$, $\vec{M}_{n+1}$ et des constantes α et γ.
En déduire, hors d'équilibre, l'équation différentielle donnant l'évolution du moment $\vec{M}_n$ en fonction du temps.

b) Projeter cette équation sur les axes d'un repère $Oxyz$ sachant que $\vec{B}_0 = B_0\vec{u}_z$.

3. Les mouvements des $\vec{M}_n$ sont de faible amplitude ; ils restent voisins angulairement de la position d'équilibre où ils sont tous orientés selon Oz (dans le sens de $\vec{B}_0$)

a) Montrer que l'on peut négliger les variations de M_{nz}. En déduire des équations d'évolution simplifiées pour M_{nx} et M_{ny} en introduisant M, la norme commune des $\vec{M}_n$.

b) Chaque atome est repéré par sa position sur l'axe Ox de la chaîne : $x = na$. On introduit une fonction $\vec{M}(x)$, définie pour $x = na$ par $\vec{M}(na) = \vec{M}_n$ quel que soit n entier. Montrer qu'il existe, en notation complexe, des solutions du mouvement (ondes de spin) de la forme :

$$\underline{M}_x = A_x \exp i(kx - \omega t) \ ; \quad \underline{M}_y = A_y \exp i(kx - \omega t) \qquad (\omega > 0)$$

où A_x et A_y sont des amplitudes complexes, à condition que k et ω soient liés par une relation (relation de dispersion) à expliciter.

c) La chaîne, de longueur $L = Na$, comporte un nombre élevé mais fini d'atomes, soit $N+1$. En admettant qu'aux extrémités, $x = 0$ et $x = L$, $\vec{M}$ reste fixe suivant Oz, montrer que les oscillations sinusoïdales possibles sont des ondes stationnaires correspondant à un jeu de valeurs discrètes k_m de $|k|$, avec $k_m = mk_1$, m entier avec $m \geq 1$. Expliciter k_1 et l'ensemble des valeurs de m. Quelles sont les pulsations ω_m correspondantes ? Donner les expressions réelles de M_x et M_y.

4. On excite les ondes de spin à l'aide d'un faible champ magnétique oscillant

$\vec{B}_1 = B_1^\circ \cos \Omega t \vec{u}_y$; l'amplitude des oscillations forcées, que l'on sait détecter, devient importante lorsque Ω est égale ou très proche de l'une des pulsations ω_m, avec m impair.

a) Dans le cas de l'onde de spin stationnaire considérée en 3c), calculer le couple exercé par $\vec{B}_1$ sur un atome d'abscisse $x = na$.
Quelle est la puissance moyenne $< \mathcal{P}_m^n >$ reçue par cet atome lorsque $\Omega = \omega_m$?

b) Montrer alors que le champ $\vec{B}_1$ ne peut échanger de l'énergie avec un mode d'oscillations de la chaîne que si m est impair.

c) L'échantillon utilisé est constitué de microcristaux modélisés en prenant comme longueur de chaîne d'atomes $L = 0,1\,\mu$m avec $a = 0,25$ nm. La fréquence est fixée à 17,5 GHz. Lorsque B_0 croît à partir de la valeur nulle, il apparaît trois et seulement trois résonances pour les valeurs suivantes de B_0 : 0,09 T ; 0,43 T et 0,60 T.
En déduire la valeur numérique γ_{exp} de γ. Conclure sur l'origine du magnétisme dans l'échantillon étudié.

1. L'énergie d'interaction totale U d'une chaîne (en se limitant aux plus proches voisins) est la somme des énergies potentielles $U_{n,p} = -\alpha \vec{M}_n \cdot \vec{M}_p$ où $p = n+1$:

$$U = -\alpha \sum_n \vec{M}_n \cdot \vec{M}_{n+1}$$

A l'équilibre U est minimale ce qui pour $\alpha > 0$ suppose $\vec{M}_n$ et $\vec{M}_{n+1}$ parallèles et de même sens $\forall n$: la substance est ferromagnétique.
Lorsque le type d'interaction est tel que $\alpha < 0$, alors le minimum de U est obtenu pour $\vec{M}_n \cdot \vec{M}_{n+1}$ minimal $\forall n$: les moments restent parallèles mais sont alternativement de sens contraire : la substance est antiferromagnétique (voir introduction du chapitre 5).

2.a) L'énergie d'interaction $U_{n,p} = -\alpha \vec{M}_n \cdot \vec{M}_p$ où $p = n \pm 1$ est du type $U_{n,p} = -\vec{M}_n \cdot \vec{B}_p$ donc tout se passe comme si $\vec{M}_n$ subissait de la part de $\vec{M}_p$ un champ $\vec{B}_p = \alpha \vec{M}_p$ (de nature non magnétostatique, voir exercice 2.12, § 1a). Le champ effectif ressenti par le moment $\vec{M}_n$ est donc

$$\vec{B}_{\text{eff}} = \vec{B}_0 + \alpha(\vec{M}_{n-1} + \vec{M}_{n+1})$$

Le théorème du moment cinétique appliqué à l'atome n s'écrit :

$$\frac{d\vec{S}_n}{dt} = \vec{M}_n \wedge \vec{B}_{\text{eff}}, \quad \text{et avec } \vec{S}_n = -\vec{M}_n/\gamma$$

$$\boxed{\frac{\mathrm{d}\vec{M}_n}{\mathrm{d}t} = \gamma \vec{B}_0 \wedge \vec{M}_n + \alpha\gamma(\vec{M}_{n-1} + \vec{M}_{n+1}) \wedge \vec{M}_n}$$

b) $$\frac{\mathrm{d}M_{nx}}{\mathrm{d}t} = -\gamma B_0 M_{ny} + \alpha\gamma[(M_{n-1y} + M_{n+1y})M_{nz} - (M_{n-1z} + M_{n+1z})M_{ny}]$$
$$\frac{\mathrm{d}M_{ny}}{\mathrm{d}t} = \gamma B_0 M_{nx} + \alpha\gamma[(M_{n-1z} + M_{n+1z})M_{nx} - (M_{n-1x} + M_{n+1x})M_{nz}]$$
$$\frac{\mathrm{d}M_{nz}}{\mathrm{d}t} = \alpha\gamma[(M_{n-1x} + M_{n+1x})M_{ny} - (M_{n-1y} + M_{n+1y})M_{nx}]$$

3.a) Les $\vec{M}_n$ restent sensiblement selon Oz, donc M_{nx} et M_{ny} sont des grandeurs petites (infiniments petits du 1er ordre) ; $\mathrm{d}M_{nz}/\mathrm{d}t$ apparaît donc du 2nd ordre, soit $M_{nz} \simeq \text{Cste} = M$; en effet au même ordre, la norme commune des $\vec{M}_n$ est : $M = \sqrt{M_{nx}^2 + M_{ny}^2 + M_{nz}^2} \simeq M_{nz}$.

Les équations d'évolution précédentes se simplifient alors en :

$$\begin{cases} \dfrac{\mathrm{d}M_{nx}}{\mathrm{d}t} & = -\gamma B_0 M_{ny} + \alpha\gamma M(M_{n-1y} - 2M_{ny} + M_{n+1y}) \\ \dfrac{\mathrm{d}M_{ny}}{\mathrm{d}t} & = \gamma B_0 M_{nx} - \alpha\gamma M(M_{n-1x} - 2M_{nx} + M_{n+1x}) \end{cases}$$

b) Des solutions couplées sous forme d'ondes planes progressives conduisent pour la première équation à :

$$-i\omega A_x = -\gamma B_0 A_y + \alpha\gamma A_y(\mathrm{e}^{-ika} - 2 + \mathrm{e}^{ika})$$

$$\text{soit} \qquad i\omega A_x = \gamma A_y(B_0 + 4\alpha M \sin^2 ka/2)$$

et pour la seconde :

$$-i\omega A_y = \gamma A_x(B_0 + 4\alpha M \sin^2 ka/2)$$

Le produit membre à membre conduit à l'équation de dispersion ($\omega > 0$) :

$$\boxed{\omega = \gamma(B_0 + 4\alpha M \sin^2 ka/2)}$$

c) Les discontinuités de milieux en $x = 0$ et $x = L$ entraînent des réflexions ; la solution consiste alors en une superposition de solutions progressives précédentes se propageant en sens inverse :

$$\underline{M}_x = A_x^+ \exp i(kx - \omega t) + A_x^- \exp i(-kx - \omega t)$$

Les conditions aux limites s'écrivent :

$\underline{M}_x(x = 0) = 0, \forall\, t$ soit $A_x^+ + A_x^- = 0$ (réflexion totale en opposition de phase)

$$\underline{M}_x(x = L) = 0, \forall t \text{ soit } A_x^+ \exp ikL - A_x^+ \exp -ikL = 0$$

$$\text{d'où} \quad \sin kL = 0 \implies k_n L = m\pi \text{ (quantification)}$$

du type $k_m = mk_1$ avec $k_1 = \pi/L$ et m entier positif strictement (sinon le phénomène n'est pas une onde).

Toutes les solutions physiques sont obtenues pour un déphasage limité à π entre deux moments voisins (soit $\lambda \geq 2a$) car changer k en $k + \pi/a$ ne change pas $\underline{M}_x$.

$$k_m a \leq \pi \quad \text{et avec } k_m = m\pi/Na \implies m \leq N$$

$$\boxed{k_1 = \pi/l \qquad \text{et} \quad m \in \{1, \ldots, N\}}$$

Les valeurs correspondantes de la pulsation sont $\omega_m = \omega(k_m)$

$$\boxed{\omega_m = \gamma(B_0 + 4\alpha M \sin^2 m\pi/2N)}$$

Alors $\underline{M}_x = 2iA_x^+ \sin kx e^{-i\omega t}$ et avec $A_x^+ = A e^{-i\varphi}$ où A et φ sont réels, M_x en notation réelle s'écrit

$$M_x = 2A \sin k_m x \sin(\omega_m t + \varphi) \quad \text{(onde stationnaire)}$$

Et de même pour $\quad M_y = 2A' \sin k_m x \sin(\omega_m t + \varphi')$

Les constantes A, φ, A' et φ' dépendent elles-mêmes du mode m.

4.a) Le couple exercé par $\vec{B}_1$ sur $\vec{M}$ en x à l'instant t est :

$$\vec{\mathcal{M}}^t = \vec{M} \wedge \vec{B}_1 = \begin{vmatrix} M_x \\ M_y \\ M \end{vmatrix} \wedge \begin{vmatrix} 0 \\ B_1 \\ 0 \end{vmatrix} = \begin{vmatrix} -MB_1 \\ 0 \\ M_x B_1 \end{vmatrix} = \begin{vmatrix} -MB_1^\circ \cos \Omega t \\ 0 \\ 2AB_1^\circ \sin k_m x \sin(\omega_m t + \varphi) \cos \Omega t \end{vmatrix}$$

L'atome possède un mouvement de précession de vitesse angulaire $\vec{\omega} /\!/ \vec{u}_z$

$$\mathcal{P}_m = \vec{\mathcal{M}}^t \cdot \vec{\omega}_m = AB_1^\circ \omega_m \sin k_m x \Big[\sin((\omega_m + \Omega)t + \varphi) + \sin((\omega_m - \Omega)t + \varphi) \Big]$$

et avec $\Omega = \omega_m, \qquad < \mathcal{P}_m >= AB_1^\circ \omega_m \sin k_m x \sin \varphi$

Ceci est une fonction de $x = na$, position du moment magnétique, par l'amplitude de l'onde stationnaire, et avec $k_m = m\pi/Na$:

$$\boxed{< \mathcal{P}_m^n >= AB_1^\circ \omega_m \sin \varphi \sin(nm\pi/N)}$$

b) La puissance moyenne reçue par la chaîne entière dans le mode m est :

$$\mathcal{P}_m^{ch} = \sum_{n=0}^{N} < \mathcal{P}_m^n >= AB_1^\circ \omega_m \sin\varphi \sum_{n=0}^{N} \sin(n\frac{m\pi}{N})$$

$$\text{or} \quad Im\Big(\sum_{n=0}^{N} e^{inX}\Big) = Im\Big(\frac{e^{i(N+1)X} - 1}{e^{iX} - 1}\Big) = Im\Big(e^{iNX/2} . \frac{\sin(N+1)X/2}{\sin X/2}\Big)$$

$$\text{soit} \quad \sum_{n=0}^{N} \sin nX = \sin\frac{NX}{2} \cdot \frac{\sin(N+1)X/2}{\sin X/2} \quad \text{(voir le réseau en optique)}$$

$$\text{d'où} \quad \mathcal{P}_m^{ch} = AB_1^\circ \omega_m \sin\varphi \sin m\frac{\pi}{2} \cdot \frac{\sin(N+1)m\pi/2N}{\sin m\pi/2N}$$

A cause du facteur $\sin m\pi/2$, $\mathcal{P}_m^{ch} = 0$ pour m pair ; l'échange d'énergie entre le champ $\vec{B}_1$ et la chaîne ne se réalise donc que pour un mode d'oscillation m impair auquel cas $\sin m\pi/2 = \pm 1$,

$$\sin(N+1)m\pi/2N = \sin(m\pi/2 + m\pi/2N) = \pm\cos m\pi/2N$$

et avec $\omega_m \simeq \gamma B_0$

$$\mathcal{P}_m^{ch} = \gamma AB_1^\circ B_0 \sin\varphi \text{cotan}\, m\pi/2N$$

c) Ω est fixée mais B_0 varie et intervient dans ω_m ; pour avoir résonance, il faut que ω_m, pulsation propre d'oscillation de la chaîne, soit égale à Ω, pulsation d'oscillation du champ $\vec{B}_1$:

$$\Omega = \gamma(B_0^m + 4\alpha M \sin^2 m\pi/2N)$$

or $N = L/a = 400$ d'où $\sin X \simeq X$

$$\Omega \simeq \gamma B_0^m + \alpha M(m\pi/N)^2$$

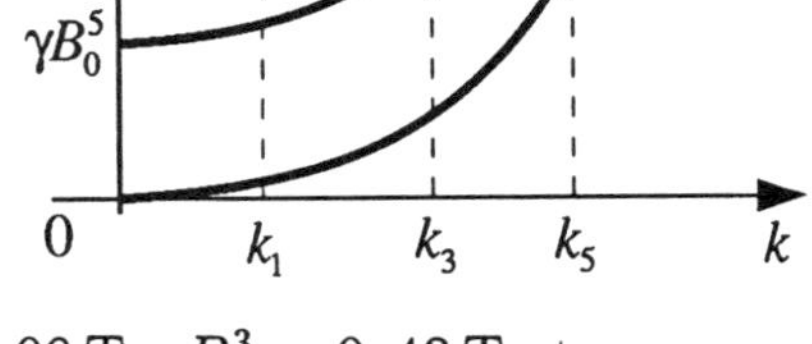

Lorsque B_0 augmente, m diminue d'où $B_0^5 = 0,09\,\text{T}$; $B_0^3 = 0,43\,\text{T}$ et $B_0^1 = 0,60\,\text{T}$.

$$\text{d'où} \quad \Omega - \gamma B_0^1 = \alpha M\pi^2/N^2 = \frac{\Omega - \gamma B_0^3}{9} \quad \Longrightarrow \quad \boxed{\gamma_{\text{exp}} = 8\Omega/(9B_0^1 - B_0^3)}$$

AN : $\underline{\gamma_{\text{exp}} = 1,77.10^{11}\text{C/kg}}$.

Dans le cas d'un moment magnétique orbital, $\gamma_O = e/2m = 8,79.10^{10}$C/kg et dans le cas d'un moment magnétique de spin, $\gamma_s = ge/2m \simeq 2\gamma_0 = e/m$, car $g \simeq 2$ (facteur de Landé) ; $\gamma_s = 1,76.10^{11}$C/kg.

Il s'agit donc ici clairement de paramagnétisme de spin.

Références du chapitre 2 :

ENS Ulm P'83 - Polytechnique P'83 - INT P84 - ENSET bio 85
ENS Paris M'86 - Chimie Nord P86 - ENSI TA 89 - École de l'Air 89
Polytechnique M'P'91 - Centrale MP'91 - ICPI Lyon 91 - ENSIETA 94.

Chapitre 3

Supraconductivité ou diamagnétisme parfait

L'état supraconducteur se caractérise par deux propriétés étonnantes :

- la résistance électrique de certains métaux et alliages tombe brutalement à zéro lorsqu'ils sont refroidis à une température très basse, en dessous d'une température critique T_c de l'ordre de quelques Kelvins et caractéristique de l'échantillon :
  pour Hg : $T_c = 4,1\,\text{K}$ (le premier connu découvert en 1911) ; pour Al : $T_c = 1,2\,\text{K}$.
  Ceci signifie qu'un courant électrique peut perdurer dans un supraconducteur sans s'amortir puisque les dissipations énergétiques ont disparu. Ce comportement des électrons de conduction s'apparente à la superfluidité (absence de viscosité) de l'hélium ^{4}He en dessous de 2,2 K. Au sens thermodynamique, T_c représente une température de transition entre l'état conducteur normal (état N) et l'état supraconducteur (état S) ; cette transition est du second ordre.
- un champ magnétique extérieur faible ne peut pas pénétrer au sens macroscopique dans la masse d'un supraconducteur. Cette "expulsion" des lignes de champ qui fait que dans un supraconducteur, le champ magnétique macroscopique est nul, s'appelle l'effet Meissner (exercices 3.2, 3.3, 3.5, 3.6) découvert en 1933 et confère aux supraconducteurs les propriétés magnétiques du "diamagnétisme parfait" (exercices 3.4, 3.5, 3.6). C'est cette propriété qui justifie la présence de ce chapitre :
  $$\vec{H} = \vec{B}/\mu_0 - \vec{J} = -\vec{J} \text{ car } \vec{B} = \vec{0} \text{ à comparer à } \vec{J} = \chi\vec{H} \text{ d'où } \chi = -1.$$
  Donc soumis à un champ magnétique extérieur (pas trop élevé), le matériau supraconducteur développe une aimantation interne (liée aux courants surfaciques induits par la présence du champ) opposée au champ extérieur, de sorte que le champ magnétique résultant à l'intérieur du matériau est nul.

Cependant si le champ magnétique extérieur est suffisamment fort, alors l'état supraconducteur disparaît. La valeur critique B_c de ce champ dépend de la température :

$$B_c(T) = B_0\Big(1 - (\frac{T}{T_c})^2\Big)$$

où T_c est la température critique (température de transition en champ nul) et B_0 le champ critique à température nulle.

pour Hg : $B_0 = 0,04\,\mathrm{T}$

pour Al : $B_0 = 0,01\,\mathrm{T}$

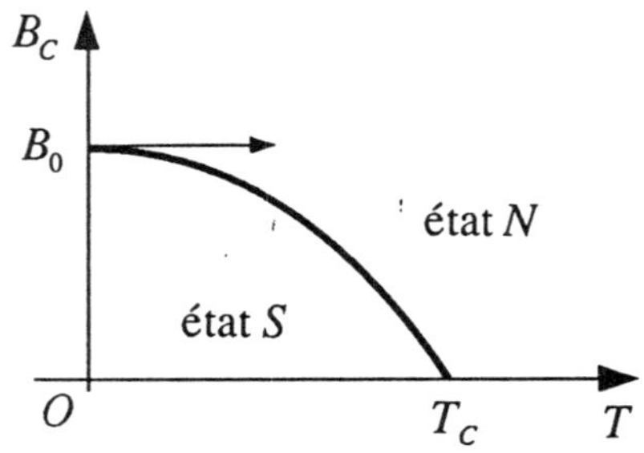

La description microscopique de l'état supraconducteur relève de la mécanique quantique, l'état "ordonné" des électrons de conduction étant dû à l'existence d'interactions "attractives" entre eux par l'intermédiaire des vibrations du réseau atomique.

Seule une description phénoménologique classique est abordée ici. L'équation de London est établie de manière approximative (exercice 3.1). Sont étudiées ensuite plusieurs géométries simples dont le plan (d'épaisseur infinie ou finie), la sphère et le cylindre où apparaît systématiquement l'effet Meissner, mais aussi la notion de pression magnétique (exercices 3.3 et 3.5) et la comparaison avec un diamagnétisme parfait (exercices 3.4, 3.5 et 3.6) Un effort est indispensable pour ne pas confondre le point de vue microscopique (continuité du champ aux interfaces, avec un champ et une densité de courant volumique "rapidement décroissants" dans le supraconducteur, avec une profondeur de pénétration de 15 nm environ) et le point de vue macroscopique (discontinuité du champ lié à une densité surfacique de courant, champ nul dans le supraconducteur). Les expériences de lévitation (exercices 3.7 et 3.8) terminent cette étude en statique. Le comportement du supraconducteur en régime variable n'est que sommairement abordé (exercice 3.9).

L'intérêt pratique des supraconducteurs réside dans l'obtention de courants élevés sans dissipation, d'où la réalisation d'aimants supraconducteurs dans des domaines nécessitant de forts champs magnétiques.

La cryogénie nécessaire pour l'obtention des très basses teméprature est longtemps restée un gros handicap à l'utilisation à grande échelle de la supraconductivité. Aussi la découverte dès 1986 de composés à partir d'oxydes de cuivre (à plans CuO_2 adjacents), supraconducteurs de "haute température critique" (plus de $-180°C$, donc au-dessus de la température de l'azote liquide $-196°C$) a-t-elle donné un nouveau souffle aux recherches et aux perspectives d'applications. Des signes récents de supraconductivité à des températures presque ambiantes (à $-23°C$!) sont encore plus prometteurs...

3.1 L'équation de London (1935)

Comme le conducteur normal, le supraconducteur est supposé, dans un modèle simpliste, être constitué d'un réseau fixe, dont certains atomes sont ionisés, ce qui conduit à un "fluide" d'éléctrons de conduction de densité volumique n. Mais contrairement au cas du conducteur (voir "Ondes électromagnétiques", exercice 3.7) il ne s'ajoute ici aux forces électromagnétiques aucune force de type "frottement fluide", ce fluide étant parfait (au sens non visqueux). On note m et $-e$ la masse et la charge des éléctrons.

a) Moyennant des hypothèses et approximations à indiquer, montrer que l'étude mécanique et électromagnétique du courant supraconducteur conduit à la relation

$$\vec{\jmath} = -\frac{1}{\mu_0 \lambda^2}\vec{A} \qquad \text{(équation de London)}$$

exprimer λ en fonction de μ_0, m, e et n.

b) Déterminer l'unité de λ et donner sa valeur numérique sachant que typiquement pour les métaux, $n \simeq 10^{29}\text{e}^-/\text{m}^3$.

c) En négligeant le courant de déplacement $\varepsilon_0 \partial\vec{E}/\partial t$ devant le courant de conduction $\vec{\jmath}$, trouver l'équation diffrentielle satisfaite par le champ magnétique $\vec{B}$ dans le supraconducteur. Un champ uniforme peut-il régner à l'intérieur d'un matériau supraconducteur ?

a) La relation fondamentale de la dynamique pour le fluide d'électrons libres s'écrit :

$$(nm)\frac{\mathrm{d}\vec{v}}{\mathrm{d}t} = -(ne)(\vec{E} + \vec{v} \wedge \vec{B}) \qquad (1)$$

où $\vec{E}$ et $\vec{B}$ sont les champs à l'intérieur du supraconducteur.

* comme d'habitude dans les conducteurs la force magnétique est négligée devant la force électrique (à moins d'étudier l'effet Hall).

* comme en mécanique des fluides $\dfrac{\mathrm{d}\vec{v}}{\mathrm{d}t} = \dfrac{\partial\vec{v}}{\partial t} + (\vec{v}\cdot\overrightarrow{\mathrm{grad}}\,\vec{v}) \simeq \dfrac{\partial\vec{v}}{\partial t}$ en négligeant le terme non linéaire.

* soit $\vec{\jmath} = -ne\vec{v}$ la densité de courant ($\vec{v}$ est le champ de vitesse macroscopique du fluide).

Alors l'équation (1) s'écrit $\qquad \dfrac{\partial\vec{\jmath}}{\partial t} \simeq \dfrac{ne^2}{m}\vec{E} \qquad (2)$

Le courant se maintenant dans le supraconducteur après avoir supprimé le générateur qui lui a donné naissance, on choisit ici $V = 0$, et donc

$$\vec{E} = -\overrightarrow{\text{grad}}\, V - \frac{\partial \vec{A}}{\partial V} = -\frac{\partial \vec{A}}{\partial t}$$

d'où (2) $\Longrightarrow$ $$\boxed{\vec{\jmath} = -\frac{ne^2}{m}\vec{A}} \quad (3)$$

en choisissant $\vec{A} = \vec{0}$ pour $\vec{\jmath} = \vec{0}$ (et donc $\vec{B} = \vec{0}$)

Par identification avec $\vec{\jmath} = -\dfrac{1}{\mu_0 \lambda^2}\vec{A}$ (3'), il vient

$$\boxed{\lambda = \left(\frac{m}{\mu_0 n e^2}\right)^{1/2}} \quad (4)$$

b) $\lambda^2 = \dfrac{m\varepsilon_0 c^2}{ne^2}$. Si l est homogène à une longueur, alors n est homogène à $1/l^3$ d'où $\lambda^2 \sim \dfrac{mc^2}{e^2/\varepsilon_0 l} \cdot l^2$; or mc^2 et $\dfrac{e^2}{(4\pi)\varepsilon_0 l}$ sont homogènes tous les deux à une énergie, λ est donc homogène à une longueur.

AN : $\lambda = 1,7.10^{-8}$m longueur très petite du point de vue macroscopique.

NB : Négliger le courant de déplacement revient à se placer en régime quasi-stationnaire, où la conservation de la charge se traduit par div $\vec{\jmath} = 0$, soit d'après (3) div $\vec{A} = 0$; le potentiel vecteur vérifie donc la condition de jauge de Coulomb.

c) On calcule $\overrightarrow{\text{rot}}\,\overrightarrow{\text{rot}}\,\vec{B} = \overrightarrow{\text{grad}}\,\text{div}\,\vec{B} - \Delta\vec{B}$ avec div $\vec{B} = 0$

$= \mu_0 \overrightarrow{\text{rot}}\,\vec{\jmath}$ d'après M.A.

d'où (3') $\Longrightarrow$ $\Delta\vec{B} = \dfrac{1}{\lambda^2}\overrightarrow{\text{rot}}\,\vec{A}$

soit $$\boxed{\Delta\vec{B} = \frac{1}{\lambda^2}\vec{B}} \quad (5)$$

La recherche d'une solution en champ $\vec{B}$ uniforme, soit $\Delta\vec{B} = \vec{0}$, conduit à la seule solution $\vec{B} = \vec{0}$.

3.2 Effet Meissner et pression sur un plan

Un matériau supraconducteur vérifiant l'équation de London $\vec{j} = -\vec{A}/\mu_0\lambda^2$ occupe tout le demi-espace défini par $x \geq 0$. Le trièdre orthonormé $Oxyz$ est choisi de telle sorte que le champ magnétique statique régnant dans le vide extérieur ($x < 0$) n'ait de composante tangentielle que suivant Oz (c'est-à-dire $B_y = 0$) sur le plan $x = 0$. Le module du champ sur la frontière est B_0 et les deux composantes B_x et B_y sont indépendantes de y et z. La question étant traitée à l'échelle microscopique, le champ est pris continu à la frontière.

a) Rappeler l'équation vérifiée par $\vec{B}$ dans le supraconducteur et donner sa solution détaillée. Qu'en déduit-on pour le champ extérieur au supraconducteur ?

b) Proposer une interprétation de λ.

AN : Pour l'aluminium, $\lambda = 1{,}6.10^{-8}$m.
Calculer le rapport $B(x)/B_0$ pour $x = 0{,}1\mu$m. Conclusion.

c) Déduire du champ magnétique, la densité de courant à l'intérieur du supraconducteur et montrer qu'il s'exerce une force magnétique par unité de surface à caractériser par sa direction et la pression correspondante.
Ce résultat dépend-il de la forme explicite de $\vec{B}(x)$? Exprimer la pression en fonction de la densité de courant surfacique. Commentaire.

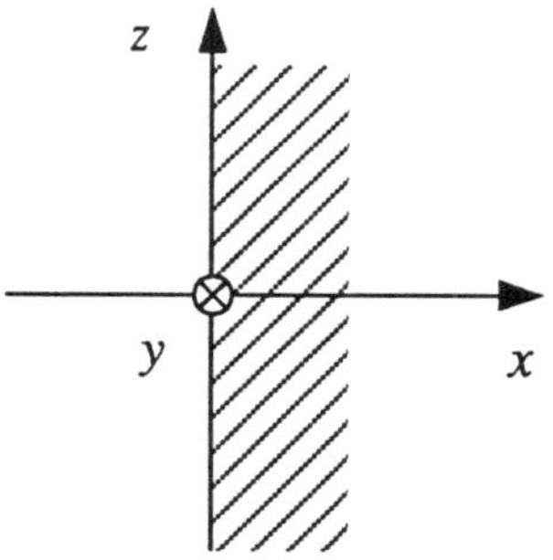

a) Dans le supraconducteur $\Delta\vec{B} = \dfrac{1}{\lambda^2}\vec{B}$ (voir exercice 3.1), l'invariance par translation dans le plan yOz amène à chercher une solution de la seule variable x

$$\frac{\mathrm{d}^2\vec{B}}{\mathrm{d}x^2} = \frac{1}{\lambda^2}\vec{B} \Longrightarrow \vec{B} = \vec{a}\mathrm{e}^{+x/\lambda} + \vec{b}\mathrm{e}^{-x/\lambda}$$

* Pour éviter un champ infini lorsque x croît (solution non physique), il faut $\vec{a} = \vec{0}$.
* div $\vec{B} = 0 \Longrightarrow b_x = 0$ donc $B_x = 0$ à l'intérieur mais aussi sur la surface par continuité. Le champ magnétique ne peut donc pas posséder de composante normale (sur le métal, les lignes de champ lui sont tangentes).
* la continuité sur Oy entraîne $b_y = 0$.
* il ne reste que la composante suivant Oz d'amplitude en $x = 0$ notée B_0.

d'où
$$\boxed{\vec{B}(x) = B_0\mathrm{e}^{-x/\lambda}\vec{u}_z}$$

NB : B_0 est la somme du champ extérieur imposé et du champ créé par les courants du supraconducteur.

b) λ est la “profondeur de pénétration” : le champ s'atténue d'un facteur $e = 2{,}71$

sur une distance λ. Comme λ est très petit, on en conclue que le champ n'a d'existence physique (non nulle) qu'au voisinage immédiat de la surface.

AN : en $x = 0,1\mu\text{m}$, $\underline{B/B_0 \simeq 2.10^{-3}}$.

D'un point de vue macroscopique, il apparaît que le champ à l'intérieur du supraconducteur est nul : c'est l'effet Meissner. Les courants sont alors surfaciques, d'où la discontinuité de la composante tangentielle du champ à l'interface.

c) L'équation de Maxwell-Ampère donne

$$\vec{\jmath} = \frac{1}{\mu_0}\overrightarrow{\text{rot}}\,\vec{B} = \frac{1}{\mu_0}\begin{vmatrix} \text{d}/\text{d}x \\ 0 \\ 0 \end{vmatrix} \wedge \begin{vmatrix} 0 \\ 0 \\ B_0 \text{e}^{-x/\lambda} \end{vmatrix} \quad \Longrightarrow \quad \vec{\jmath}(x) = \frac{B_0}{\mu_0 \lambda}\text{e}^{-x/\lambda}\vec{u}_y$$

Ce courant suit les mêmes variations spatiales que le champ ; il est donc essentiellement limité aux abords de la surface $x = 0$.

Par unité de volume $\text{d}\tau = \text{d}S\text{d}x$ du conducteur, la force de Laplace $\vec{\jmath}\text{d}\tau \wedge \vec{B}$ s'écrit

$$\text{d}^2\vec{f} = \text{d}S\text{d}x\frac{B_0^2}{\mu_0 \lambda}\text{e}^{-2x/\lambda}\vec{u}_y \wedge \vec{u}_z$$

et par unité de surface $\text{d}S = \text{d}y\text{d}z$ intégrée sur toute la profondeur du conducteur

$$\frac{\text{d}\vec{f}}{\text{d}S} = \frac{B_0^2}{\mu_0 \lambda}\int_0^{\infty} \text{e}^{-2x/\lambda}\text{d}x \quad \Longrightarrow \quad \boxed{\frac{\text{d}\vec{f}}{\text{d}S} = \frac{B_0^2}{2\mu_0}\vec{u}_x}$$

Cette force est dirigée vers l'intérieur du conducteur et correspond à une pression magnétique $P = \dfrac{|\text{d}\vec{f}|}{\text{d}S} = \dfrac{B_0^2}{2\mu_0}$.

Reprenons les calculs avec $\vec{B}(x) = B(x)\vec{u}_z$, sans expliciter la décroissance de $B(x)$ avec $B(0) = B_0$ et $B(\infty) = 0$.

Alors $\vec{\jmath} = \dfrac{1}{\mu_0}\overrightarrow{\text{rot}}\,\vec{B} = -\dfrac{1}{\mu_0}B'(x)\vec{u}_y$ et $\text{d}^2\vec{f} = \vec{\jmath}\text{d}\tau \wedge \vec{B} = -\text{d}S\text{d}x\dfrac{B'(x)B(x)}{\mu_0}\vec{u}_x$

$$\text{soit} \quad \frac{\text{d}\vec{f}}{\text{d}S} = \frac{B^2(0) - B^2(\infty)}{2\mu_0}\vec{u}_x = \frac{B_0^2}{2\mu_0}\vec{u}_x$$

Ce résultat, ainsi que la pression, est donc indépendant du profil de $B(x)$.

La densité surfacique de courant est :

$$\vec{\jmath}_S = \int_0^{\infty} \vec{\jmath}(x)\text{d}x = \int_0^{\infty} -\frac{1}{\mu_0}B'(x)\text{d}x\vec{u}_y = \frac{B_0}{\mu_0}\vec{u}_y \quad \text{(relation de passage)}$$

$$\text{d'où} \qquad \boxed{P = \frac{B_0^2}{2\mu_0} = \mu_0\frac{\vec{\jmath}_S^{\,2}}{2}}$$

résultat comparable à $P = \dfrac{\sigma^2}{2\varepsilon_0} = \varepsilon_0 \dfrac{E_0^2}{2}$, pression électrostatique sur un conducteur chargé en équilibre.

3.3 Plaque supraconductrice de faible épaisseur

Un matériau supraconducteur, vérifie la relation de London $\vec{\jmath} = -\dfrac{1}{\mu_0 \lambda^2}\vec{A}$ avec $\lambda = 1,7.10^{-8}$m. En déduire l'équation satisfaite en régime statique en tout point intérieur au matériau par le champ $\vec{B}$.

Le matériau est une plaque conductrice d'épaisseur $2d$, et dont les faces sont de dimensions très grandes devant d pour pouvoir négliger les effets de bord. L'origine d'un repère $Oxyz$ est prise au milieu de la plaque, l'axe Oz est perpendiculaire à ses faces d'équation $z = \pm d$. En l'absence de plaque, règne un champ statique et uniforme $\vec{B}_0$ dirigé suivant Ox.

a) Déterminer le champ magnétique $\vec{B}$ à l'intérieur de la plaque sous l'hypothèse $\vec{B}(d) = \vec{B}(-d) = \vec{B}_0$. Que sous-entend cette hypothèse ?

b) Donner l'expression de la densité volumique de courant $\vec{\jmath}$ à l'intérieur de la plaque. Quel champ magnétique $\vec{B}_c$ crée-t-elle à l'extérieur de la plaque ? Justifier l'hypothèse faite à la question a).

c) Tracer les graphes des composantes non nulles de $\vec{B}$ et $\vec{\jmath}$ en fonction de z.

AN :* Calculer l'épaisseur minimale $2d_m$ de la plaque pour que le champ en son milieu soit inférieur à $B_0/100$.
* Pour d très grand devant λ, à quelle distance de la surface de la plaque la densité de courant est-elle réduite à 1/100 de sa valeur à la surface ? Conclusion.

En développant $\overrightarrow{\text{rot}}\,\overrightarrow{\text{rot}}\,\vec{B}$, il vient facilement $\Delta\vec{B} = \dfrac{1}{\lambda^2}\vec{B}$ (voir exercice 3.1).

a) La valeur du champ magnétique $\vec{B}$ en tout point est la somme du champ créé par les sources "extérieures" en présence de la plaque (soit $\vec{B}_0$), et du champ créé par les courants dans le matériau soit $\vec{B}_c$. Nous supposerons toujours que la présence du supraconducteur ne modifie pas la répartition de courants "extérieurs" (c'est-à-dire les courants autres que ceux du supraconducteur). Ainsi $\vec{B}_0$ représente à la fois le champ "extérieur" en l'absence et en présence de la plaque, à ne pas confondre avec le champ magnétique total $\vec{B} = \vec{B}_0 + \vec{B}_c$ expression valable à l'extérieur et à l'intérieur du milieu.
L'hypothèse de l'énoncé, à vérifier, consiste donc à supposer que $\vec{B}_c(d) = \vec{B}_c(-d) = \vec{0}$.

L'invariance par translation de la plaque et du champ $\vec{B}_0$ suivant les axes Ox et Oy fait que $\vec{B}$ ne dépend que de z. A cause de div $\vec{B} = 0$, il vient $B_z = 0$, et donc aux interfaces le champ n'a pas de composante normale.

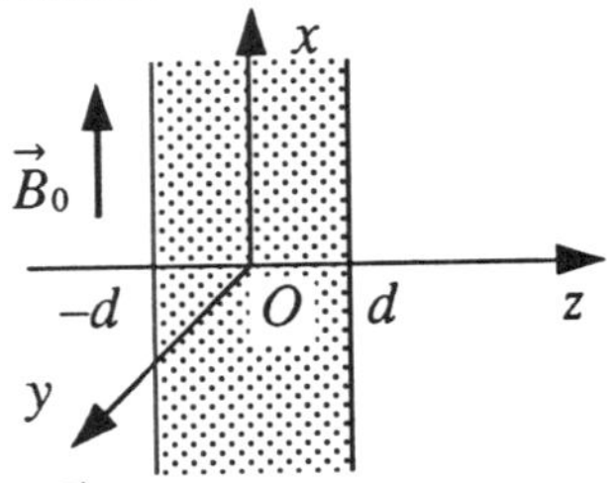

$$\frac{d^2\vec{B}}{dz^2} = \frac{1}{\lambda^2}\vec{B} \Longrightarrow \vec{B} = \vec{\alpha}\,\mathrm{sh}\frac{z}{\lambda} + \vec{\beta}\,\mathrm{ch}\frac{z}{\lambda}$$

Au niveau microscopique la continuité de $\vec{B}$ se traduit, toujours avec la même hypothèse, par

$$\left.\begin{aligned} \vec{B}(d) &= \vec{\alpha}\,\mathrm{sh}\frac{d}{\lambda} + \vec{\beta}\,\mathrm{ch}\frac{d}{\lambda} = \vec{B}_0 \\ \vec{B}(-d) &= -\vec{\alpha}\,\mathrm{sh}\frac{d}{\lambda} + \vec{\beta}\,\mathrm{ch}\frac{d}{\lambda} = \vec{B}_0 \end{aligned}\right\} \Longrightarrow \vec{\alpha} = \vec{0} \text{ et } \vec{\beta} = \frac{\vec{B}_0}{\mathrm{ch}\, d/\lambda}$$

d'où $\boxed{\vec{B} = \dfrac{\mathrm{ch} z/\lambda}{\mathrm{ch} d/\lambda}\vec{B}_0 = B(z)\vec{u}_x}$ avec $B(z) = \dfrac{\mathrm{ch} z/\lambda}{\mathrm{ch} d/\lambda}B_0$, fonction paire

b) L'équation de Maxwell-Ampère $\overrightarrow{\mathrm{rot}}\,\vec{B} = \mu_0\vec{\jmath}$ donne $\vec{\jmath} = \dfrac{1}{\mu_0}\dfrac{dB}{dz}\vec{u}_y$

soit $\boxed{\vec{\jmath} = j(z)\vec{u}_z \text{ avec } j(z) = \dfrac{B_0}{\mu_0\lambda}\cdot\dfrac{\mathrm{sh} z/\lambda}{\mathrm{ch} d/\lambda}}$ fonction impaire

Tout plan perpendiculaire à Ox est plan de symétrie positive pour la distribution de courant ; le champ créé par ces courants y est donc perpendiculaire, d'où $\vec{B}_c = B_c\vec{u}_x$.

Remarque : Le plan xOy est plan d'antisymétrie pour la distribution de courant, donc de symétrie pour $\vec{B}$: $B_c(-z) = +B_c(z)$ ce qui peut se justifier par le théorème d'Ampère.

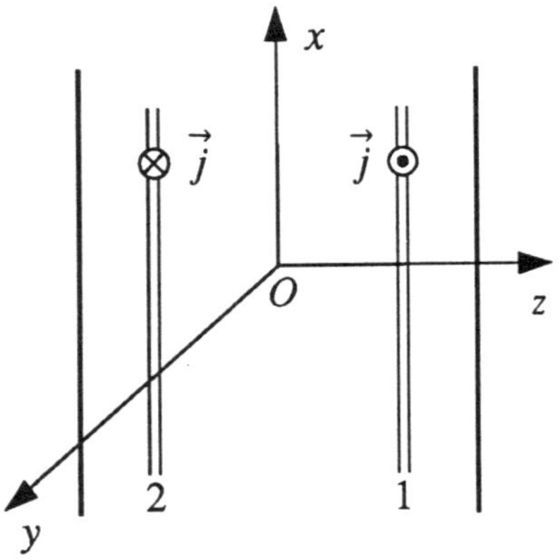

Choisissons deux plaques minces d'épaisseur dz, symétriques par rapport à Oxy, placées en z (pour 1) et $-z$ (pour 2). Leur "courant surfacique" est $\vec{\jmath}dz$; elles créent un champ magnétostatique classique :

en $z > d$, $d\vec{B}_1 = \dfrac{\mu_0 j(z)dz}{2}\vec{u}_x$

$$d\vec{B}_2 = \frac{\mu_0 j(-z)dz}{2}\vec{u}_x = -\frac{\mu_0 j(z)dz}{2}\vec{u}_x$$

en $z < -d$, $d\vec{B}'_1 = -d\vec{B}_1$ et $d\vec{B}'_2 = -d\vec{B}'_2$

Donc de chaque côté, à l'extérieur de la plaque, le champ créé par la plaque est nul

$$\boxed{\vec{B}_c = \vec{0}} \qquad \text{pour } |z| > d$$

Le champ total à l'extérieur de la plaque se limite alors à $\vec{B}_0$, hypothèse faite à la question précédente.

c) $\vec{B} = B(z)\vec{u}_x$ $\qquad$ $\vec{j} = j(z)\vec{u}_y$

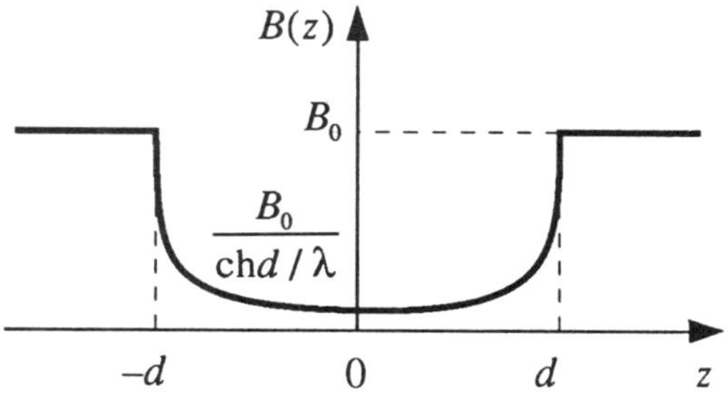

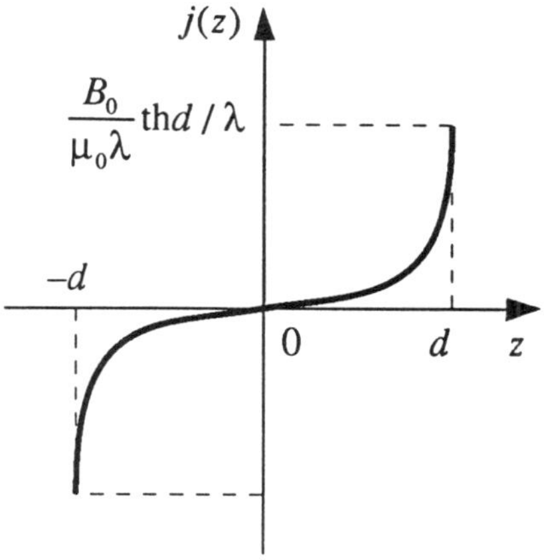

$$\text{AN :* } \frac{B_0}{\text{ch}(d_m/\lambda)} = \frac{B_0}{100} \Longrightarrow d_m = \lambda \text{argch}\, 100 \simeq \lambda \ln 200 \Longrightarrow \underline{2d_m = 1{,}8.10^{-7}\text{m}}.$$

$$\text{* pour } d \text{ et } z \gg \lambda, \quad j(z) = \frac{B_0}{\mu_0\lambda}\frac{\text{sh}z/d}{\text{ch}d/\lambda} \simeq \frac{B_0}{\mu_0\lambda}\exp\frac{z-d}{\lambda}$$

$$\text{il faut} \quad \exp\frac{z-d}{\lambda} = \frac{1}{100} \Longrightarrow \underline{d - z = 7{,}8.10^{-8}\text{m}}$$

Ces faibles valeurs montrent la forte atténuation du champ magnétique et de la densité de courant dans le supraconducteur. D'un point de vue macroscopique, on peut considérer que le champ magnétique à l'intérieur du supraconducteur est nul (effet Meissner), la discontinuité de composante tangentielle à l'interface est alors en rapport avec l'existence d'une densité superficielle de courant $\vec{\jmath}_S$ donnée en $x = d$ par $\vec{B}_0 - \vec{0} = \mu_0\vec{\jmath}_S \wedge \vec{u}_z$.

3.4 Diamagnétisme parfait

Le champ magnétique à l'intérieur d'un supraconducteur placé dans un champ "extérieur" $\vec{B}_0$ (créé par des courants extérieurs au supraconducteur), est nul (effet Meissner).

Quel type de propriétés magnétiques cela confère-t-il au supraconducteur ? Quelle est sa susceptibilité magnétique (définie par $\vec{J} = \chi\vec{H}$) ?

Un supraconducteur "expulse" les lignes de champ, ou encore les lignes de champ "contournent" le supraconducteur. Voilà comment se traduit l'effet Meissner. Le supraconducteur crée dans sa masse un champ $\vec{B}_s^i = -\vec{B}_0$ qui s'oppose au champ "extérieur" $\vec{B}_0$ auquel il est soumis afin que le champ magnétique total à l'intérieur $\vec{B}^i = \vec{B}_0 + \vec{B}_s^i$ soit nul. Ceci confère au supraconducteur les propriétés d'un matériau diamagnétique ($\vec{B}_s^i$ et $\vec{B}_0$ de sens opposé) parfait ($|\vec{B}_s^i| = |\vec{B}_0|$), les diamagnétiques ordinaires ne faisant que réduire ou expulser partiellement le champ à l'intérieur. Tout se passe donc comme si le supraconducteur s'aimantait dans le champ $\vec{B}_0$ dans lequel il est plongé ; cette aimantation $\vec{J}$ opposée à $\vec{B}_0$ et uniforme comme elle, serait alors responsable de courants d'aimantation surfaciques $\vec{j}_{Sa}$ qui sont à l'origine du champ magnétique $\vec{B}_s$ créé par le supraconducteur.

* à l'intérieur, le champ est $\vec{B}^i = \vec{B}_0 + \vec{B}_s^i = \vec{0}$
* à l'extérieur, le champ est $\vec{B}^e = \vec{B}_0 + \vec{B}_s^e$ ce qui prouve que le champ magnétique extérieur n'est pas le même en présence ($\vec{B}^e$) ou en l'absence ($\vec{B}_0$) du supraconducteur, sauf si $\vec{B}_s^e = \vec{0}$ ce qui est le cas dans les exercices 3.3 et 3.6.

Comme dans le matériau $\vec{B}^i = \vec{0}$, l'excitation magnétique vaut :

$$\vec{H} = \frac{\vec{B}^i}{\mu_0} - \vec{J} = -\vec{J} \quad \text{à comparer à} \quad \vec{J} = \chi\vec{H}$$

la susceptibilité magnétique et la perméabilité relative valent :

$$\boxed{\chi = -1} \quad \text{et} \quad \boxed{\mu_r = 1 + \chi = 0}$$

Remarque : Il arrive que la susceptibilité magnétique soit définie par $\vec{J} = \chi\dfrac{\vec{B}}{\mu_0}$.

* Pour les milieux diamagnétiques ou paramagnétiques (où $|\chi| \ll 1$, cette définition est équivalente à $\vec{J} = \chi\vec{H}$ car $\mu_r = 1 + \chi \simeq 1$ d'où $\vec{B} \simeq \mu_0\vec{H}$.

* En revanche, pour les supraconducteurs, la définition $\vec{J} = \chi\dfrac{\vec{B}}{\mu_0}$ conduirait à $\chi = \infty$ au lieu de $\chi = -1$ et $\mu_r = \infty$ au lieu de $\mu_r = 0$. Le supraconducteur "non perméable" au champ magnétique deviendrait ainsi "infiniment perméable"...

3.5 La sphère supraconductrice

Une sphère supraconductrice de centre O et de rayon R est plongée dans un champ magnétique statique et uniforme $\vec{B}_0$. Le champ magnétique $\vec{B}^i$ est nul à l'intérieur de la sphère plongée dans ce champ (effet Meissner).

1. a) En présence de la sphère, donner les équations que doit satisfaire le champ magnétique $\vec{B}^e$ à l'extérieur de la sphère, et expliciter les conditions aux limites qui en achèvent la détermination.

b) Vérifier que les relations obtenues sont identiques à celles qui déterminent le champ des vitesses de l'écoulement irrotationnel et incompressible d'un fluide autour d'une sphère solide.

c) Dessiner l'allure des lignes de champ autour de la sphère supraconductrice.

2. a) Montrer que, à l'extérieur de la sphère, le champ $\vec{B}^e$ peut être considéré comme résultant de la superposition du champ $\vec{B}_0$ et d'un champ $\vec{B}_d$ créé par un dipôle magnétique $\vec{\mathcal{M}}$ placé au centre O de la sphère et colinéaire à $\vec{B}_0$ (se placer en coordonnées sphériques d'axe Oz dirigé suivant $\vec{B}_0$). Donner la valeur de $\vec{\mathcal{M}}$ et l'expression de $\vec{B}^e$.

b) Pour les points situés à l'extérieur et au voisinage immédiat de la sphère, tracer le graphe $B^e = |\vec{B}^e|$ en fonction de la colatitude θ. Commentaire.

3. En fait, le champ magnétique dipolaire $\vec{B}_d$ a pour origine des courants superficiels à la surface de la sphère.

a) Quel est le champ magnétique créé à l'intérieur de la sphère par ces courants superficiels ?

b) Déterminer sur la base sphérique, le vecteur densité surfacique de ces courants en un point de la surface de la sphère.

c) Quelle est la force magnétique qui s'exerce sur un élément de surface de la sphère ? Exprimer la pression magnétostatique en fonction de B_0, μ_0 et θ.

4. En fait le moment magnétique $\vec{\mathcal{M}}$ est induit par le champ $\vec{B}_0$.

a) Quel est alors le "comportement magnétique" du supraconducteur ?

b) Montrer qu'une aimantation fictive $\vec{J}$ uniforme, convient. Donner son expression en fonction de $\vec{B}_0$ et en déduire l'expression des courants d'aimantation correspondants.

c) L'exercice 1.5 montre qu'une sphère uniformément aimantée crée en son intérieur un champ uniforme $\vec{B}_a^{\text{int}} = \dfrac{2}{3}\mu_0 \vec{J}$. Que vaut-il ici ? Conclusion.

1.a) * pour $r > R$ $\begin{cases} \text{div}\,\vec{B}^e &= 0 \\ \overrightarrow{\text{rot}}\,\vec{B}^e &= \vec{0} \end{cases}$ (pas de courants volumiques)

Conditions aux limites :

* $\vec{B}^e \to \vec{B}_0$ lorsque $r \to \infty$, car loin du supraconducteur, les lignes de champ ne sont pas perturbées (le champ créé par le supraconducteur tend vers zéro, car la sphère est d'extension finie).
* pour $r < R$, $\vec{B}^i = \vec{0}$; par continuité, la composante normale $\vec{B}^e_N = \vec{0}$ en $r = R$ (en revanche, on ne peut rien dire sur la composante tangentielle $\vec{B}^e_T$ en $r = R$ liée à d'éventuels courants surfaciques).

b) Pour un fluide en écoulement incompressible et irrotationnel div $\vec{v} = 0$ et $\overrightarrow{\text{rot}}\,\vec{v} = \vec{0}$. Loin de la sphère $\vec{v} = \vec{v}_0$, vitesse uniforme, et sur la sphère en $r = R$, la vitesse normale $\vec{v}_n = \vec{0}$ (on ne peut rien dire sur la vitesse tangentielle $\vec{v}_t$ en $r = R$, elle dépend de la nature parfaite ou réelle du fluide).

c) Mêmes équations et mêmes conditions aux limites sur un domaine donné, donc mêmes lignes de champ.

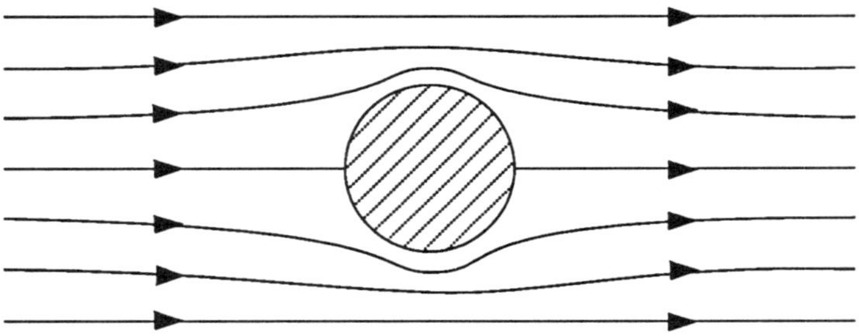

Ce dessin illustre bien l'effet Meissner : le supraconducteur "expulse" les lignes de champ ou les lignes de champ "contournent" le supraconducteur.

2.a)

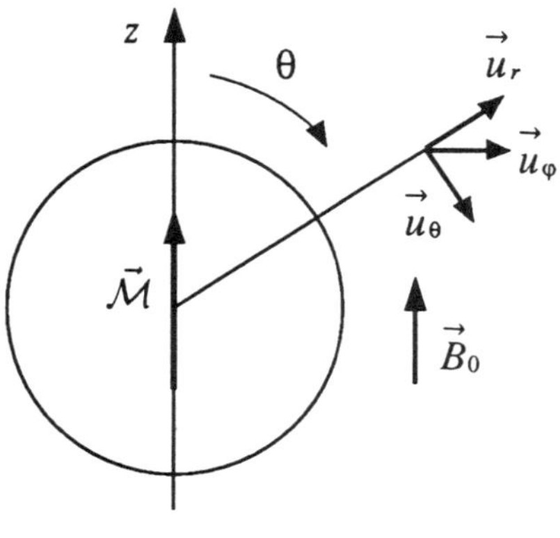

$$\vec{B}_0 = B_0\vec{u}_z = B_0(\cos\theta\vec{u}_r - \sin\theta\vec{u}_\theta)$$

$$\text{et} \quad \vec{B}_d = \frac{\mu_0}{4\pi}\cdot\frac{\mathcal{M}}{r^3}(2\cos\theta\vec{u}_r + \sin\theta\vec{u}_\theta)$$

Il faut vérifier que $\vec{B}^e = \vec{B}_0 + \vec{B}_d$ vérifie l'ensemble des conditions du 1a) :

* on a div $\vec{B}^e = 0$ et $\overrightarrow{\text{rot}}\,\vec{B}^e = \vec{0}$ car $\vec{B}_0$ et $\vec{B}_d$ satisfont chacun à ces équations.
* lorsque $r \to \infty$, la condition $\vec{B}^e \to \vec{B}_0$ est assurée puisque $\vec{B}_d \to \vec{0}$.
* pour $r = R$, il faut $B^e_N = \vec{B}^e \cdot \vec{u}_r = 0$ soit $B_0 \cos\theta + \dfrac{\mu_0}{4\pi}\dfrac{2\mathcal{M}\cos\theta}{R^3} = 0$ et ceci $\forall\,\theta$,

d'où la valeur de $$\boxed{\vec{\mathcal{M}} = -\frac{2\pi R^3}{\mu_0}\vec{B}_0}$$

L'unicité du résultat assure que $\vec{B}^e = \vec{B}_0 + \vec{B}_d$ convient, d'où finalement

$$\boxed{\vec{B}^e = B_0\left[(1 - \frac{R^3}{r^3})\cos\theta\vec{u}_r - (1 + \frac{R^3}{2r^3})\sin\theta\vec{u}_\theta\right]}$$

b) Pour $r = R$, $B^e = \dfrac{3}{2}B_0 \sin\theta$ $(0 \leq \theta \leq \pi)$

* en $\theta = 0$ et $\theta = \pi$, $B^e = 0$ ce qui en mécanique des fluides correspond à des "points d'arrêt".
* en $\theta = \pi/2$, $B^e = \dfrac{3B_0}{2} > B_0$ le champ en présence du supraconducteur est plus important qu'en son absence, ce qui se traduit sur le dessin du 1c) par des lignes de champ plus serrées qu'à l'infini.

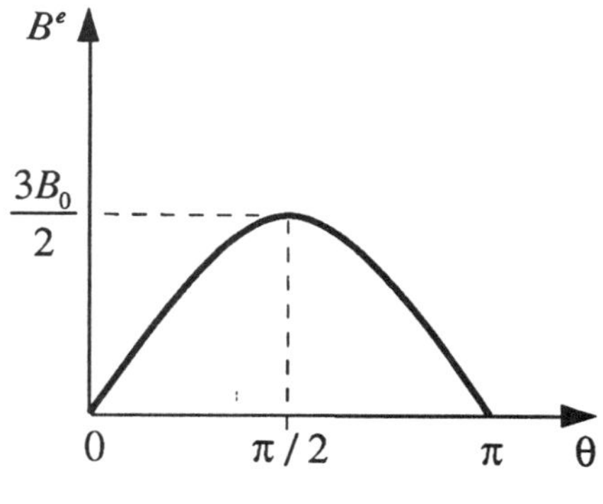

3.a) Les courants superficiels (en rapport avec $\vec{\mathcal{M}}$) créent à l'extérieur le champ $\vec{B}_d$, d'où $\vec{B}^e = \vec{B}_0 + \vec{B}_d$. Ils créent à l'intérieur de la sphère un champ $\vec{B}_c$ permettant l'annulation du champ total $\vec{B}^i = \vec{B}_0 + \vec{B}_c = \vec{0}$, d'où $\vec{B}_c = -\vec{B}_0$ uniforme.

b) Ces courants superficiels sont liés à la discontinuité de la composante tangentielle de $\vec{B}$:

$\vec{B}^e(r = R) - \vec{0} = \mu_0\vec{\jmath}_S \wedge \vec{u}_r$ soit $$\boxed{\vec{\jmath}_S = -\frac{3B_0}{2\mu_0}\sin\theta\vec{u}_\varphi}$$

car $\vec{\jmath}_S$ n'a de composante que suivant $\vec{u}_\varphi$ (puisque $\vec{\mathcal{M}} /\!/ \vec{u}_z$).

c) Soit un élément de surface dS en un point M de la surface de la sphère. Les courants surfaciques de dS sont soumis à un champ qui est la moitié du champ

total $\vec{B}^e$ car ce champ $\vec{B}^e$ en M est créé pour moitié par les courants superficiels de dS et pour moitié par les courants du reste de la sphère (apparition classique du facteur 1/2, voir "Ondes électromagnétiques", exercice 3.1).
La force élémentaire de Laplace s'écrit donc :

$$\mathrm{d}\vec{f} = \vec{\jmath}_S \mathrm{d}S \wedge \frac{\vec{B}^e(r=R)}{2} = -\frac{3B_0}{2\mu_0}\sin\theta\vec{u}_\varphi \wedge \frac{1}{2}\Big(-\frac{3B_0}{2}\sin\theta\vec{u}_\theta\Big)$$

$$\mathrm{d}\vec{f} = -\frac{1}{2\mu_0}\Big(\frac{3B_0}{2}\Big)^2 \sin^2\theta \mathrm{d}S\vec{u}_r$$

Cette force est normale à la sphère en tout point et dirigée vers l'intérieur.

Il y correspond une pression magnétostatique $P = \dfrac{|\mathrm{d}\vec{f}|}{\mathrm{d}S}$ dépendant de θ :

$$\boxed{P(\theta) = \frac{9B_0^2}{8\mu_0}\sin^2\theta} \qquad \Big(= \frac{B_e^2}{2\mu_0} = \mu_0\frac{\jmath_S^2}{2}\Big)$$

correspondant à une force résultante sur toute la sphère nulle.

4.a) La question 2a) a montré que le moment magnétique $\vec{\mathcal{M}}$ et le champ $\vec{B}_0$ sont de sens opposé. Comme $\vec{\mathcal{M}}$ est induit par $\vec{B}_0$, cela rappelle que le supraconducteur se comporte comme un matériau diamagnétique (voir exercice 3.4).

b) L'aimantation $\vec{J} = \dfrac{\mathrm{d}\vec{\mathcal{M}}}{\mathrm{d}\tau}$ uniforme vaudrait $\vec{J} = -\dfrac{2\pi R^3}{\mu_0}\vec{B}_0/\dfrac{4}{3}\pi R^3 = -\dfrac{3}{2\mu_0}\vec{B}_0$ et est opposée à $\vec{B}_0$ (c'est le résultat de l'exercice 1.5, § 2 avec $\chi = -1$ (voir exercice 3.4)).

Il n'y a donc pas de courant volumique d'aimantation ($\vec{\jmath}_a = \overrightarrow{\mathrm{rot}}\,\vec{J} = \vec{0}$), et le courant surfacique d'aimantation vaut $\vec{\jmath}_{Sa} = \vec{J} \wedge \vec{u}_r$

$$\vec{\jmath}_{Sa} = -\frac{3B_0}{2\mu_0}\vec{u}_z \wedge \vec{u}_r = -\frac{3B_0}{2\mu_0}\sin\theta\vec{u}_\varphi$$

Il correspond bien au courant surfacique calculé au 3b) et donc le champ $\vec{B}_0 + \vec{B}(\vec{J})$ est bien en tout point le champ total $\vec{B}$ trouvé précédemment.

c) Le champ créé par les courants d'aimantation est $\vec{B}_a^{\mathrm{int}} = 2\mu_0\vec{J}/3$; l'aimantation induite par $\vec{B}_0$ valant $\vec{J} = -3\vec{B}_0/2\mu_0$, il vient $\vec{B}_a^{\mathrm{int}} = -\vec{B}_0$, ce qui montre que l'annulation du champ à l'intérieur de la sphère supraconductrice est bien due aux courants superficiels.
L'exercice 1.5 montre que le champ créé à l'extérieur de la sphère aimantée est effectivement celui d'un dipôle magnétique placé en O.

3.6 Le cylindre supraconducteur

Rappel : L'équation vérifiée par le champ magnétique à l'intérieur d'un supraconducteur est (voir exercice 3.1) $\Delta\vec{B} = \vec{B}/\lambda^2$ où $\lambda \simeq 10^{-8}$m est une distance très petite à l'échelle macroscopique.

Un cylindre supraconducteur infini, de rayon R, d'axe Oz, est plongé dans un champ d'origine extérieure et qui, en l'absence de cylindre, est uniforme et parallèle à l'axe Oz soit $\vec{B}_0 = B_0\vec{u}_z$.

a) Montrer qu'une solution de type $\vec{B} = B_i \exp(-\dfrac{R-r}{\lambda})\vec{u}_z$ convient dans le supraconducteur pour R et $r \gg \lambda$. Signification physique de B_i ?
Tracer la courbe $B(r)$ en admettant que pour $r \leq \lambda$, $B \simeq 0$. Conclusion.

b) Calculer la densité de courant circulant dans le cylindre, puis le champ magnétique $\vec{B}_c^e$ créé à l'extérieur du cylindre par ces courants. En déduire la valeur de B_i.

c) Déterminer de deux manières, le champ $\vec{B}_c^i$ créé par ces courants à l'intérieur du cylindre (du moins tel que $r \gg \lambda$) en y prenant le champ total nul.

d) Calculer le moment magnétique par unité de volume associé à ces courants supraconducteurs en fonction de $\vec{B}_0$ et μ_0. De quel comportement magnétique cette aimantation est-elle caractéristique ? En déduire la valeur de la susceptibilité magnétique en comparant au résultat de l'exercice 1.4. Montrer que les courants de la question b) s'identifient alors aux courants d'aimantation.

Données : en coordonnées cylindriques $\Delta = \dfrac{\partial^2}{\partial r^2} + \dfrac{1}{r}\dfrac{\partial}{\partial r} + \dfrac{1}{r^2}\dfrac{\partial^2}{\partial \theta^2} + \dfrac{\partial^2}{\partial z^2}$.

a) $\vec{B} = B_i \exp(-\dfrac{R-r}{\lambda})\vec{u}_z = B(r)\vec{u}_z$ donne

$$\Delta B = \frac{\mathrm{d}^2 B}{\mathrm{d}r^2} + \frac{1}{r}\frac{\mathrm{d}B}{\mathrm{d}r} = (\frac{1}{\lambda^2} + \frac{1}{r\lambda})B \text{ qui s'identifie à } B/\lambda^2 \text{ si } r \gg \lambda$$

$B_i = B(r = R)$ apparaît comme la valeur du champ en surface.

Comme $\lambda \ll R$, le champ ne prend de valeur notable qu'au voisinage de la surface (dans une couche d'épaisseur λ) ; le champ extérieur ne pénètre donc pas (ou très peu) dans le supraconducteur (effet Meissner).

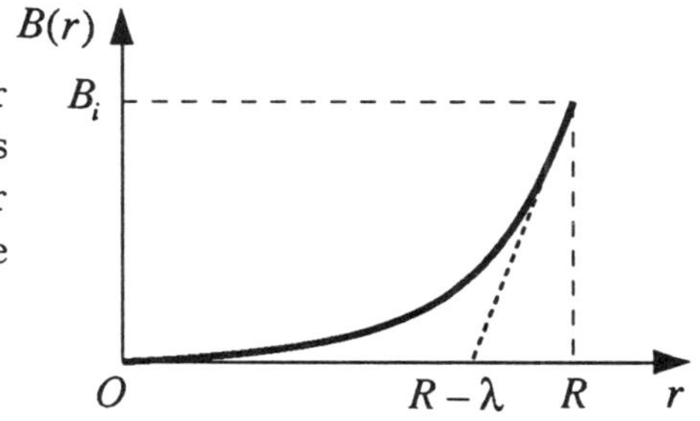

b) La densité de courant est donnée par $\overrightarrow{\text{rot}}\,\vec{B} = \mu_0 \vec{\jmath}$ avec $\vec{B} = B(r)\vec{u}_z$
d'où $\vec{\jmath} = \dfrac{1}{\mu_0}\Big(B(r)\overrightarrow{\text{rot}}\,\vec{u}_z + \overrightarrow{\text{grad}}\,B(r) \wedge \vec{u}_z\Big) = -\dfrac{1}{\mu_0}\dfrac{\mathrm{d}B}{\mathrm{d}t}\vec{u}_\theta$ (1) car $\overrightarrow{\text{rot}}\,\vec{u}_z = \vec{0}$

soit $$\boxed{\vec{\jmath} = -\frac{B_i}{\mu_0 \lambda}\exp(-\frac{R-r}{\lambda})\vec{u}_\theta}$$ très petit dès lors que $r \ll R - \lambda$

Cette distribution décrit donc un courant essentiellement surfacique, une nappe de courant, assimilable à un solénoïde (éventuellement épais), dont on sait que le champ créé à l'extérieur est nul, d'où $\vec{B}_c^e = \vec{0}$.
Le champ total pour $r > R$ est donc $\vec{B}_0 + \vec{B}_c^e = \vec{B}_0$. Traduisons, d'un point de vue microscopique, la continuité de la composante tangentielle (sur z) du champ magnétique à la surface $r = R$:

$$B(r = R^-) = B(r = R^+) \Longrightarrow \boxed{B_i = B_0}$$

c) Notons $\vec{B}_c^i$ le champ créé par le courant surfacique à l'intérieur du cylindre. Il est uniforme et parallèle à l'axe (champ d'un solénoïde).
* Sauf au voisinage immédiat de la surface, $\vec{B}^i = \vec{B}_0 + \vec{B}_c^i = \vec{0}$

$$\Longrightarrow \boxed{\vec{B}_c^i = -\vec{B}_0}$$ qui est bien uniforme et parallèle à l'axe

L'annulation du champ dans le supraconducteur est lié au fait que les courants créent un champ opposé au champ imposé.
* On peut aussi utiliser l'analogie avec le solénoïde pour lequel le champ intérieur est $\mu_0 n I \vec{u}_z = \mu_0 j_S / \vec{u}_z$ où $j_S = nI$ est la densité superficielle de courant donnée :
- soit par la discontinuité (au sens macroscopique cette fois) de la composante tangentielle de $\vec{B}$ en $r = R$:

$$\vec{B}_0 - \vec{0} = \mu_0 \vec{\jmath}_S \wedge \vec{u}_r \Longrightarrow \vec{\jmath}_S = -\frac{B_0}{\mu_0}\vec{u}_\theta$$

- soit par la définition $\vec{\jmath}_S = \displaystyle\int_0^R \vec{\jmath}\mathrm{d}r \overset{(1)}{=} \int_0^R -\frac{1}{\mu_0}\mathrm{d}b\,\vec{u}_\theta = -\frac{B_0}{\mu_0}\vec{u}_\theta$ car $B(0) = 0$.

d'où $\vec{B}_c^i = \mu_0 j_S \vec{u}_z$ avec $j_S = -\dfrac{B_0}{\mu_0}$ donne $$\boxed{\vec{B}_c^i = -B_0\vec{u}_z = -\vec{B}_0}$$

d) Un tronçon de cylindre d'épaisseur dz est parcouru par un courant $\mathrm{d}I = j_z\mathrm{d}z = -\dfrac{B_0}{\mu_0}\mathrm{d}z$. Ce courant étant essentiellement surfacique à une distance R de l'axe Oz, il y correspond un moment magnétique élémentaire $\mathrm{d}\vec{\mathcal{M}} = \mathrm{d}I\pi R^2\vec{u}_z = -\dfrac{1}{\mu_0}\pi R^2\mathrm{d}z\vec{B}_0$, d'où une aimantation

$$\boxed{\vec{J} = \frac{\mathrm{d}\vec{\mathcal{M}}}{\pi R^2\mathrm{d}z} = -\frac{\vec{B}_0}{\mu_0}}$$

Cette aimantation est opposée au champ qui l'a induite, ce qui est caractéristique des matériaux diamagnétiques.

Pour un barreau infiniment long de susceptibilité χ, l'exercice 1.4, § b) donne $\vec{J} = \chi\dfrac{\vec{B}_0}{\mu_0}$; la comparaison conduit à $\chi = -1$ (voir exercice 3.4), d'où la dénomination de "diamagnétisme parfait".

$\vec{J}$ uniforme correspond à des courants d'aimantation volumique nuls ($\vec{j}_a = \overrightarrow{\mathrm{rot}}\,\vec{J} = \vec{0}$) et des courants d'aimantation surfaciques

$$\vec{j}_{Sa} = \vec{J} \wedge \vec{u}_r = -\frac{\vec{B}_0}{\mu_0} \wedge \vec{u}_r = -\frac{B_0}{\mu_0}\vec{u}_\theta \text{ soit } \vec{j}_S$$

L'exercice 1.4 montre également qu'une aimantation uniforme $\vec{J}$ produit à l'intérieur d'un cylindre infini un champ $\vec{B}^i = \mu_0\vec{J} = -\vec{B}_0$ noté ici $\vec{B}^i_c$.

3.7 Lévitation d'un disque supraconducteur

Rappel : Dans un supraconducteur, le champ magnétique (et électrique) est nul, et le champ magnétique extérieur est tangent à sa surface. Cette discontinuité de champ à la surface engendre un courant surfacique, d'où l'apparition d'une force de Laplace normale au supraconducteur et dirigée vers l'intérieur, correspondant, pour une surface plane, à une pression $P = B^2/2\mu_0$ où B est le champ à la surface (voir exercice 3.2).

Soit un supraconducteur en forme d'anneau plat (vu en coupe sur la figure page suivante) avec S le disque médian s'appuyant sur le bord interne de l'anneau. Au-dessus de l'anneau, supposé horizontal, est placé un autre supraconducteur dont la surface plane et horizontale est située à la distance h de l'anneau.

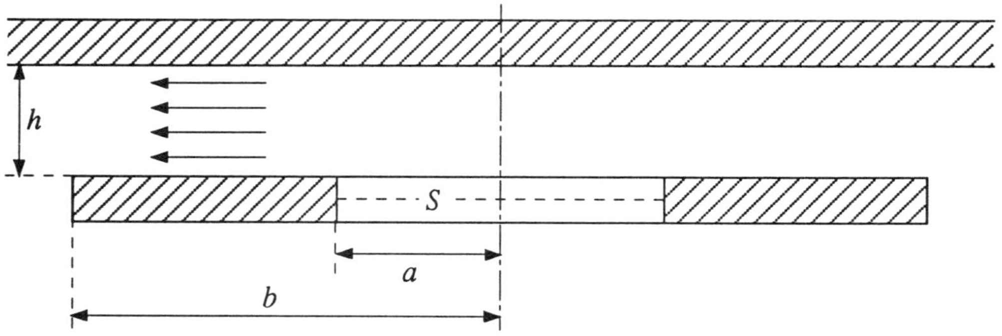

1. En utilisant une équation de Maxwell, montrer que le flux magnétique Φ au travers de S est une constante indépendante du temps et donc du mouvement du disque.

2. Dans la zone située entre les deux supraconducteurs, à une distance r de l'axe de l'anneau comprise entre le rayon interne a et le rayon externe b, le champ magnétique $\vec{B}$ est supposé radial et ne dépendant que de r.

a) Calculer $B(r)$ en fonction de Φ, h et r.

b) Calculer la force exercée par l'anneau sur le supraconducteur qui le surmonte, en se limitant à une zone située à une distance de l'axe comprise entre a et b.

c) Discuter les approximations faites.

3.a) Calculer la valeur h_0 de h, en supposant le disque en lévitation au-dessus de l'anneau.

AN : $\Phi = 2,8.10^{-5}$Wb ; $b/a = 7,34$; $m = 0,1$ kg masse du disque ; $g = 9,8\,\text{m.s}^{-2}$.

b) Une faible perturbation de cet équilibre conduit la distance h à varier périodiquement dans le temps. Expliquer et calculer la fréquence des oscillations.

1. Le flux à travers (S) est $\Phi = \iint_{(S)} \vec{B} \cdot \overrightarrow{dS}$

d'où $\dfrac{d\Phi}{dt} = \iint_{(S)} \dfrac{\partial \vec{B}}{\partial t} \cdot \overrightarrow{dS}$ (car S fixe) $\overset{\text{M.F.}}{=} - \iint_{(S)} \overrightarrow{\text{rot}}\, \vec{E} \cdot \overrightarrow{dS} = - \oint_{(C)} \vec{E} \cdot \overrightarrow{dl}$

(C) est un cercle qui s'appuye sur (S), intérieur à l'anneau.

Il intervient donc la composante tangentielle de $\vec{E}$, continue à la surface et donc nulle puisque ce champ est nul dans le supraconducteur.

$$\text{d'où } \frac{d\Phi}{dt} = 0 \Longrightarrow \boxed{\Phi = \text{Cste}}$$

2.a) Considérons une surface Σ cylindrique, fermée (en pointillés sur le dessin) ; le flux sortant de $\vec{B}$ à travers Σ est nul (car div $\vec{B} = 0$)

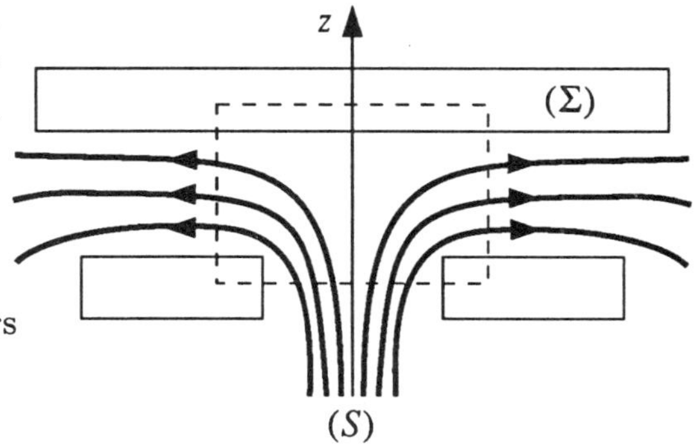

$$\underbrace{B(r)\cdot 2\pi r h}_{\text{Surface latérale}} - \underbrace{\Phi}_{S} + \underbrace{0}_{\substack{\text{dans les}\\ \text{supraconducteurs}}} = 0$$

$$\Longrightarrow \qquad \boxed{B(r) = \frac{\Phi}{2\pi r h}}$$

b) La force magnétostatique s'exerçant vers l'intérieur des conducteurs, ceux-ci auront tendance à se repousser. La force sur le disque est :

$$\vec{F} = \int P \mathrm{d}S \vec{u}_z = \int_a^b \frac{1}{2\mu_0}\left(\frac{\Phi}{2\pi r h}\right)^2 2\pi r \mathrm{d}r \vec{u}_z \Longrightarrow \boxed{\vec{F} = \frac{\Phi^2}{4\pi\mu_0 h^2} \ln\frac{b}{a}\vec{u}_z}$$

c) Le tracé des lignes de champ magnétique (qui contournent les supraconducteurs par effet Meissner) montre que celles-ci ne sont pas rigoureusement parallèles entre elles dans l'espace interconducteur et aussi que le champ n'a pas une valeur subitement nulle pour $r < a$ et $r > b$. Ces effets de bord sont cependant minimes si $b - a \gg a$ (ainsi que $h \ll b - a$).

3.a) La lévitation est obtenue lorsque la force magnétique de répulsion est opposée au poids du disque.

$$\text{à l'équilibre } F(h_0) = mg \Longrightarrow \boxed{h_0 = \Phi\left(\frac{\ln b/a}{4\pi\mu_0 mg}\right)^{1/2}}$$

AN : $\underline{h_0 = 1\,\text{cm}}$.

b) Si à partir de h_0, h diminue, alors F augmente, la force de répulsion l'emporte sur le poids et h augmente et inversement : l'équilibre est donc stable d'où l'observation d'oscillations.

En projection sur Oz, la relation fondamentale de la dynamique s'écrit :

$$m\ddot{h} = F(h) - mg \simeq \underline{F(h_0)} + (h - h_0)F'(h)_{h=h_0} - \underline{mg} = (h - h_0)\left(-2\frac{\Phi^2 \ln b/a}{4\pi\mu_0 h_0^3}\right)$$

et en introduisant $\varepsilon = h - h_0$, écart par rapport à la position d'équilibre :
$m\ddot{\varepsilon} = \varepsilon(-\frac{2mg}{h_0})$ d'où des oscillations sinusoïdales de pulsation

$$\boxed{\omega = \sqrt{2g/h_0}}$$

AN : fréquence $\underline{f} = \frac{1}{2\pi}\sqrt{\frac{2g}{h_0}} = \underline{7\,\text{Hz}}$.

3.8 Aimant flottant sur un supraconducteur

Dans un demi-espace supraconducteur repéré par $z \leq 0$, de surface horizontale $z = 0$, le champ magnétique est nul (effet Meissner). Par dessus, dans le demi-espace vide $z > 0$, à une distance a du plan $z = 0$, est placé un petit aimant assimilé à un dipôle magnétique $\vec{\mathcal{M}}$ et faisant un angle θ avec la verticale.

1. Montrer que dans le demi-espace $z > 0$ le champ magnétique créé par le dipôle en présence du supraconducteur est le même que celui créé par $\vec{\mathcal{M}}$ et par un second dipôle de même moment magnétique et placé symétriquement au premier par rapport au plan $z = 0$.

2.a) Calculer l'énergie potentielle d'interaction entre deux dipôles magnétiques $\vec{\mathcal{M}}$ et $\vec{\mathcal{M}}'$ coplanaires, placés sur un axe Oz à une distance r l'un de l'autre et faisant respectivement avec Oz des angles θ et θ'.

b) Appliquer ce résultat au cas des dipôles de la question **1.** et en déduire la force qu'exerce le supraconducteur sur le dipôle $\vec{\mathcal{M}}$.

3. $\vec{\mathcal{M}}$ est à présent horizontal ($\theta = \pi/2$) au-dessus de la surface du supraconducteur.

a) Dessiner l'allure des lignes de champ magnétique dans le demi-espace $z > 0$.

b) L'aimant étant de masse M, calculer l'altitude a_e au-dessus du plan $z = 0$ pour laquelle il est en équilibre (ou "en lévitation").

AN : $M = 5.10^{-3}$kg ; $\mathcal{M} = 0,8\,\text{A.m}^2$; $g = 9,8\,\text{m.s}^{-2}$.

c) Étudier qualitativement la stabilité de cet équilibre, vis-à-vis d'un déplacement vertical et vis-à-vis d'une perte d'horizontalité de $\vec{\mathcal{M}}$.

d) Dans le premier cas, déterminer la période des petites oscillations verticales autour de cette position d'équilibre, $\vec{\mathcal{M}}$ restant horizontal.

1. Pour que deux problèmes soient équivalents et ainsi par le théorème d'unicité, assurent la même solution, il faut et il suffit que dans l'espace considéré, les équations et les conditions aux limites soient identiques.

Soit ici le demi-espace $z \geq 0$

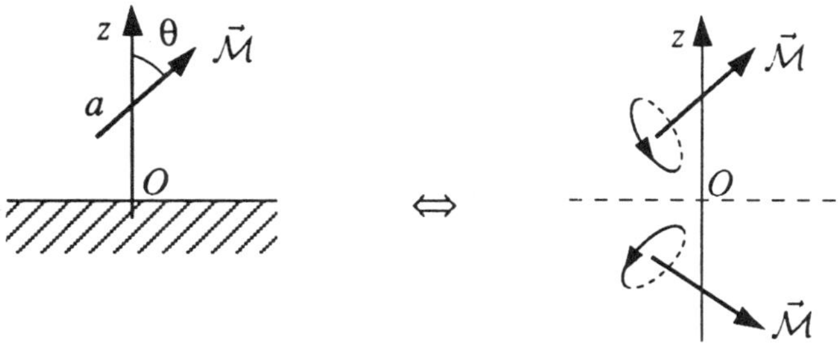

* $\left\{\begin{array}{ll}\text{div } \vec{B} & = 0 \\ \text{rot } \vec{B} & = \vec{0}\end{array}\right\}$ soit $\Delta\vec{B} = \vec{0}$ en dehors du dipôle	$\left\{\begin{array}{ll}\text{div } \vec{B} & = 0 \\ \text{rot } \vec{B} & = \vec{0}\end{array}\right\}$ soit $\Delta\vec{B} = \vec{0}$ en dehors du dipôle
* $\left\{\begin{array}{ll}\vec{B} & \to \vec{0} \\ z & \to \infty\end{array}\right.$	$\left\{\begin{array}{ll}\vec{B} & \to \vec{0} \\ z & \to \infty\end{array}\right.$ car B en $1/r^3$
* $B_z = 0$ pour $z = 0$ par continuité de la comp. normale de $\vec{B}$ ($\vec{B} = \vec{0}$ pour $z < 0$)	Deux dipôles de moments symétriques par rapport à $z = 0$ définissent par l'orientation des courants un plan d'antisymétrie, donc $\vec{B}$ est contenu dans ce plan soit $B_z(z = 0) = 0$.

Donc $\vec{B}_{\text{supra}} = \vec{B}_{\mathcal{M}'}$ pour $z \geq 0$ sauf en $\vec{\mathcal{M}}$.

Or $\vec{\jmath}_S$(supra) n'est pas en $\vec{\mathcal{M}}$ donc $\vec{B}_{\text{supra}}$ y est continu

$$\text{soit} \quad \underline{\vec{B}_{\text{supra}} = \vec{B}_{\mathcal{M}'}} \qquad \forall z \geq 0$$

2.a) <u>Rappel</u> : Le champ magnétique créé par un dipôle $\vec{\mathcal{M}}'$ en un point $\vec{r} = r\vec{u}$ est :

$$\vec{B}_{\mathcal{M}'} = \frac{\mu_0}{4\pi r^3}(3(\vec{\mathcal{M}}' \cdot \vec{u}) - \vec{\mathcal{M}}')$$

Ici la position de $\vec{\mathcal{M}}$ par rapport à $\vec{\mathcal{M}}'$ est donnée par $\vec{u} = \vec{u}_z$, d'où à la distance r

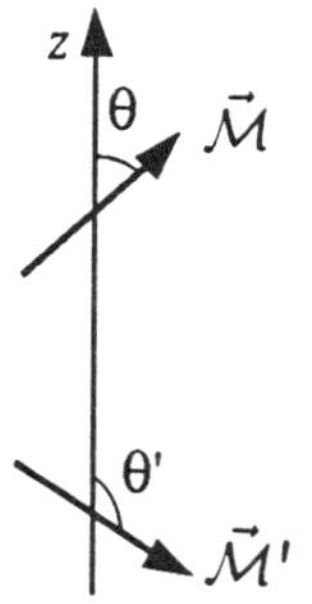

$$\vec{B}_{\mathcal{M}'} = \frac{\mu_0}{4\pi r^3}(3\mathcal{M}' \cos\theta' \vec{u}_z - \vec{\mathcal{M}}')$$

L'énergie potentielle d'interaction est celle du dipôle $\vec{\mathcal{M}}$ placé dans le champ de $\vec{\mathcal{M}}'$ soit

$$U_p = -\vec{\mathcal{M}} \cdot \vec{B}_{\mathcal{M}'} = -\frac{\mu_0}{4\pi r^3}\Big(3\mathcal{M}\mathcal{M}' \cos\theta \cos\theta' - \mathcal{M}\mathcal{M}' \cos(\theta' - \theta)\Big)$$

b) La force qu'exerce le supraconducteur sur le dipôle $\vec{\mathcal{M}}$, d'après la question **1.**, est celle qu'exerce le dipôle $\vec{\mathcal{M}}'$ sur le dipôle $\vec{\mathcal{M}}$, avec $\mathcal{M}' = \mathcal{M}$ et $\theta' = \pi - \theta$.

d'où $U_p = -\dfrac{\mu_0}{4\pi r^3}\mathcal{M}^2\Big(-3\cos^2\theta - \cos(\pi - 2\theta)\Big) = \dfrac{\mu_0}{4\pi}\cdot\dfrac{\mathcal{M}^2}{r^3}(1+\cos^2\theta)$

et $\vec{f} = -\overrightarrow{\text{grad}}\,U_p = -\dfrac{\partial U_p(r,\theta)}{\partial r}\vec{u}_z = \dfrac{3\mu_0}{4\pi}\cdot\dfrac{\mathcal{M}^2}{r^4}(1+\cos^2\theta)\vec{u}_z$

$$\Longrightarrow \quad \boxed{\vec{f} = \frac{3\mu_0}{64\pi}\cdot\frac{\mathcal{M}^2}{a^4}(1+\cos^2\theta)\vec{u}_z}$$

Il s'agit d'une force de répulsion, verticale ascendante ici, à l'origine du phénomène de lévitation.

Remarque : Attention à ne pas commettre l'erreur suivante :

$$\vec{f} = -\frac{\partial U_p(a,\theta)}{\partial a}\vec{u}_z \text{ en ayant posé } r = 2a\ !$$

3.a) Pour $z > a$ les lignes de champ sont voisines de celles d'un dipôle seul dans l'espace, mais pour $z < a$, leur extension est limitée par l'existence du plan supraconducteur dans lequel elles ne pénètrent pas ; elles y apparaissent donc plus "écrasées".

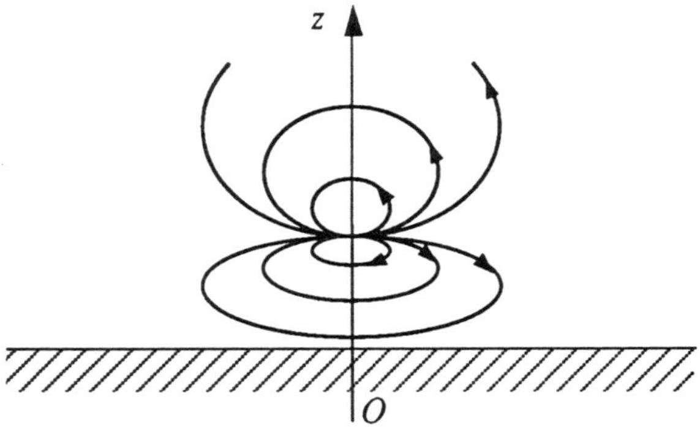

b) La relation fondamentale de la dynamique appliquée à l'aimant et projetée sur Oz donne :

$$-Mg + \frac{3\mu_0\mathcal{M}^2}{64\pi a_e^4} = 0 \Longrightarrow \boxed{a_e = \left(\frac{3\mu_0\mathcal{M}^2}{64\pi Mg}\right)^{1/4}}$$

AN : $\underline{a = 2,22\,\text{cm}}$.

c) * déplacement vertical :
si a diminue, à partir de l'équilibre, la force magnétique augmente en module, et donc $M\vec{g} + \vec{f}$ est dirigé vers le haut et inversement, ramenant ainsi toujours l'aimant vers la position d'équilibre, qui apparaît donc stable.

* perte d'horizontalité :

Considérons ici que la force magnétique est répartie sur l'aimant en s'appliquant par moitié aux centres de masse respectifs.

Comme f est en $1/a^4$, hors équilibre, $f' < f/2$ et $f'' > f/2$, d'où l'apparition d'un couple de rappel rendant l'équilibre stable.

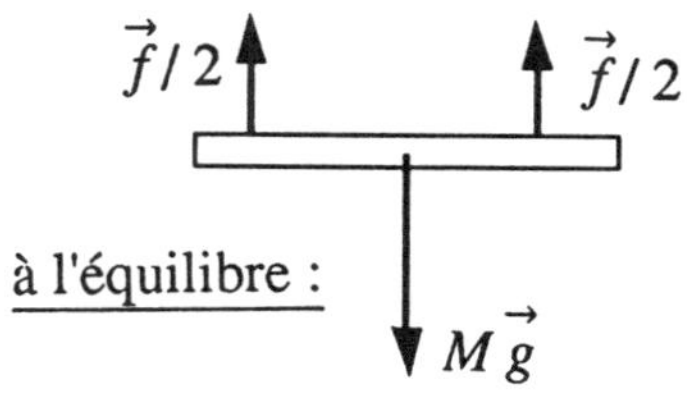

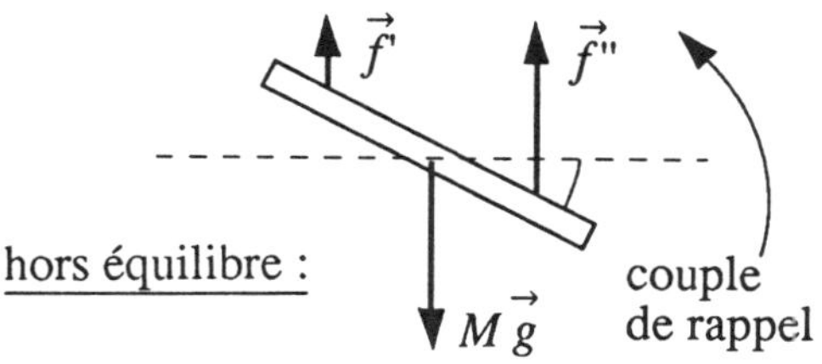

d) Dans l'expression de la force apparaît la distance $r = 2a$ (entre $\vec{\mathcal{M}}$ et $\vec{\mathcal{M}}'$) à respecter :

$$\left.\begin{array}{ll} \text{– à l'équilibre} & f(r_e) - Mg = 0 \\ \text{– hors équilibre} & f(r) - Mg = M\ddot{r} \end{array}\right\} \quad \overset{\text{par différence}}{M\ddot{r} = f(r) - f(r_e) \simeq (r - r_e)\left.\frac{\mathrm{d}f}{\mathrm{d}r}\right)_{r=r_e}}$$

avec $r = 2a$ et $\varepsilon = a - a_e$, il vient $M\ddot{\varepsilon} = -\dfrac{3\mu_0}{4\pi} \cdot \dfrac{\mathcal{M}^2}{64a_e^5}\varepsilon$

ou encore $\ddot{\varepsilon} = -\dfrac{g}{4a_e}\varepsilon$ d'où la fréquence d'oscillation

$$\boxed{f = \frac{1}{2\pi}\sqrt{g/4a_e}}$$

AN : $f = 1{,}67\,\text{Hz}$.

3.9 État mixte - Modèle à deux fluides

La supraconductivité ($T < T_c$) se décrit en réalité par un "état mixte" où l'état supraconducteur parfait (indice S) décrit par l'équation de London $\vec{\jmath} = -\vec{A}/\mu_0\lambda^2$ coexiste avec l'état conducteur normal (indice N) décrit par la loi d'Ohm $\vec{\jmath} = \sigma\vec{E}$. La densité de courant totale s'écrit alors $\vec{\jmath} = \vec{\jmath}_N + \vec{\jmath}_S$.

a) Quelle est l'équation aux dérivées partielles satisfaite par le champ $\vec{B}$ dans un tel matériau en régime variable ?

b) On cherche une solution en onde plane progressive monochromatique de la forme $\vec{B} = B_0 e^{i(\omega t - kx)} \vec{u}_z$. En déduire la relation de dispersion des ondes dans ce milieu. Commentaires sur k et $\vec{B}$.

c) On note $\omega_S = c/\lambda$ et $\omega_N = \sqrt{\sigma/\varepsilon_0 \omega}$.
Montrer à l'aide des valeurs numériques classiques pour un conducteur pur, que l'état supraconducteur est dominant sur l'état conducteur normal dans une bonne gamme de fréquence.
Qu'en est-il pour certains alliages ou matériaux nouveaux moins bien conducteurs ?

a) L'équation de Maxwell-Ampère s'écrit $\overrightarrow{\text{rot}}\, \vec{B} = \mu_0 \vec{\jmath}_S + \mu_0 \vec{\jmath}_N + \dfrac{1}{c^2} \dfrac{\partial \vec{E}}{\partial t}$.

$$\overrightarrow{\text{rot}}\, \overrightarrow{\text{rot}}\, \vec{B} = \overrightarrow{\text{grad}}\, \text{div}\, \vec{B} - \Delta \vec{B} = -\Delta \vec{B}$$
$$= -\frac{1}{\lambda^2} \overrightarrow{\text{rot}}\, \vec{A} = \mu_0 \sigma \overrightarrow{\text{rot}}\, \vec{E} + \frac{1}{c^2} \frac{\partial \overrightarrow{\text{rot}}\, \vec{E}}{\partial t} = -\frac{1}{\lambda^2} \vec{B} - \mu_0 \sigma \frac{\partial \vec{B}}{\partial t} - \frac{1}{c^2} \frac{\partial^2 \vec{B}}{\partial t^2}$$

$$\boxed{\Delta \vec{B} - \frac{1}{c^2} \frac{\partial^2 \vec{B}}{\partial t^2} = \mu_0 \sigma \frac{\partial \vec{B}}{\partial t} + \frac{\vec{B}}{\lambda^2}}$$

b) Une solution de la forme $\vec{B} = B_0 e^{i(\omega t - kx)} \vec{u}_z$, traduite dans l'équation de propagation, conduit à :

$$-k^2 + \frac{\omega^2}{c^2} = \mu_0 \sigma i \omega + \frac{1}{\lambda^2} \quad \Longrightarrow \quad \boxed{k^2 = \frac{\omega^2}{c^2} - \frac{1}{\lambda^2} - \mu_0 \sigma i \omega}$$

Cette équation admet une solution k complexe :

- de toute façon, à cause de la partie imaginaire $-\mu_0 \sigma i \omega$ liée à la conductivité ohmique ; comme dans un conducteur normal, l'onde s'amortit (voir épaisseur de peau $\delta = \sqrt{\dfrac{2}{\mu_0 \sigma \omega}}$ dans "Ondes électromagnétiques" exercices 3.7 et 3.8)
- mais aussi si cette partie imaginaire est négligeable et si la partie réelle $\dfrac{\omega^2}{c^2} - \dfrac{1}{\lambda^2} < 0$, auquel cas c'est la supraconductivité (λ petit) qui interdirait la propagation.

Si l'on cherche à l'équation de dispersion une solution sous la forme

$$k = k' - ik'', \text{ alors } \begin{cases} \dfrac{\omega^2}{c^2} - \dfrac{1}{\lambda^2} & = k'^2 - k''^2 \\ \mu_0 \sigma \omega & = 2k'k'' \end{cases}$$

d'où $\vec{B} = B_0 e^{-k''x} e^{i(\omega t - k'x)} \vec{u}_z$, l'onde s'atténue ($k''$) dans sa propagation ($k'$).

Remarque : Dans le cas $\frac{\omega^2}{c^2} - \frac{1}{\lambda^2} < 0$ (en basse fréquence)

- si $\sigma = 0$ (état supraconducteur parfait), alors $k' = 0$; il n'y a plus de propagation du tout ; l'onde est évanescente $\vec{B} = B_0 e^{-k''x} e^{i\omega t} \vec{u}_z$.
  Sa vitesse de phase $v_\varphi = \omega / k'$ est infinie et la moyenne temporelle du vecteur de Poynting est nulle car $\vec{E}$ est en quadrature avec $\vec{B}$. Il y a donc atténuation, mais sans absorption.

  En régime stationnaire, $\omega = 0$ et $k'' = 1/\lambda$ (solution de l'exercice 3.2).
- si $\sigma \neq 0$ (état mixte), alors $k' \neq 0$ ce qui amène au "paradoxe" suivant : c'est la conductivité électrique normale qui rend la propagation possible dans le supraconducteur, mais en faisant apparaître une véritable absorption (dissipation d'énergie électromagnétique en chaleur par effet Joule).

c) Dans l'expression de k^2, ω^2/c^2 est relatif au courant de déplacement $\vec{j}_D = \varepsilon_0 \frac{\partial \vec{E}}{\partial t}$, $-\frac{1}{\lambda^2}$ au courant supraconducteur $\vec{j}_S = -\frac{1}{\mu_0 \lambda^2} \vec{A}$ et $-\mu_0 \sigma i \omega$ au courant normal de la loi d'Ohm $\vec{j}_N = \sigma \vec{E}$.

Il faut donc comparer entre elles trois pulsations, $k^2 = \frac{1}{c^2}(\omega^2 - \omega_S^2 - i\omega_N^2)$

* ω (celle de l'onde)

* $\omega_S = \frac{c}{\lambda} \simeq 10^{16}$rad/s (car $\lambda \simeq 10^{-8}$m)

* $\omega_N = c\sqrt{\mu_0 \sigma \omega} = \sqrt{\frac{\sigma}{\varepsilon_0}\omega} \simeq 10^9 \sqrt{\omega}$ (car $\sigma \simeq 10^7 \Omega^{-1}\text{m}^{-1}$).

Il apparaît qu'en régime stationnaire ($\omega = 0$) ou en "basse fréquence" ($\omega < 10^{10}$rad/s), $\omega_S \gg \omega_N$ et ω ; l'état supraconducteur est prédominant $k^2 \simeq -\frac{1}{\lambda^2}$, d'où $\vec{B} \simeq B_0 e^{-x/\lambda} \vec{u}_z$.

Pour $\omega \simeq 10^{14}$rad/s, $\omega_S \simeq \omega_N \gg \omega$; les deux états sont de même importance (à cette pulsation, le modèle cesse d'être vrai).

Un métal pur en dessous de la température critique se comporte donc comme un supraconducteur parfait.

Plus la conductivité σ est faible, plus la valeur ω pour laquelle $\omega_S \simeq \omega_N$ est faible, ce qui conduit alors à un état mixte.

Références du chapitre 3 :

Ville de Paris P 83 - Polytechnique P' 88 - ENSI TA 90 - Saint-Cyr MP 91.

Chapitre 4

Milieux magnétiques anisotropes

Au niveau microscopique, tout moment cinétique $\vec{\sigma}$ (de spin ou orbital) est lié à un moment magnétique $\vec{M}$ par une relation de la forme $\vec{M} = \gamma\vec{\sigma}$, γ étant le rapport gyromagnétique de la particule (élémentaire, ou atome, ou molécule, ou ion). Lorsqu'un champ magnétique constant $\vec{B}_0$ est appliqué au matériau, dans les conditions courantes, le mouvement de précession autour de $\vec{B}_0$ est vite amorti et l'aimantation s'aligne sur le champ $\vec{B}_0$. Mais si en plus du champ statique $\vec{B}_0$, le matériau est soumis à un champ alternatif $\vec{b}(t)$ sinusoïdal de fréquence ω et perpendiculaire à $\vec{B}_0$, le mouvement de précession est entretenu et alors le matériau présente, vis-à-vis de ce champ $\vec{b}$, une perméabilité tensorielle s'exprimant sous la forme $\vec{b} = [\mu]\vec{h}$ (exercice 4.2) où $[\mu]$ est une matrice hermitienne (ou symétrique dans le cas réel (exercice 4.1)).

Lorsque la condition $\omega = \gamma B_0$ est satisfaite, ce mouvement de précession passe par une grande amplitude entraînant des pertes élevées : c'est la résonance gyromagnétique (également vue aux exercices 2.10 et 2.11).

On conçoit que l'interaction du mouvement de précession gyromagnétique avec une onde électromagnétique soit particulièrement simple lorsque celle-ci est polarisée circulairement (champ magnétique tournant comme $\vec{b}(t)$) (exercice 4.2). Le milieu présente alors des perméabilités différentes pour deux ondes polarisées circulairement l'une dans le sens de la précession, l'autre dans le sens inverse (exercice 4.3) et se propageant suivant la direction de $\vec{B}_0$.

Les matériaux utilisés couramment sont des ferrites, non conductrices, et donc contrairement aux métaux et alliages conducteurs, ne réfléchissent pas les ondes électromagnétiques.

Ainsi une onde polarisée rectilignement arrivant sur le milieu et considérée, pour la part transmise comme résultant de deux ondes polarisées circulairement en sens inverse, voit-elle son plan de polarisation tourner (effet Faraday) car la différence des perméabilités entraîne celle des vitesses de propagation. Quant à l'onde réfléchie sur le milieu anisotrope, sa polarisation est elliptique (exercice 4.4).

Les "lignes à sens unique à résonance" constituent une application de ces phénomènes : un guide rectangulaire pour ondes centimétriques est rempli d'une ferrite, soumise à un champ $\vec{B}_0$ qui réalise la condition de résonance ($\omega = \gamma B_0$) pour la fréquence de l'onde transmise. Pour un mode transverse électrique, la polarisation du champ $\vec{b}$ de l'onde est circulaire, gauche ou droite suivant le sens de propagation. Ainsi l'onde subit une forte absorption dans un sens, et pas dans l'autre : l'énergie n'est donc transmise que dans un sens.

Il s'agit dans le cas des ferrites d'une anisotropie d'origine magnétique puisque engendrée par un champ magnétique $\vec{B}_0$. L'anisotropie peut aussi être obtenue par un phénomène mécanique comme dans un cristal liquide où l'orientation des molécules engendre une aimantation fonction de la direction du champ magnétique par rapport à cette orientation, d'où une compétition magnéto-mécanique dans une structure "en torsion" autour d'un axe (exercice 4.5).

4.1 Symétrie de la matrice perméabilité

Dans un milieu magnétique linéaire, mais non isotrope, l'aimantation $\vec{J}$ résultant d'une excitation $\vec{H}$ est telle que les deux vecteurs $\vec{J}$ et $\vec{H}$ restent liés par une relation linéaire, mais sans être colinéaires.

On écrit $\vec{J} = [\chi]\vec{H}$ où $[\chi]$ est le tenseur susceptibilité (matrice 3×3).

Ou encore $\vec{B} = [\mu]\vec{H}$ où $[\mu] = \mu_0(I_d + [\chi])$ est la matrice perméabilité.

a) A partir de l'expression de l'accroissement de la densité volumique d'énergie, montrer que l'expression $u = \frac{1}{2}\vec{H} \cdot \vec{B}$ est conservée, et que $\mathrm{d}u = \vec{B} \cdot \overrightarrow{\mathrm{d}H}$.

b) En déduire que la matrice $[\mu]$ est symétrique.

a) Le milieu est linéaire (sans hystérésis). Construisons un état final $(\vec{H}, \vec{B})$ en partant d'un état initial $(\vec{H} = \vec{0}, \vec{B} = \vec{0})$ en passant par une suite d'états intermédiaires $(\vec{H}_i = \alpha\vec{H},\ \vec{B}_i = \alpha\vec{B})$ où α est un coefficient qui au cours du temps varie de 0 à 1 (la linéarité entre $\vec{B}$ et $\vec{H}$ impose le même coefficient pour les deux champs).

L'accroissement de la densité volumique d'énergie lorsque $\vec{B}_i$ varie de $\mathrm{d}\vec{B}_i$ est

$$\mathrm{d}u = \vec{H}_i \cdot \mathrm{d}\vec{B}_i = \alpha \mathrm{d}\alpha \vec{H} \cdot \vec{B}$$

La densité finale est donc $u = (\int_0^1 \alpha \mathrm{d}\alpha)\vec{H} \cdot \vec{B} = \frac{1}{2}\vec{H} \cdot \vec{B}$

d'où en différentiant $\mathrm{d}u = \frac{1}{2}\mathrm{d}\vec{H} \cdot \vec{B} + \frac{1}{2}\vec{H} \cdot \mathrm{d}\vec{B}$ qui doit s'identifier à $\mathrm{d}u = \vec{H} \cdot \mathrm{d}\vec{B}$

$$\text{soit} \quad \underline{\vec{H} \cdot \mathrm{d}\vec{B} = \vec{B} \cdot \mathrm{d}\vec{H}}$$

b) On note μ_{ij} l'élément générique de la matrice $[\mu]$ donnant $\vec{B} = [\mu]\vec{H}$

de $\mathrm{d}u = \vec{B} \cdot \mathrm{d}\vec{H} = \sum_i B_i \mathrm{d}H_i$

on tire $\quad \dfrac{\partial u}{\partial H_i} = B_i = \sum_j \mu_{ij} H_j$

$$\text{soit} \quad \frac{\partial u}{\partial H_i \partial H_j} = \mu_{ij}$$

$$\text{et de même} \quad \frac{\partial u}{\partial H_j \partial H_i} = \mu_{ji}$$

Le théorème de Schwarz assure $\mu_{ij} = \mu_{ji}$, la matrice est donc symétrique, donc diagonalisable. Les directions propres sont les axes principaux magnétiques du milieu.

Remarque : En notation complexe pour un régime harmonique, la matrice $[\mu]$ s'écrit sur $\mathbb{C}$ et non plus sur $\mathbb{R}$; elle est alors hermitienne, soit ${}^t[\mu] = [\mu]^*$, diagonalisable à valeurs propres réelles (voir exercice 4.2).

4.2 Origine de l'anisotropie. Matrice perméabilité

L'obtention d'une relation constitutive nécessite une étude d'un point de vue microscopique.

Les propriétés magnétiques des ferrites sont liées aux moments magnétiques $\vec{M}$ de certains électrons. Leur moment cinétique $\vec{\sigma}$ associé est donné par $\vec{M} = \gamma\vec{\sigma}$ où γ est une constante réelle.

Sous l'action d'un champ magnétique $\vec{B}(t)$ quelconque, $\vec{M}(t)$ garde une norme constante (voir exercice 2.1).

$$\text{Soit} \qquad \vec{B}(t) = \vec{B}_0 + \vec{b}(t) \quad \text{et} \quad \vec{M}(t) = \vec{M}_0 + \vec{m}(t) \quad \text{où :}$$

* $\vec{B}_0$ est un champ magnétique constant et uniforme orienté suivant l'axe Oz d'un dièdre lié à la ferrite. Le moment magnétique $\vec{M}_0$ sous la seule action de $\vec{B}_0$ s'oriente comme $\vec{B}_0$ (dans les milieux denses la précession autour de $\vec{B}_0$ s'amortit rapidement sous l'effet de phénomènes de relaxation (voir exercices 2.10 et 2.11) ; ce régime transitoire n'est pas pris en compte ici).
* $\vec{b}(t)$ est un champ de faible intensité ($|\vec{b}(t)| \ll |\vec{B}_0|$) superposé à $\vec{B}_0$ et orthogonal à Oz ; il est responsable de $\vec{m}(t)$.

1. Écrire en négligeant les termes d'ordre global 2 par rapport à $|\vec{b}(t)|$ et $|\vec{m}t(t)|$, les équations différentielles vérifiées par les composantes de $\vec{m}$ sur $Oxyz$.

2.a) Trouver la solution de ces équations correspondant au régime permanent qui s'établit lorsque les composantes de $\vec{b}$ sont sinusoïdales de pulsation ω.
Montrer qu'un phénomène de résonance se produit pour une valeur ω_0 de ω ; indiquer sa signification physique.

b) Exprimer $\vec{m}$ en fonction de $\vec{b}$ et $\dot{\vec{b}}$. Comentaire.

3. En réalité $\vec{b}(t)$ représente le champ magnétique d'une onde transverse se propageant suivant Oz^+ (la dépendance spatiale est volontairement ignorée car la longueur d'onde est très grande devant les dimensions atomiques).

Le nombre d'électrons par unité de volume qui interviennent dans le phénomène étudié est N.

a) Vérifier numériquement que $\omega \neq \omega_0$ sachant que pour un magnétisme de spin $\gamma = g\dfrac{e}{2m}$ avec $g \simeq 2$ (voir exercices 2.1 et 2.2), que $B_0 = 1\,\mathrm{T}$ ($\gg |\vec{b}|$) et que ω est telle que la longueur d'onde correspondante dans le vide est $\lambda_v = 3\,\mathrm{cm}$.

b) Exprimer l'excitation magnétique sous la forme $\vec{H}(t) = \vec{H}_0 + \vec{h}(t)$ où $\vec{h}(t)$ représente les petites variations harmoniques autour de la valeur statique $\vec{H}_0$ du "point de fonctionnement".

c) Cette onde est d'abord polarisée circulairement. En déduire $\dot{\vec{b}}$ en fonction de $\vec{b}$ avec la convention $\omega > 0$ et montrer que la perméabilité magnétique de la ferrite s'exprime par $\mu = \mu_0(1 + \chi \pm \alpha)$, le signe $\pm$ étant lié au sens de la polarisation circulaire de $\vec{b}$. Exprimer χ et α en fonction de $\mu_0, N, \gamma, M_0, B_0$ et ω.
Conclure sur la propagation suivant Oz d'une onde polarisée rectilignement.

d) Cette onde possède à présent une polarisation quelconque. En notation complexe, les composantes de $\underline{\vec{b}}$ sont prises en $\mathrm{e}^{i\omega t}$. Montrer que $\underline{\vec{b}} = \mu_0[\mu_r]\underline{\vec{h}}$ où $[\mu_r]$ est une matrice 2×2 à coefficients complexes à écrire sous la forme

$$[\mu_r] = \begin{bmatrix} 1+\chi & -i\alpha \\ i\alpha & 1+\chi \end{bmatrix}$$

Retrouver les expressions de χ et α en fonction de $\mu_0, N, \gamma, M_0, B_0$ et ω.

1. Le théorème du moment cinétique s'écrit $\dfrac{\mathrm{d}\vec{\sigma}}{\mathrm{d}t} = \vec{M} \wedge \vec{B}$ et puisque $\vec{M} = \gamma\vec{\sigma}$,

$$\frac{\mathrm{d}\vec{M}}{\mathrm{d}t} = \gamma\vec{M} \wedge \vec{B}$$

Avec $\vec{M}_0$ constant et parallèle à Oz, ceci donne

$$\left|\begin{matrix} \dot{m}_x \\ \dot{m}_y \\ \dot{m}_z \end{matrix}\right. = \gamma \left|\begin{matrix} m_x \\ m_y \\ M_0 + m_z \end{matrix}\right. \wedge \left|\begin{matrix} b_x \\ b_y \\ B_0 \end{matrix}\right.$$

d'où en négligeant les termes d'ordre 2

$$\left|\begin{array}{ll} \dot{m}_x \simeq \gamma B_0 m_y - \gamma M_0 b_y & (1) \\ \dot{m}_y \simeq -\gamma B_0 m_x + \gamma M_0 b_x & (2) \\ \dot{m}_z \simeq 0 & (3) \end{array}\right.$$

2.a) En dérivant l'équation (1) et en y remplaçant l'expression de $\dot{m}_y$ tirée de l'équation (2), il vient

$$\ddot{m}_x + (\gamma B_0)^2 m_x = \gamma M_0(-\dot{b}_y + \gamma B_0 b_x)$$

et de même $$\ddot{m}_y + (\gamma B_0)^2 m_y = \gamma M_0(\dot{b}_x + \gamma B_0 b_y)$$

Il s'agit là des équations d'un oscillateur non amorti de pulsation propre $\omega_0 = \gamma B_0$ en régime forcé de pulsation ω, d'où des solutions elles-mêmes harmoniques de pulsation ω

$$\boxed{\begin{aligned} m_x &= \frac{\gamma M_0(-\dot{b}_y + \gamma B_0 b_x)}{-\omega^2 + (\gamma B_0)^2} \\ m_y &= \frac{\gamma M_0(\dot{b}_x + \gamma B_0 b_y)}{-\omega^2 + (\gamma B_0)^2} \end{aligned}} \qquad (4)$$

et $m_z = 0$ seule solution "harmonique" vérifiant (3).

Le phénomène de résonance se produit lorsque $\omega = \omega_0 = \gamma B_0$ (on suppose $B_0 > 0$), c'est-à-dire lorsque la pulsation d'excitation correspond à la pulsation propre du système étudié. On note que ω_0 est la pulsation de précession qu'aurait $\vec{M}$ autour de $\vec{B}_0$ (en l'absence de $\vec{b}$) si les phénomènes de relaxation ne tendaient à l'orienter suivant Oz. Ce sont ces mêmes phénomènes qui dans la pratique limitent l'amplitude de $\vec{m}$ lorsque $\omega = \omega_0$.

b) Les résultats précédents peuvent s'écrire sous forme vectorielle :

$$\boxed{\vec{m} = \frac{\gamma M_0}{-\omega^2 + (\gamma B_0)^2}[(\gamma B_0)\vec{b} + \vec{u}_z \wedge \dot{\vec{b}}]} \qquad (4')$$

Cette expression montre que pour $\vec{b}(t)$ quelconque, $\vec{m}$ n'est pas colinéaire à $\vec{b}$ d'où l'anisotropie du milieu, (le milieu reste cependant linéaire : à $\lambda\vec{b}$ correspond $\lambda\vec{m}$). Comme pour un plasma ou un milieu diélectrique, cette anisotropie en régime variable fait suite à l'établissement d'un champ magnétique $\vec{B}_0$ dans le milieu.

3.a)

$$\underline{\omega_0} = \gamma B_0 = g\frac{e}{2m}B = \underline{1,8.10^{11}\text{rad.s}^{-1}}$$

$$\underline{\omega} = 2\pi\nu = 2\pi\frac{c}{\lambda_v} = \underline{6,3.10^{10}\text{rad.s}^{-1}}$$

valeurs différentes, bien que relativement proches ($\omega = 0,35\omega_0$).

b) L'excitation magnétique totale $\vec{H} = \dfrac{\vec{B}}{\mu_0} - \vec{J}$ s'écrit

$$\vec{H} = \frac{1}{\mu_0}(\vec{B}_0 + \vec{b}) - N(\vec{M}_0 + \vec{m}) \quad \text{du type} \quad \vec{H} = \vec{H}_0 + \vec{h}$$

avec $\vec{H}_0 = \dfrac{\vec{B}_0}{\mu_0} - N\vec{M}_0$ et

$$\boxed{\vec{h} = \frac{\vec{b}}{\mu_0} - N\vec{m}} \qquad (5)$$

c) Si l'onde est polarisée circulairement, alors $\vec{b}(t)$ est un champ tournant autour de l'axe Oz à la pulsation $\omega > 0$ d'où $\dot{\vec{b}} = \varepsilon\omega\vec{u}_z \wedge \vec{b}$, $\varepsilon = +1$ (resp. -1) correspondant à une polarisation circulaire gauche (resp. droite).

alors $\vec{u}_z \wedge \dot{\vec{b}} = \varepsilon\omega\vec{u}_z \wedge (\vec{u}_z \wedge \vec{b}) = \varepsilon\omega[(\vec{u}_z \cdot \vec{b})\vec{u}_z - \vec{b}] = -\varepsilon\omega\vec{b}$ car $\vec{b} \perp \vec{u}_z$ et la relation (4') s'écrit $\vec{m} = \dfrac{\gamma M_0}{(\gamma B_0)^2 - \omega^2}(\gamma B_0 - \varepsilon\omega)\vec{b} = \dfrac{\gamma M_0}{\gamma B_0 + \varepsilon\omega}\vec{b}$

d'où $\vec{h} = \dfrac{\vec{b}}{\mu_0} - N\vec{m} = \dfrac{\gamma B_0 + \varepsilon\omega - \mu_0 N\gamma M_0}{\mu_0(\gamma B_0 + \varepsilon\omega)}\vec{b}$ à identifier à $\vec{h} = \dfrac{\vec{b}}{\mu}$

$$\Longrightarrow \frac{\mu}{\mu_0} = \frac{\gamma B_0 + \varepsilon\omega}{\gamma B_0 + \varepsilon\omega - \mu_0 N\gamma N_0} = 1 + \frac{\mu_0 N\gamma M_0}{(\gamma B_0 - \mu_0 N\gamma M_0) + \varepsilon\omega}$$

En multipliant numérateur et dénominateur par $(\gamma B_0 - \mu_0 N\gamma M_0) - \varepsilon\omega$ et en comparant à $\mu/\mu_0 = 1 + \chi \pm \alpha$, il vient

$$\boxed{\chi = \frac{\mu_0 N\gamma M_0(\gamma B_0 - \mu_0 N\gamma M_0)}{(\gamma B_0 - \mu_0 N\gamma M_0)^2 - \omega^2}} \quad \text{et} \quad \boxed{\alpha = +\frac{\mu_0 N\gamma M_0\omega}{(\gamma B_0 - \mu_0 N\gamma M_0)^2 - \omega^2}} \qquad (6)$$

Remarque : Avec le choix du signe pour α, si $\varepsilon = +1$ (circulaire gauche), $\mu^g = \mu_0(1 + \chi - \alpha)$ et si $\varepsilon = -1$ (circulaire droite), $\mu^d = \mu_0(1 + \chi + \alpha)$.

Une onde polarisée rectilignement à l'arrivée sur la ferrite peut se décomposer en deux ondes de même pulsation et de même amplitude, polarisées circulairement l'une à droite, l'autre à gauche. Comme il leur correspond une perméabilité différente, il en est de même de leur vitesse de phase ($v_\varphi = 1/\sqrt{\varepsilon\mu}$). La polarisation de l'onde dans la ferrite va rester rectiligne, mais suivant une direction qui tourne lentement autour de la direction de propagation Oz [phénomène analogue à celui observé dans un plasma, (voir "Ondes électromagnétiques" exercice 4.5) ou dans le quartz (voir M.D., exercice 4.5)].

d) En se limitant à deux dimensions, les résultats (4) injectés dans l'équation (5) en notation complexe (en convention $e^{i\omega t}$) donnent :

$$\mu_0\underline{\vec{h}} = \begin{vmatrix} \underline{b}_x \\ \underline{b}_y \end{vmatrix} - \frac{\mu_0 N\gamma M_0}{-\omega^2 + (\gamma B_0)^2} \begin{vmatrix} -i\omega\underline{b}_y + \gamma B_0\underline{b}_x \\ i\omega\underline{b}_x + \gamma B_0\underline{b}_y \end{vmatrix}$$

pour alléger les notations, posons $X = \mu_0 N\gamma M_0$ et $D = -\omega^2 + (\gamma B_0)^2$

$$\text{d'où}\quad \mu_0 \underline{\vec{h}} = \begin{bmatrix} 1 - \dfrac{X\gamma B_0}{D} & \dfrac{Xi\omega}{D} \\ -\dfrac{Xi\omega}{D} & 1 - \dfrac{X\gamma B_0}{D} \end{bmatrix} \underline{\vec{b}}$$

Le déterminant de cette matrice est $\Delta = \left(1 - \dfrac{X\gamma B_0}{D}\right)^2 - \left(\dfrac{X\omega}{D}\right)^2 = \dfrac{(\gamma B_0 - X)^2 - \omega^2}{D}$ après transformation simple.

$$\text{d'où par inversion}\quad \underline{\vec{b}} = \frac{\mu_0 D}{(\gamma B_0 - X)^2 - \omega^2} \begin{bmatrix} 1 - \dfrac{X\gamma B_0}{D} & -\dfrac{Xi\omega}{D} \\ \dfrac{Xi\omega}{D} & 1 - \dfrac{X\gamma B_0}{D} \end{bmatrix} \underline{\vec{h}}$$

$$\text{du type}\quad \underline{\vec{b}} = \mu_0 \begin{bmatrix} a & -ib \\ ib & a \end{bmatrix} \underline{\vec{h}}$$

$$\text{avec } a = \frac{-\omega^2 + (\gamma B_0)^2 - X\gamma B_0}{(\gamma B_0 - X)^2 - \omega^2} = 1 + \frac{X(\gamma B_0 - X)}{(\gamma B_0 - X)^2 - \omega^2} \text{ et } b = \frac{X\omega}{(\gamma B_0 - X)^2 - \omega^2}$$

ce qui redonne

$$\chi = a - 1 = \frac{\mu_0 N\gamma M_0(\gamma B_0 - \mu_0 N\gamma M_0)}{(\gamma B_0 - \mu_0 N\gamma M_0)^2 - \omega^2}$$

$$\alpha = b = \frac{\mu_0 N\gamma M_0 \omega}{(\gamma B_0 - \mu_0 N\gamma M_0)^2 - \omega^2}$$

4.3 Propagation d'ondes dans une ferrite

On étudie la propagation d'une onde électromagnétique dans une ferrite, milieu linéaire, homogène, non conducteur, électriquement neutre, mais rendu anisotrope par introduction d'un champ magnétique statique $\vec{B}_0$ suivant la direction de propagation (voir exercice 4.2).

Pour les grandeurs ondulatoires, on a

$$\vec{D} = \varepsilon_0 \varepsilon_r \vec{E} \quad \text{et} \quad \vec{B} = \mu_0 [\mu_r] \vec{H}, \quad \text{avec } [\mu_r] = \begin{bmatrix} 1+\chi & -i\alpha & 0 \\ i\alpha & 1+\chi & 0 \\ 0 & 0 & 1 \end{bmatrix}$$

où $[\mu_r]$ est la matrice perméabilité reliant les champ $\vec{B}$ et $\vec{H}$ en notation complexe. χ et α sont des constantes réelles.

1. Écrire les équations de Maxwell dans la ferrite, en supposant que les champs sont invariants dans toute translation parallèle au plan xOy. En déduire l'équation aux dérivées partielles vérifiée par $\vec{H}$.

2. On cherche une solution sous forme d'onde plane progressive se propageant suivant Oz, de la forme $\vec{H} = \vec{H}_0 e^{i(\omega t - kz)}$, le type de polarisation n'étant pas précisé.

a) Montrer que l'onde est transversale et déduire des résultats précédents, la relation de dispersion entre ω et k.

b) Quel type de polarisation possèdent ces ondes ? (on suppose $k > 0$ avec $\omega > 0$). Montrer que, pour chacune d'entre elles, la ferrite se comporte comme un milieu isotrope de perméabilité μ à exprimer en fonction de μ_0, χ et α.

c) Quelles sont les longueurs d'onde dans la ferrite ?

AN : $\varepsilon_r = 10$, $\alpha = -1/2$ et $\chi \ll 1$, la pulsation ω correspond, dans le vide à une longueur d'onde $\lambda_0 = 3\,\text{cm}$.

1. Le milieu est neutre ($\rho_l = 0$) et non conducteur ($\vec{j}_l = \vec{0}$), d'où

$$\text{div } \vec{B} = 0 \quad (1) \qquad \text{div } \vec{D} = 0 \quad (3)$$

$$\overrightarrow{\text{rot}}\, \vec{E} = -\frac{\partial \vec{B}}{\partial t} \quad (2) \qquad \overrightarrow{\text{rot}}\, \vec{H} = \frac{\partial \vec{D}}{\partial t} \quad (4)$$

L'invariance dans toute translation parallèle au plan xOy assure que les champs ne dépendent que de z et t $\quad (\frac{\partial}{\partial x} \equiv \frac{\partial}{\partial y} \equiv 0)$.

On calcule $\overrightarrow{\text{rot}}\,\overrightarrow{\text{rot}}\, \vec{H}$:

– par la formule d'analyse vectorielle :

$$\overrightarrow{\text{rot}}\,\overrightarrow{\text{rot}}\, \vec{H} = \overrightarrow{\text{grad}} \text{ div } \vec{H} - \Delta\vec{H} = -\Delta\vec{H} \text{ car div } \vec{H} = 0$$

en effet $\text{div } \vec{H} = \dfrac{\partial H_x}{\partial x} + \dfrac{\partial H_y}{\partial y} + \dfrac{\partial H_z}{\partial z} = \dfrac{\partial H_z}{\partial z}$

$= \dfrac{1}{\mu_0} \dfrac{\partial B_z}{\partial z}$ d'après la relation matricielle

$= \dfrac{1}{\mu_0} \text{div } \vec{B} = 0$ d'après (1)

– par les équations de Maxwell (4) et (2) :

$$\overrightarrow{\text{rot}}\,\overrightarrow{\text{rot}}\, \vec{H} \overset{(4)}{=} \frac{\partial}{\partial t} \overrightarrow{\text{rot}}\, \vec{D} = \varepsilon_0 \varepsilon_r \frac{\partial}{\partial r} \overrightarrow{\text{rot}}\, \vec{E} \overset{(2)}{=} -\varepsilon_0 \varepsilon_r \frac{\partial^2 \vec{B}}{\partial t^2} = -\mu_0 \varepsilon_0 \varepsilon_r \frac{\partial^2}{\partial t^2} [\mu_r] \vec{H}$$

d'où

$$\boxed{\Delta\vec{H} - \frac{\varepsilon_r}{c^2} \frac{\partial^2}{\partial t^2} [\mu_r] \vec{H} = \vec{0}} \qquad (5)$$

En réalité, l'utilisation de la matrice (avec des termes complexes) suppose déjà une notation complexe avec des champs en $e^{i\omega t}$; il est donc plus correct d'y remplacer $\partial^2/\partial t^2$ par $-\omega^2$; par ailleurs Δ se limite à $\partial^2/\partial z^2$, d'où

$$\boxed{\frac{\partial^2 \underline{\vec{H}}}{\partial z^2} + \frac{\omega^2}{c^2}\varepsilon_r[\mu_r]\underline{\vec{H}} = \vec{0}} \qquad (5')$$

2.a) La polarisation étant quelconque, $\vec{H}_0$ est a priori un vecteur complexe, possédant des composantes sur les trois axes. Avec $\vec{H} = \vec{H}_0 e^{i(\omega t - kz)}$, $\text{div}\,\vec{H} = \dfrac{\partial H_z}{\partial z} = 0$ entraîne $H_{0z} = 0$, $\vec{H}$ est donc transverse et il en est de même pour $\vec{B}, \vec{D}$ et $\vec{E}$.
En projection sur les axes Ox et Oy, l'équation (5') s'écrit :

$$\left(-k^2 + \varepsilon_r(1+\chi)\frac{\omega^2}{c^2}\right)H_{0x} - i\varepsilon_r\alpha\frac{\omega^2}{c^2}H_{0y} = 0 \qquad (6)$$

$$i\varepsilon_r\alpha\frac{\omega^2}{c^2}H_{0x} + \left(-k^2 + \varepsilon_r(1+\chi)\frac{\omega^2}{c^2}\right)H_{0y} = 0 \qquad (7)$$

Une solution non nulle exige la nullité du déterminant de ce système :

$$\left(-k^2 + \varepsilon_r(1+\chi)\frac{\omega^2}{c^2}\right)^2 - (\varepsilon_r\alpha\frac{\omega^2}{c^2})^2 = 0$$

ce qui conduit à deux solutions :

$$\boxed{k^2 = \varepsilon_r(1+\chi\mp\alpha)\frac{\omega^2}{c^2}} \qquad (8)$$

b) Considérons d'abord la solution $k^2 = \varepsilon_r(1+\chi+\alpha)\dfrac{\omega^2}{c^2}$, alors (6) ou (7) donne $H_{0y} = iH_{0x}$, relation caractéristique d'une polarisation circulaire (deux composantes de même module et en quadrature temporelle). En notation réelle, si H_{0x} est en $\cos\omega t$, alors H_{0y} est en $-\sin\omega t$. Il suffit de représenter le vecteur $\vec{H}$ à $\omega t = 0$ et $\omega t = \pi/2$ pour s'apercevoir que dans le plan xOy, Oz étant vers l'avant, il tourne dans le sens des aiguilles d'une montre, ce qui correspond à une polarisation circulaire droite, l'onde se propageant suivant Oz^+.
Alors la relation matricielle $\vec{B} = \mu_0[\mu_r]\vec{H}$ se réduit à $\vec{B} = \mu_0(1+\chi+\alpha)\vec{H}$ ce qui permet de définir une perméabilité $\mu = \mu_0(1+\chi+\alpha)$ soit $k^2 = \varepsilon_r\mu_r\dfrac{\omega^2}{c^2}$.
De manière analogue, si $k^2 = \varepsilon_r(1+\chi-\alpha)\dfrac{\omega^2}{c^2}$, alors $H_{0x} = iH_{0y}$ ce qui correspond à une polarisation circulaire gauche et une perméabilité $\mu = \mu_0(1+\chi-\alpha)$.

Ceci achève la détermination des valeurs propres μ (réelles) et vecteurs propres (ondes circulaires) de la matrice perméabilité. La propagation dans ce milieu d'une onde polarisée circulairement est également décrite dans l'exercice 4.2, § 3c.

c) $k^2 = \varepsilon_r \mu_r \dfrac{\omega^2}{c^2} = \varepsilon_r \mu_r k_0^2$ avec $k = \dfrac{2\pi}{\lambda}$ et $k_0 = \dfrac{2\pi}{\lambda_0}$

d'où
$$\boxed{\lambda = \frac{\lambda_0}{\sqrt{\varepsilon_r \mu_r}} \simeq \frac{\lambda_0}{\sqrt{\varepsilon_r (1 \pm \alpha)}}}$$

AN : $\underline{\lambda^+ = 1{,}34\,\text{cm}}$ et $\underline{\lambda^- = 0{,}77\,\text{cm}}$

4.4 OPPM et discontinuité vide/milieu anisotrope

Préliminaires : Quelle est pour une OPPM dans un milieu isotrope caractérisé par ε et μ, la relation entre les composantes E_x, E_y, H_x, H_y et $Y = \sqrt{\dfrac{\varepsilon}{\mu}}$? On distinguera la propagation suivant Oz^+ et celle suivant Oz^-.

Quelle est l'unité et la valeur de $Z_0 = \dfrac{1}{Y_0} = \sqrt{\dfrac{\mu_0}{\varepsilon_0}}$ pour le vide ?

Dans une ferrite, milieu homogène, linéaire, non conducteur et électriquement neutre de permittivité ε, la perméabilité μ est fonction de la polarisation de l'onde transversale qui s'y propage suivant Oz (c'est aussi la direction suivant laquelle est établi un champ magnétique statique $\vec{B}_0$, responsable de cette anisotropie) ; elle vaut :

$\mu_1 = \mu_0(1 + \chi + \alpha)$ pour une polarisation circulaire droite $(Y_1 = iX_1)$ (a)

$\mu_2 = \mu_0(1 + \chi - \alpha)$ pour une polarisation circulaire gauche $(X_2 = iY_2)$ (a')

où
$$X = E_x \text{ ou } H_x$$
$$Y = E_y \text{ ou } H_y$$

Ce milieu occupe la partie de l'espace définie par $z \geq 0$, et l'air (assimilé au vide) la partie $z < 0$. Une onde plane progressive monochromatique incidente de champ électrique $\vec{E}_i = E_0 \mathrm{e}^{i(\omega t - k_0 z)} \vec{u}_x$ polarisé suivant Ox arrive dans l'air sur la ferrite sous incidence nulle, et donne naissance, à cause des discontinuités d'admittance, à une onde réfléchie de champ $\vec{E}_r$ (de polarisation a priori quelconque) et à deux ondes transmises de champ $\vec{E}_{t_1}$ et $\vec{E}_{t_2}$ de polarisation circulaire correspondant aux perméabilités μ_1 et μ_2.

a) Écrire sous forme vectorielle les conditions de passage sur la surface $z = 0$ pour le champ $\vec{E}$ et l'excitation $\vec{H}$.

b) On note $r_{/\!/}$ et $r_\perp$ les coefficients de réflexion en champ électrique suivant les directions $/\!/$ (Ox) et $\perp$ (Oy) des composantes de $\vec{E}_r$ par rapport à celle de $\vec{E}_i$ et t_1 et t_2, les coefficients de transmission en champ électrique sur Ox pour $\vec{E}_{t_1}$ et $\vec{E}_{t_2}$.
Calculer $r_{/\!/}, r_\perp, t_1$ et t_2 en fonction de $Y_0, Y_1 = \sqrt{\dfrac{\varepsilon}{\mu_1}}$ et $Y_2 = \sqrt{\dfrac{\varepsilon}{\mu_2}}$.
Quel est le type précis de polarisation de l'onde réfléchie, sachant que pour la ferrite, à la fréquence considérée, $\varepsilon = 10\varepsilon_0$, $\chi \ll 1$ et $\alpha = -1/2$? Cas particuliers.

<u>Préliminaires :</u>

NB : Tous les champs sont transverses, mais leur polarisation n'est pas fixée. Si ω et leur pulsation et k le module du vecteur d'onde dans le milieu considéré, alors la vitesse de phase vaut $v_\varphi = \dfrac{\omega}{k} = \dfrac{1}{\sqrt{\varepsilon\mu}}$.

* pour une propagation suivant Oz^+, les composantes des champs sont en $e^{i(\omega t - kz)}$

$$\overrightarrow{\text{rot}}\,\vec{E} = -\frac{\partial \vec{B}}{\partial t} = -\mu\frac{\partial \vec{H}}{\partial t} \Longrightarrow \left|\begin{array}{ll} -\dfrac{\partial E_y}{\partial z} & = -\mu\dfrac{\partial H_x}{\partial t} \\ \dfrac{\partial E_x}{\partial z} & = -\mu\dfrac{\partial H_y}{\partial t} \end{array}\right.$$

$$\Longrightarrow \left|\begin{array}{ll} ikE_y & = -\mu i\omega H_x \\ -ikE_x & = -\mu i\omega H_y \end{array}\right.$$

d'où puisque $\dfrac{\omega}{k} = \dfrac{1}{\sqrt{\varepsilon\mu}}$, $\quad H_x = -\dfrac{k}{\mu\omega}E_y = -\sqrt{\dfrac{\varepsilon}{\mu}}E_y$ soit

$$\boxed{\left|\begin{array}{ll} H_x & = -YE_y \\ H_y & = YE_x \end{array}\right.} \qquad \text{(b)}$$

* pour une propagation suivant Oz^-, les composantes des champs sont en $e^{i(\omega t + kz)}$,

ce qui donne $$\boxed{\left|\begin{array}{ll} H_x & = YE_y \\ H_y & = -YE_x \end{array}\right.} \qquad \text{(b')}$$

$Z = 1/Y$ est homogène à E/H ; si l est une longueur, Z est aussi homogène à $\dfrac{E \times l}{H \times l}$; or $E \times l$ (circulation de E) est une différence de potentiel U et $H \times l$ (circulation de H) est une intensité I, donc Z s'exprime en Ω, c'est donc une impédance et $Y = 1/Z$ une admittance.

AN : pour le vide <u>$Z_0 = \sqrt{\mu_0/\varepsilon_0} = 377\,\Omega$</u> ; c'est l'impédance du vide.

a) Comme l'onde incidente, l'onde réfléchie et les ondes transmises sont planes, progressives suivant la direction Oz (incidence nulle), de pulsation ω et tous les champs sont transverses, donc tangents à la surface de séparation vide/ferrite en $z = 0$.
Ceci assure la continutié de $\vec{E}$, mais également celle de $\vec{H}$ car la ferrite n'étant pas conductrice, il n'y a pas de courant libre surfacique.

d'où en $z = 0$ $$\left\{\begin{aligned} \vec{E}_i + \vec{E}_r &= \vec{E}_{t_1} + \vec{E}_{t_2} \\ \vec{H}_i + \vec{H}_r &= \vec{H}_{t_1} + \vec{H}_{t_2} \end{aligned}\right. \qquad \text{(c)}$$

b) $\vec{E}_i$ et $\vec{E}_r$ sont en $e^{i(\omega \mp k_0 z)}$ et $\vec{E}_{t_1}$ et $\vec{E}_{t_2}$ en $e^{i(\omega t - k_{1,2} z)}$.
En $z = 0$, les parties spatiales s'annulent et pour alléger les notations, convenons d'omettre la partie temporelle $e^{i\omega t}$. A deux dimensions

$\vec{E}_i \left| \begin{matrix} E_0 \\ 0 \end{matrix} \right.$ par hypothèse $\quad \vec{H}_i \left| \begin{matrix} 0 \\ Y_0 E_0 \end{matrix} \right.$ d'après (b)

$\vec{E}_r \left| \begin{matrix} r_{/\!/} E_0 \\ r_\perp E_0 \end{matrix} \right.$ par définition de $r_{/\!/}$ et $r_\perp$ $\quad \vec{H}_r \left| \begin{matrix} Y_0 r_\perp E_0 \\ -Y_0 r_{/\!/} E_0 \end{matrix} \right.$ d'après (b')

$\vec{E}_{t_1} \left| \begin{matrix} t_1 E_0 \\ i t_1 E_0 \end{matrix} \right.$ par déf. de t_1 et d'après (a) $\quad \vec{H}_{t_1} \left| \begin{matrix} -Y_1 i t_1 E_0 \\ Y_1 t_1 E_0 \end{matrix} \right.$ d'après (a) et (b)

$\vec{E}_{t_2} \left| \begin{matrix} t_2 E_0 \\ -i t_2 E_0 \end{matrix} \right.$ par déf. de t_2 et d'après (a') $\quad \vec{H}_{t_2} \left| \begin{matrix} Y_2 i t_2 E_0 \\ Y_2 t_2 E_0 \end{matrix} \right.$ d'après (a') et (b)

Les relations de passage (c) en $z = 0$ s'écrivent alors sous la forme d'un système de quatre équations à quatre inconnues :

$$\left\{\begin{aligned} 1 + r_{/\!/} &= t_1 + t_2 && (1) \\ r_\perp &= i t_1 - i t_2 && (2) \\ Y_0 r_\perp &= -Y_1 i t_1 + Y_2 i t_2 && (3) \\ Y_0 - Y_0 r_{/\!/} &= Y_1 t_1 + Y_2 t_2 && (4) \end{aligned}\right.$$

$r_{/\!/}$ s'élimine par (1)$\times Y_0$+(4) : $\quad 2Y_0 = (Y_0 + Y_1) t_1 + (Y_0 + Y_2) t_2$

$r_\perp$ s'élimine par (2)$\times Y_0$−(3) : $\quad 0 = (Y_0 + Y_1) t_1 - +(Y_0 + Y_2) t_2$

d'où il vient $$\boxed{t_1 = \frac{Y_0}{Y_0 + Y_1}} \quad \text{et} \quad \boxed{t_2 = \frac{Y_0}{Y_0 + Y_2}}$$

puis par (1)$\times Y_0-$(4) : $2Y_0 r_{/\!/} = (Y_0 - Y_1)t_1 + (Y_0 - Y_2)t_2$

$$\Longrightarrow \qquad \boxed{r_{/\!/} = \frac{1}{2}\Big(\frac{Y_0 - Y_1}{Y_0 + Y_1} + \frac{Y_0 - Y_2}{Y_0 + Y_2}\Big)}$$

$$\text{et (2)} \Longrightarrow \qquad \boxed{r_{\perp} = i\Big(\frac{Y_0}{Y_0 + Y_1} - \frac{Y_0}{Y_0 + Y_2}\Big)}$$

Ces résultats montrent que c'est l'anisotropie du milieu ($Y_1 \neq Y_2$) qui génère des phénomènes nouveaux ($t_1 \neq t_2$ et $r_{\perp} \neq 0$).
Les composantes E_{rx} et E_{ry} sont déphasées de $\pi/2$, l'onde réfléchie a donc une polarisation elliptique d'axes Ox et Oy. L'application numérique fournit $Y_1 = 4,47Y_0$ et $Y_2 = 2,58Y_0$ d'où $E_{rx} = -0,54E_0$ et $E_{ry} = -0,097iE_0$; cela permet de préciser que le grand axe est suivant Ox (direction de polarisation de l'onde incidente); le rapport des axes est 5,6 et le sens de rotation est à gauche (propagation suivant Oz^-).

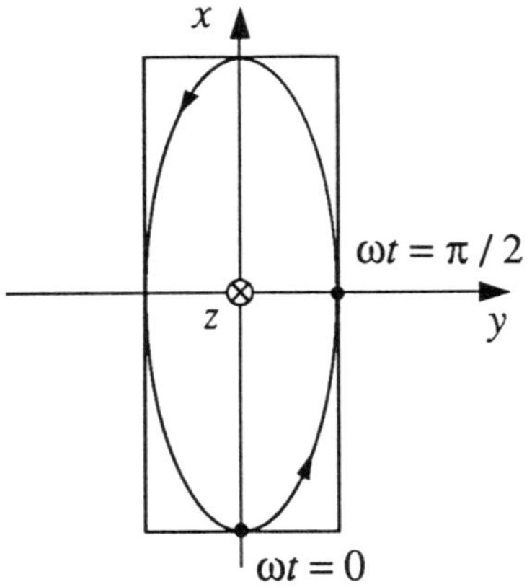

Cas particuliers :

* si le milieu est isotrope ($\alpha = 0$) et donc $Y_1 = Y_2$ noté Y

alors $t_1 = t_2 = \dfrac{Y_0}{Y_0 + Y}$; on a alors deux ondes circulaires, droite et gauche, se propageant à la même vitesse, et ayant même amplitude (et même fréquence) ; il s'agit donc d'une polarisation rectiligne suivant Ox
(soit $\vec{E}_t = \vec{E}_{t_1} + \vec{E}_{t_2} = 2tE_0\vec{u}_x,\ \forall t$)

et $r_{/\!/} = \dfrac{Y_0 - Y}{Y_0 + Y}$ et $r_\perp = 0$; l'onde réfléchie est alors également polarisée rectilignement suivant Ox.

C'est donc l'anisotropie du milieu qui est responsable des changements de polarisation.

* si le milieu est isotrope ($\alpha = 0$), n'a pas de propriétés magnétiques ($\chi = 0$ soit $\mu = \mu_0$), et qu'il s'agit d'un diélectrique transparent d'indice $n = \sqrt{\varepsilon_r}$, alors

$$Y = \sqrt{\frac{\varepsilon}{\mu}} = \sqrt{\frac{\varepsilon_0 \varepsilon_r}{\mu_0}} = Y_0 n \quad \text{d'où } t = t_1 + t_2 = \frac{2}{1+n} \quad \text{et} \quad r = r_{/\!/} = \frac{1-n}{1+n}$$

Ce sont alors les formules de Fresnel en incidence normale entre le vide et un milieu d'indice n (voir "Ondes électromagnétiques" exercice 6.3).

4.5 Anisotropie diamagnétique et cristal liquide

Un cristal liquide est un liquide anisotrope constitué de molécules ayant la forme de "bâtonnets" rigides (longueur $\simeq$ 20Å, diamètre $\simeq$ 5Å). Dans certaines conditions de température et de pression intermédiaires entre celles de la phase solide (cristal) et celles de la phase liquide isotrope, on observe une phase liquide particulière où les molécules voisines (les bâtonnets) ont tendance à s'aligner selon une direction commune (ordre d'orientation). Cet état est appelé "phase cristal liquide nématique". L'orientation locale des molécules est définie par le vecteur unitaire $\vec{n}(\vec{r})$, parallèle à la direction commune des bâtonnets, appelé directeur. Seule la direction du directeur est importante : les états $\vec{n}$ et $-\vec{n}$ sont donc indiscernables.

La majorité des cristaux liquides sont diamagnétiques. L'aimantation induite par un champ magnétique extérieur $\vec{B}$ vaut :

$\vec{M} = \chi_{/\!/} \vec{B}$ en un point où $\vec{B}$ est parallèle au directeur $\vec{n}$

$\vec{M} = \chi_\perp \vec{B}$ en un point où $\vec{B}$ est perpendiculaire au directeur $\vec{n}$.

Les susceptibilités magnétiques $\chi_{/\!/}$ et $\chi_\perp$ sont deux constantes négatives (diamagnétisme) de faible valeur ($\simeq -10^{-12}$ MKSA). L'anisotropie de susceptibilité magnétique est définie par $\chi_a = \chi_{/\!/} - \chi_\perp > 0$.

1. Montrer que pour une orientation quelconque du directeur $\vec{n}(\vec{r})$ par rapport au champ magnétique extérieur $\vec{B}$, l'aimantation est donnée par :

$$\vec{M}(\vec{r}) = \chi_\perp \vec{B} + \chi_a (\vec{B} \cdot \vec{n}) \cdot \vec{n}$$

En déduire qu'il exerce sur le cristal liquide anisotrope un couple magnétique par unité de volume $\vec{\Gamma}_v$. Donner son expression.

2. Pour étudier l'effet d'orientation d'un champ magnétique uniforme sur un échantillon de cristal liquide, dans le cas d'une déformation de torsion pure, la géométrie suivante est adoptée :

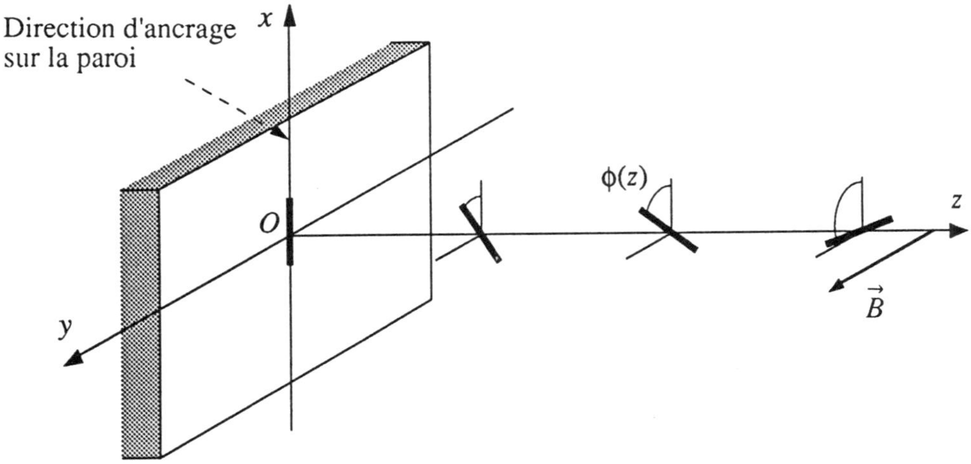

En $z = 0$, les conditions d'ancrage sur la paroi imposent au directeur d'être parallèle à l'axe Ox. Le champ $\vec{B}$ est dirigé selon Oy. En s'écartant de $z = 0$, le directeur, soumis à l'effet d'orientation du champ $\vec{B}$, reste dans un plan parallèle à xOy, mais fait un angle de torsion Φ avec la direction Ox.

a) Calculer le couple magnétique par unité de volume en un point où le directeur fait un angle Φ avec Ox.

Le champ de déformation (ici de torsion pure) du directeur au sein du nématique entraîne l'apparition d'un couple purement mécanique ; à travers une surface dS perpendiculaire à Oz à la côte z, la partie de gauche du cristal liquide exerce sur celle de droite un couple mécanique d'expression

$$\mathrm{d}\vec{\Gamma} = -C\frac{\mathrm{d}\Phi}{\mathrm{d}z}\mathrm{d}S\vec{u}_z$$

où C est une constante positive.

b) Écrire la condition d'équilibre magnéto-mécanique pour une tranche de nématique de surface dS, comprise entre z et $z + \mathrm{d}z$, et en déduire l'équation

$$\xi^2\frac{\mathrm{d}^2\Phi}{\mathrm{d}z^2} + \sin\Phi\cos\Phi = 0$$

Exprimer ξ et donner sa dimension.

c) Intégrer une fois cette équation et trouver une expression pour $(\frac{\mathrm{d}\Phi}{\mathrm{d}z})^2$. En remarquant que loin de la paroi, le directeur doit avoir une direction constante parallèle au champ magnétique, montrer que cette équation se réduit à

$$\xi \frac{\mathrm{d}\Phi}{\mathrm{d}z} = \pm \cos \Phi$$

Que représentent les signes + et − ?
Dans l'hypothèse du signe +, intégrer l'équation précédente pour obtenir $\Phi(z)$ et donner la signification physique de ξ.

d) **AN** : Calculer ξ pour $\chi_a = 10^{-12}$MKSA, $C = 10^{-12}$MKSA, $B = 10^{-5}$T.

1. Le champ magnétique est écrit sous la forme d'une somme de deux composantes, l'une parallèle, l'autre perpendiculaire à $\vec{n}$:

$$\vec{B}_{/\!/} = (\vec{B} \cdot \vec{n})\vec{n} \qquad \text{et} \qquad B_{\perp} = \vec{B} - (\vec{B} \cdot \vec{n})\vec{n}$$

d'où $\vec{M} = \chi_{/\!/}\vec{B}_{/\!/} + \chi_{\perp}\vec{B}_{\perp} \Longrightarrow$

$$\boxed{\vec{M} = \chi_{\perp}\vec{B} + \chi_a(\vec{B} \cdot \vec{n})\vec{n}} \qquad (1)$$

Remarque : Sous cette décomposition vectorielle apparaît bien une relation matricielle $\vec{M} = [\chi]\vec{B}$ où $[\chi]$ est le tenseur susceptibilité.

Par exemple si $\vec{u} = \vec{u}_z$, alors $[\chi] = \begin{pmatrix} \chi_{\perp} & 0 & 0 \\ 0 & \chi_{\perp} & 0 \\ 0 & 0 & \chi_{/\!/} \end{pmatrix}$ dont on conçoit dans ce cas qu'elle soit diagonale.

Un moment élémentaire $\mathrm{d}\vec{\mathcal{M}}$ placé dans un champ $\vec{B}$ subit le couple élémentaire $\mathrm{d}\vec{\Gamma} = \mathrm{d}\vec{\mathcal{M}} \wedge \vec{B}$, soit par unité de volume $\vec{\Gamma}_v = \vec{M} \wedge \vec{B}$ qui s'écrit avec (1)

$$\boxed{\vec{\Gamma}_v = \chi_a(\vec{B} \cdot \vec{n})(\vec{n} \wedge \vec{B})} \qquad (2)$$

Ce couple magnétique est donc spécifique du milieu anisotrope (il disparaît pour un milieu isotrope $\chi_a = 0$; voir également M.D. exercice 4.3).

2.a) $\vec{B} \cdot \vec{n} = B\cos(\pi/2 - \Phi)$ et $\vec{n} \wedge \vec{B} = \sin(\frac{\pi}{2} - \Phi)B\vec{u}_z$

d'où l'expression (2) de

$$\boxed{\vec{\Gamma}_v = \chi_a B^2 \sin\Phi \cos\Phi \vec{u}_z}$$

b) Au couple magnétique s'ajoutent deux couples mécaniques sur la tranche, l'un de type gauche/droite en z et l'autre de type droite/gauche en $z + \mathrm{d}z$. A l'équilibre la somme des moments sur Oz est nulle :

$$-C\Phi'(z)\mathrm{d}S + C\Phi'(z + \mathrm{d}z)\mathrm{d}S + \chi_a B^2 \sin\Phi \cos\Phi \mathrm{d}S\mathrm{d}z = 0$$

ou encore $$\boxed{\frac{C}{\chi_a B^2}\Phi'' + \sin\Phi\cos\Phi = 0} \qquad (3)$$

conforme à l'énoncé avec $$\boxed{\xi = \frac{1}{B}\sqrt{\frac{C}{\chi_a}}}$$

homogène à une longueur afin que $\xi^2 \dfrac{\mathrm{d}^2\Phi}{\mathrm{d}z^2}$ soit sans dimension.

c) On multiplie (3) par Φ'

$$\xi^2\Phi''\Phi' + (\sin\Phi\cos\Phi)\Phi' = 0 \implies \frac{\xi^2}{2}\Phi'^2 - \frac{1}{2}\cos^2\Phi = \mathrm{Cste}$$

Loin de la paroi, $\Phi = \pi/2$ et $\Phi' = 0$ d'où $\mathrm{Cste} = 0$

on en déduit deux solutions $$\boxed{\xi\Phi' = \pm\cos\Phi} \qquad (4)$$

le signe + ou − correspond au sens d'enroulement de l'hélice ; en effet seule la direction de $\vec{n}$ et non son sens a été prise en compte.

Avec le signe +, l'équation (4) s'écrit

$$\frac{\mathrm{d}\Phi}{\cos\Phi} = \frac{\mathrm{d}z}{\xi}$$

qui s'intègre en $\ln\left|\tan\left(\frac{\Phi}{2} + \frac{\pi}{4}\right)\right| = \frac{z}{\xi}$ vérifiant la condition aux limites $\Phi(z = 0) = 0$

d'où $$\boxed{\Phi(z) = -\frac{\pi}{2} + 2\arctan \mathrm{e}^{z/\xi} = \frac{\pi}{2} - 2\arctan \mathrm{e}^{-z/\xi}}$$

ξ représente l'ordre de grandeur sur lequel l'hélice tourne de $\pi/2$ afin que les bâtonnets soient orientés dans le sens du champ.

d) **AN** : $\underline{\xi = 10^5\text{m}}$ valeur très grande conduisant à de faibles torsions du directeur dans un champ dont l'intensité est celle du champ magnétique terrestre.
Un cristal liquide de plus forte anisotropie ($\chi_a = 10^{-10}$MKSA), moins rigide ($C = 10^{-14}$MKSA) et placé dans un champ important $B = 1\,\text{T}$ conduit à $\xi = 1\,\text{cm}$.

Références du chapitre 4 :

Polytechnique P'84 - ENS Lyon P'89.

Chapitre 5

Milieux magnétiques non linéaires. Ferromagnétisme

Les milieux magnétiques non linéaires concernent essentiellement les milieux ferromagnétiques. L'aimantation, même sous champ faible, peut y prendre des valeurs très importantes (perméabilité relative de l'ordre de 10^4), beaucoup plus grandes que pour les paramagnétiques. Cette aimantation, fonction non linéaire du champ appliqué, dépend en plus de la température et du "passé magnétique" de l'échantillon, c'est-à-dire des champs antérieurs qui ont agi sur lui (hystérésis ferromagnétique).

Description macroscopique

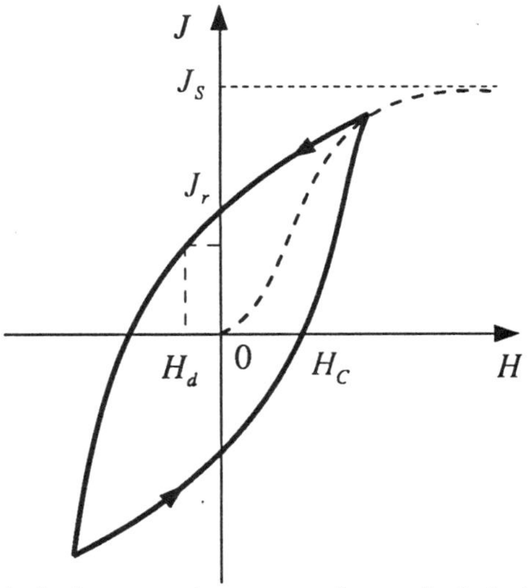

La courbe de 1ère aimantation, en pointillé sur le graphe $J(H)$, concerne un échantillon qui n'a jamais été aimanté (ou qui a été au préalable soigneusement désaimanté). On peut y distinguer : d'abord un petit domaine linéaire pour H faible, puis une partie à croissance beaucoup plus rapide et enfin pour H élevé, (de l'ordre de 10^6 Am^{-1}), une zone où l'aimantation tend vers une limite J_S dite aimantation à saturation. On voit facilement que la susceptibilité $\chi = J/H$ et donc la perméabilité ($\mu_r = 1 + \chi \simeq \chi$) passent par un maximum en fonction de H.

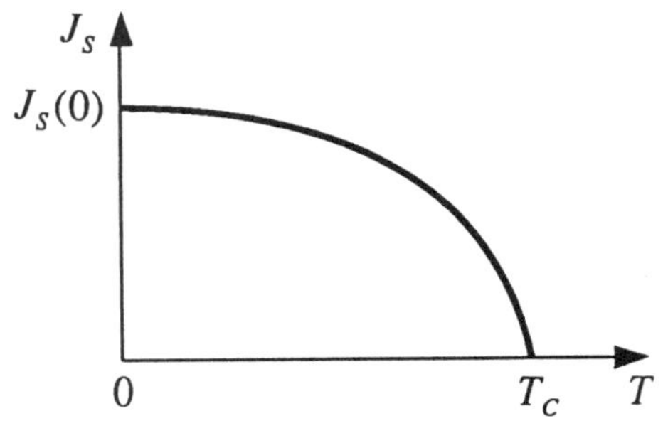

J_S dépend de la température suivant la loi ci-contre (exercice 5.8) où T_c est la température de Curie ferromagnétique ($T_c = 770°$ C pour le fer), au-delà de laquelle le matériau devient paramagnétique (avec une susceptibilité $\chi = C/(T - T_c)$ suivant la loi de Curie-Weiss) ; rappelons l'expérience du clou de fer attiré par un aimant et qui s'en détache lorsqu'il est chauffé au-delà de T_c.

Lorsque le matériau est soumis à une excitation sinusoïdale, la courbe $J(H)$ décrite dans le sens indiqué sur la figure, se stabilise au bout de plusieurs cycles. On y distingue deux grandeurs (exercice 5.9) :

– l'aimantation rémanente $\pm J_r$ qui est l'aimantation que conserve un corps dans une excitation nulle. En réalité, pour $\vec{H}_0 = \vec{0}$, il subsiste $\vec{H} = \vec{H}_d$, l'excitation démagnétisante (voir exercice 1.2). Pour un long barreau ferromagnétique, $\vec{H}_d \neq \vec{0}$ auprès des deux faces seulement où il est alors de sens opposé à l'aimantation $\vec{J}$ (voir exercice 1.4). D'après le cycle d'hystérésis, (voir page précédente), $|\vec{J}|$ diminue donc aux bords, c'est-à-dire que le matériau s'y démagnétise (d'où la conservation des aimants assemblés en circuit fermé, ce qui supprime les faces).

– l'excitation cœrcitive $\pm H_c$ qu'il faut appliquer pour annuler l'aimantation.

Alors, pour une valeur donnée de H, la valeur prise par J parmi les deux possibles dépend de "l'histoire magnétique" antérieure du matériau. Dans un cycle d'hystérésis tracé en coordonnées $B(H)$ (exercice 5.2), l'aire du cycle mesure alors l'énergie à dépenser pour le décrire (exercices 5.2 et 5.3), énergie qui est dépensée sous forme de chaleur dans l'échantillon et qui traduit l'irréversibilité des phénomènes mis en jeu.

On distingue deux types de matériaux ferromagnétiques :

– les matériaux doux à cycle étroit pour lesquels H_c est faible ($\simeq 10^2$ Am^{-1}), c'est-à-dire qui se désaimantent facilement, mais dont les pertes sont faibles et la perméabilité élevée. Ils sont utilisés en régime alternatif en électrotechnique comme noyaux magnétiques dans les transformateurs, les moteurs, les selfs,... Dans ce cas μ_r possède une valeur quasi constante, facilitant les calculs (exercices 5.1 et 5.7).

– les matériaux durs à cycle large pour lesquels H_c est élevé ($\simeq 10^6$ Am^{-1}) et $J_r \simeq J_S$. Ce sont alors de véritables aimants, difficiles à désaimanter, et qui produisent un champ $\vec{B}$ important ; ils sont utilisés comme aimants permanents dans des applications nombreuses et variées : moteurs, générateurs, instruments divers, haut-parleurs, guides dans les accélérateurs de particules, fermetures des portes, etc. Le modèle de cycle adopté est variable et fonction du but recherché : rectangulaire (exercice 5.4), parabolique (exercice 5.3), hyperbolique (exercice 5.5) ou donné par un tableau de valeurs numériques (exercice 5.6) permettant d'avoir la valeur $\mu_r(B)$ pour chaque valeur de B.

Ces matériaux canalisent très bien les lignes de champ (pas de perte de flux magnétique), le champ magnétique y est important dans le matériau mais non accessible à l'expérimentateur s'il se présente sous la forme d'un tore fermé. D'où la nécessité d'y ménager une ouverture appelée entrefer ; la valeur de B décroît alors rapidement avec la largeur, même petite, de l'entrefer, qui joue le rôle de rétroaction sur la valeur de μ_r (exercice 5.7).

Outre les applications déjà mentionnées, citons les supports magnétiques : de petites particules ferromagnétiques (longueur $\simeq 0,3\mu$m) noyées dans un liant et déposées en couche fine et régulière sur un substrat constituent des bandes ou disquettes magnétiques pour l'enregistrement (analogique ou numérique) le stockage et la relecture de grandes quantités d'informations (informatique, audiovisuel, cartes ou tickets magnétiques,...).

Description microscopique

D'un point de vue microscopique, la nouveauté par rapport au paramagnétisme est l'existence d'interactions, dites d'échanges, entre les moments magnétiques (orbitaux ou de spins) de l'échantillon considéré (un peu comme un gaz réel par rapport à un gaz parfait...), de telle sorte que s'ajoute au champ extérieur appliqué un champ d'origine interne proportionnel à l'aimantation existante (exercice 5.8). En-dessous de la température de Curie, la substance peut alors s'aimanter spontanément sous l'action de son propre champ (en l'absence de champ extérieur) (exercices 5.8 et 5.9) ; cette tendance à "l'ordre magnétique" ne s'observe que dans les cristaux (rigides et denses) et plus spécialement suivant certains axes du réseau cristallin appelés axes de facile aimantation (anisotropie magnétique). De manière générale ces interactions, d'origine quantique (et non magnétostatique), favorisent soit le parallélisme, soit l'antiparallélisme des moments.

* dans les milieux ferromagnétiques (Fe, Co, Ni, leurs alliages, aciers,...), tous les moments atomiques, orbitaux et surtout de spin, sont parallèles et de même sens (à température nulle).

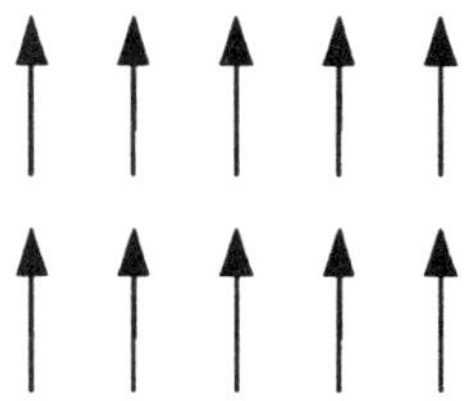

Cette aimantation spontanée n'est cependant pas uniforme dans tout l'échantillon, mais uniquement sur de petits domaines, appelés domaines de Weiss (de l'ordre du μm). Deux domaines de Weiss de direction d'aimantation différente sont séparés par une paroi de Bloch (de l'ordre de 100 Å) dans laquelle l'orientation des moments tourne rapidement.

Les dessins ci-dessous peuvent alors aider à mieux comprendre les courbes de 1ère aimantation et d'hystérésis (à température T) :

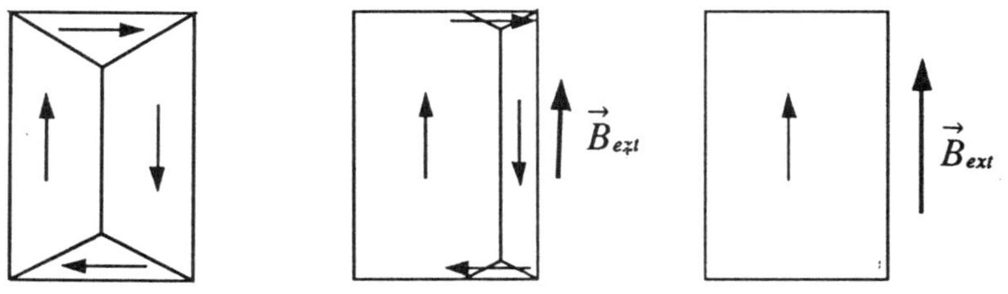

- à gauche, il n'y a pas de champ extérieur ; l'échantillon possède quatre domaines de Weiss, mais la résultante macroscopique d'aimantation est nulle.
- au milieu, s'applique un champ extérieur ; les parois de Bloch se déplacent et le domaine de Weiss correspondant à une aimantation de même sens que $\vec{B}_{\text{ext.}}$ y gagne en volume.
- à droite, le champ extérieur est important ; les parois de Bloch ont disparu, et il ne reste qu'un seul domaine de Weiss : l'aimantation à saturation est atteinte.

La suppression du champ extérieur ne permet pas de revenir à l'état initial.

* dans les milieux ferrimagnétiques coexistent (à température nulle) deux sous-réseaux de sens opposé et d'intensité différente correspondant à deux types de moments magnétiques élémentaires.

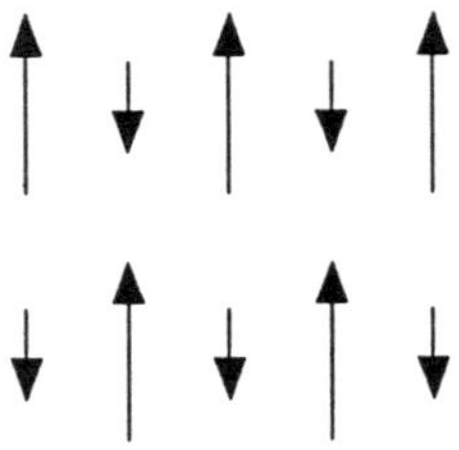

Exemples :

– d'une part la magnétite Fe_3O_4 (ou Fe_2O_3, FeO) ou de manière plus générale les ferrites de type spinelles (Fe_2O_3, MO) (où M est un métal divalent), c'est-à-dire les corps composés d'un oxyde de fer et d'un autre oxyde.

– d'autre part les ferrites de type grenats ($5Fe_2O_3$, $3M_2O_3$) (où M est un métal trivalent) qui en plus sont transparentes, comme les pierres précieuses du même nom.

Ils possèdent des propriétés tout à fait analogues aux ferromagnétiques, mais sont, contrairement à ces derniers, des isolants électriques ; ceci empêche les pertes par courant de Foucault en régime variable et les rend dont utiles par exemple dans les transformateurs.

* dans les milieux antiferromagnétiques, deux sous-réseaux antiparallèles, mais constitués (à température nulle) des mêmes moments expliquent l'absence de résultante macroscopique (comme pour un paramagnétique).

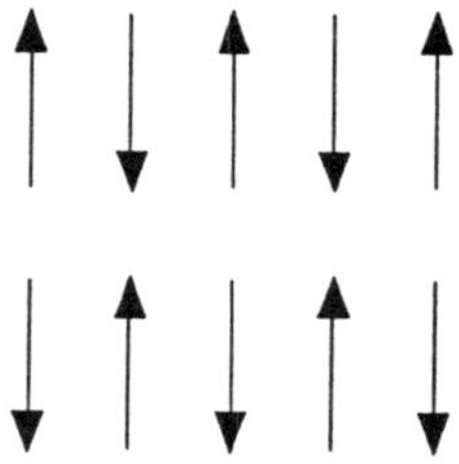

En champ extérieur, la susceptibilité est maximale pour la température de Néel T_N au-dessus de laquelle l'ordre disparaît (exercice 5.10).

Exemples : MnO, Cr_2O_3, NiO.

5.1 Inductance d'une bobine à noyau ; dissipation

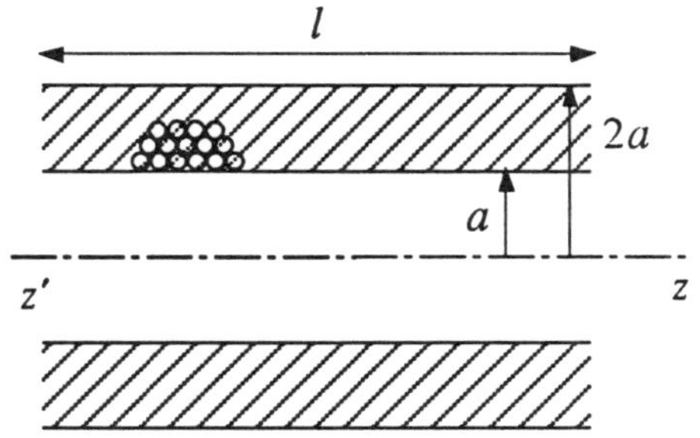

Une bobine est constituée par un fil de cuivre régulièrement enroulé en couches minces successives réparties entre deux cylindres d'axe $z'z$ de rayons $r = a$ et $r = 2a$ et de longueur l. Le diamètre du fil est très petit devant a et on compte n tours par unité de longueur (aussi bien le long de l'axe que suivant le rayon).

Comme $l \gg a$, les effets de bords sont négligés, ce qui conduit à un champ magnétique nul pour $r > 2a$ (le courant est I).

1. D'abord le cylindre intérieur est vide.

a) Établir l'expression de $B = B(r)$ et en donner une représentation graphique.

b) En déduire l'inductance propre L en fonction de μ_0, n, a, et l.

2. Dans ce qui suit, le cylindre intérieur contient une substance ferromagnétique linéaire, de perméabilité magnétique relative $\mu_r = 10^4$.

a) Représenter graphiquement $H = H(r)$ et $B = B(r)$.

b) Donner alors, avec une approximation raisonnable, la nouvelle expression du coefficient d'autoinduction L^*. Quelle est la valeur numérique du rapport L^*/L ?

c) En fait, la substance ferromagnétique n'est pas rigoureusement linéaire, mais présente un cycle d'hystérésis étroit qui, en coordonnées (H, B) a une surface $S = kI_e^2$ où I_e désigne la valeur efficace du courant alternatif considéré comme approximativement sinusoïdal. On admet que L^* garde tout au long sa valeur précédente.
Déterminer dans une représentation électrocinétique, la résistance r en série avec une inductance parfaite et traduisant les pertes par hystérésis dans le milieu ferromagnétique.

1.a) **Rappel** : Un solénoïde à une couche d'épaisseur, parcouru par un courant I, crée en son intérieur, un champ uniforme $\mu_0 nI$; le champ extérieur est nul.

Pour le solénoïde épais, à une distance r de l'axe, seuls contribuent donc au champ, les enroulements de r à $2a$ (car le point considéré est à l'extérieur de ceux compris entre a et r).

* Pour $a < r < 2a$, l'épaisseur dr en r parcourue par un courant $n\mathrm{d}rI$ crée un champ uniforme

$$\mathrm{d}B = \mu_0 n(n\mathrm{d}rI)$$

$$B(r) = \int_r^{2a} \mathrm{d}B \implies \underline{B(r) = \mu_0 n^2 I(2a - r)}$$

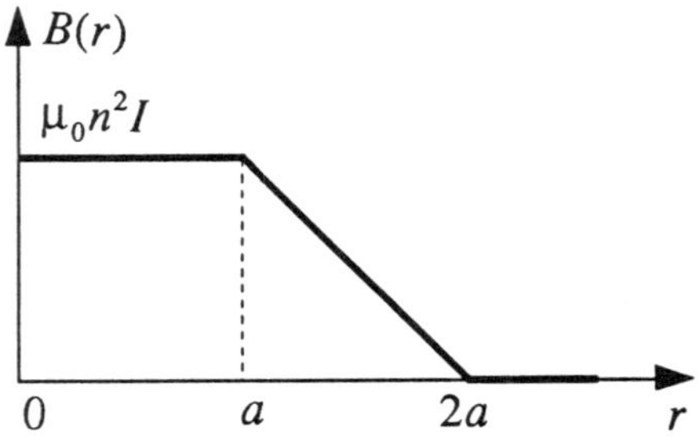

* pour $r < a$, puisque B est uniforme, $\underline{B = \mu_0 n^2 I a}$ (prendre la valeur en $r = a$ de l'expression précédente).

Remarque : L'utilisation du théorème d'Ampère est aussi rapide.

b) Dans le vide, la densité volumique d'énergie est $B^2/2\mu_0$. L'énergie magnétique est

$$W_m = \frac{(\mu_0 n^2 a I)^2}{2\mu_0} \times \pi a^2 l + \frac{(\mu_0 n^2 I)^2}{2\mu_0} \int_a^{2a} (2a - r)^2 2\pi r \mathrm{d}r l$$

l'intégrale vaut $\dfrac{5\pi}{6} a^4 l$ et donc $W_m = \dfrac{11\pi}{12} \mu_0 n^4 a^4 l I^2$

à identifier à $W_m = \dfrac{1}{2} L I^2$:

$$\boxed{L = \frac{11\pi}{6} \mu_0 n^4 a^4 l}$$

Remarque : On peut aussi passer par le flux $\Phi = \iint \vec{B} \cdot \overrightarrow{\mathrm{d}S} = LI$ (le nombre de spires à prender en compte dépend de r !).

2.a) Dans un milieu, l'équation de Maxwell-Ampère et le théorème d'Ampère s'écrivent avec $\vec{H}$ et les courants libres, sans mention de perméabilité.

La question **1.**a) donne alors directement :

$$H = n^2 I(2a - r) \qquad a < r < 2a$$
$$H = n^2 I a \qquad r < a$$

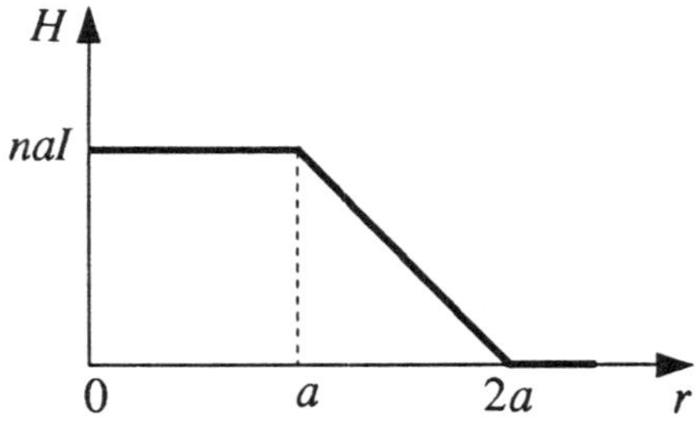

Le milieu étant linéaire, il vient

$$B = \mu_0 n^2 I(2a - r) \qquad a < r < 2a$$
$$B = \mu_0 \mu_r n^2 I a \qquad r < a$$

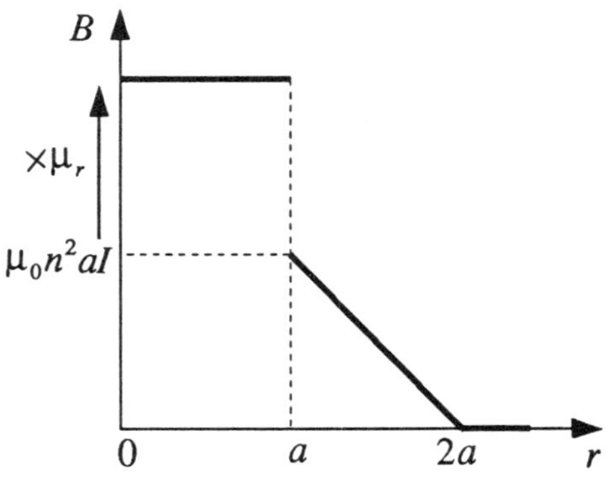

b) La densité volumique d'énergie dans un matériau linéaire est $\frac{1}{2}\vec{B}\cdot\vec{H}$, d'où

$$W_m^* = \frac{1}{2}(\mu_0\mu_r n^4 a^2 I^2)\pi a^2 l + \frac{1}{2}(\mu_0 n^4 I^2)\int_a^{2a}(2a-r)^2 2\pi r \mathrm{d}r l$$

L'intégrale est la même que précédemment d'où $W_m^* = \frac{\pi}{2}\mu_0 n^4 a^4 l(\mu_r + \frac{5}{6})I^2$

puisque $\mu_r \gg 5/6$, l'expression approchée de L^* est :

$$\boxed{L^* = \pi\mu_0\mu_r n^4 a^4 l}$$

Le rapport vaut $\frac{L^*}{L} = \frac{6}{11}\mu_r = 5450$ ce qui est très important.

c) L'énergie dissipée par hystérésis sur un cycle (on une période $T = 2\pi/\omega$) est

$$W_d = S\cdot\pi a^2 l$$

ce qui correspond à une puissance moyenne $P_d = \frac{W_d}{T} = \frac{1}{2}k\omega a^2 l I_e^2$ qui est celle dissipée par effet Joule dans une résistance parcourue par un courant efficace I_e :

$$\boxed{r = k\omega a^2 l/2}$$

Cette résistance parcourue par le même courant que la bobine, se représente donc en électrocinétique en série avec elle. Notons que sa valeur augmente avec la fréquence et qu'elle en traduit que les pertes par hystérésis du matériau (et non celles par courants de Foucault).

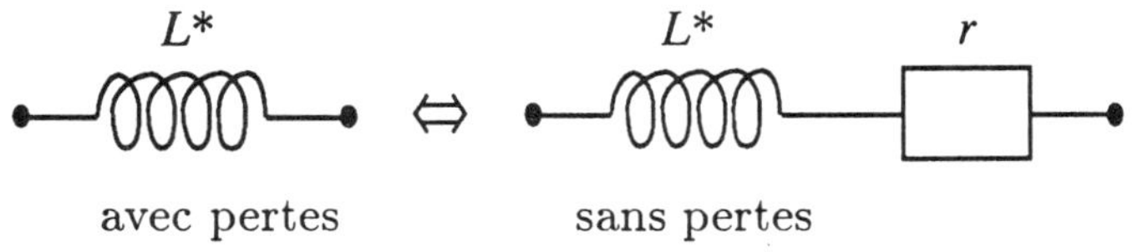

5.2 Tracé d'un cycle d'hystérésis. Travail reçu

Un circuit magnétique a la forme d'un tore fin de section circulaire S : son épaisseur est faible devant le rayon moyen a de telle sorte que $\vec{B}$ et $\vec{H}$, dont les lignes sont canalisées sans pertes, peuvent être considérés comme uniformes sur une section.

Deux circuits électriques sont bobinés sur ce noyau :

— le primaire qui délivre un courant périodique i_1 de pulsation ω faible, constitué d'un bobinage de N_1 spires et une résistance r.

— le secondaire dont l'enroulement comporte N_2 spires et dont la tension u_2 est appliquée à l'entrée d'un montage à amplificateur opérationnel.

Le schéma indique les tensions appliquées en voie X et Y d'un oscilloscope utilisé en Lissajous.

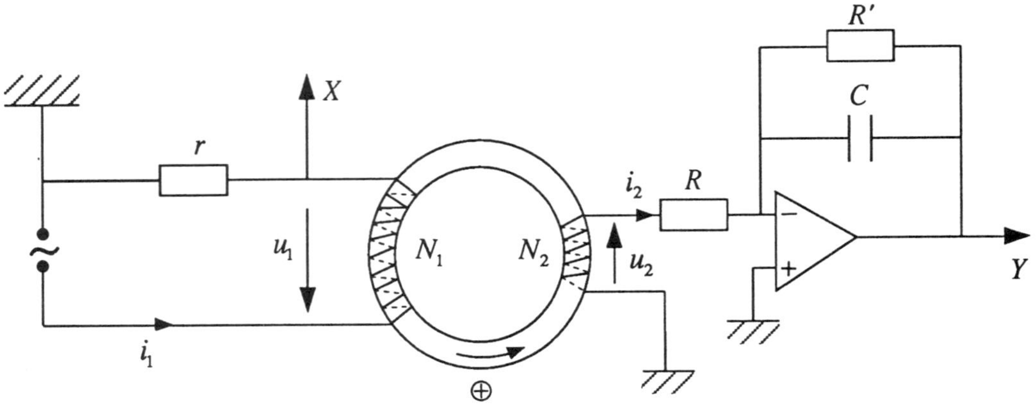

1.a) Sous quelle hypothèse v_X est-elle proportionnelle à H, excitation magnétique dans le noyau ? Comment la réaliser ? Donner l'expression de v_X.

b) Sous quelle hypothèse v_Y est-elle proportionnelle à B, champ magnétique dans le noyau ? Comment la réaliser ? Quelle est alors la fonction du montage électronique. Donner l'expression de v_Y.
Conclusion.

2. Le circuit secondaire est supprimé.

a) Calculer la tension u_1 et en déduire le travail élémentaire fourni par le générateur au circuit aimanté pendant le temps dt. Exprimer le résultat en fonction de $\vec{H}$ et $\vec{B}$.

b) Quelle est la partie de cette énergie volumique utilisée pour faire varier l'aimantation $\vec{J}$ du matériau de d$\vec{J}$.
Quel est le lien avec la question précédente ?

1. Remarque préliminaire : Certes les oscilloscopes sont équipés sur chaque voie d'un bouton "d'inversion" de tension qui le cas échéant, peut permettre de "redresser dans le bon sens" une courbe d'hystérésis. Mais ceci n'autorise pas les erreurs de signes dans les calculs demandés : il est donc conseillé d'être particulièrement vigilant au sens des enroulements, au sens positif de circulation, et de veiller à une application scrupuleuse des lois de l'électrocinétique...

a) La voie X recueille une tension $v_X = ri_1$

Pour appliquer le théorème d'Ampère, faisons circuler $\vec{H}$ sur le contour fermé moyen dans le sens indiqué. La surface orientée qui s'appuie sur ce contour est traversée par les courants algébriques $N_1 i_1$ et $N_2 i_2$ orientés comme sur la figure,

$$\text{d'où} \quad H \cdot 2\pi a = N_1 i_1 + N_2 i_2$$

Pour avoir v_X proportionnel à i_1, il faut $N_2 i_2 \ll N_1 i_1$, ce qui est réalisable par un bobinage moindre du secondaire ($N_2 \ll N_1$) et aussi en le faisant peu débiter (résistance d'entrée du montage à amplificateur opérationnel $R \gg r$.)

$$\text{d'où} \qquad \boxed{v_X \simeq \frac{2\pi a r}{N_1} \cdot H}$$

b) Le champ magnétique variable (et donc le flux) crée par induction une tension u_2 variable. La loi d'Ohm généralisée appliquée au bobinage du secondaire donne

$$u_2 = e = -\frac{\mathrm{d}\Phi}{\mathrm{d}t} \quad \text{force électromotrice d'induction.}$$

Le flux algébrique, vu la convention d'orientation pour $\vec{B}$ et le sens du bobinage dans le secondaire, est $\Phi = N_2 B Z$

$$\text{d'où} \qquad u_2 = -N_2 S \frac{\mathrm{d}B}{\mathrm{d}t}$$

L'amplificateur opérationnel est parfait et fonctionne en régime linéaire : la loi des nœuds pour i_2 s'écrit

$$\frac{u_2}{R} = \frac{-v_Y}{R'} + \frac{\mathrm{d}}{\mathrm{d}t}(-C v_Y) \implies R'C\frac{\mathrm{d}v_Y}{\mathrm{d}t} + v_Y = -\frac{R'}{R}u_2$$

H est sinusoïdal à la pulsation ω comme i_1, mais le matériau ferromagnétique étant non linéaire, B est périodique non sinusoïdal avec une pulsation fondamentale ω et des harmoniques $n\omega$.

Il suffit donc que $R'C\omega \gg 1$ (prendre pour cela une constante de temps $\tau = R'C$ très supérieure à la période $2\pi/\omega$ du signal) pour que le montage électronique se comporte en intégrateur inverseur

$$\frac{\mathrm{d}v_Y}{\mathrm{d}t} \simeq -\frac{1}{RC}u_2 = +\frac{N_2 S}{RC}\frac{\mathrm{d}B}{\mathrm{d}t}$$

et que v_Y soit proportionnelle à B :

$$\boxed{v_Y \simeq \frac{N_2 S}{RC} \cdot B} \qquad \text{(en choisissant } B = 0 \text{ à } t = 0\text{)}$$

L'utilisation d'un oscilloscope en Lissajous permet donc de visualiser la courbe d'hystérésis $B(H)$ du matériau magnétique. Les proportions sont cependant arbitraires car B et H ne s'expriment pas dans la même unité et les coefficients $\dfrac{2\pi ar}{N_1}$ et $\dfrac{N_2 S}{RC}$ peuvent être ajustés au moyen des boutons d'amplification de l'oscilloscope.

2.a) La loi d'Ohm généralisée appliquée à l'enroulement (non résistif) du primaire donne :

$$u_1 = -e = \frac{\mathrm{d}\Phi}{\mathrm{d}t} \qquad \text{(Loi de Faraday)}$$

Avec les mêmes conventions de signe qu'au **1.**, le flux à travers le primaire est $\Phi = N_1 BS$, en supposant toujours B uniforme sur la section S,

$$\text{d'où} \qquad \boxed{u_1 = N_1 S \frac{\mathrm{d}B}{\mathrm{d}t}}$$

Par ailleurs, le résultat $H 2\pi a = N_1 i_1$ de la question **1.**a) est conservé (il n'y a pas de secondaire ici), d'où $i_1 = 2\pi a H / N_1$.

La puissance reçue par le circuit magnétique (et qui correspond à celle fournie par le générateur ôtée de ri_1^2) est :

$$P = u_1 i_1 = 2\pi a S H \frac{\mathrm{d}B}{\mathrm{d}t}$$

avec $V = 2\pi a S$ le volume du tore, et puisque $\vec{H}$ et $\vec{B}$ sont colinéaires

$$P = V \vec{H} \frac{\mathrm{d}\vec{B}}{\mathrm{d}t}$$

ce qui pendant l'intervalle de temps dt correspond au travail reçu :

$$\boxed{\delta W = V \vec{H} \frac{\mathrm{d}\vec{B}}{\mathrm{d}t} \mathrm{d}t = V \vec{H} \cdot \mathrm{d}\vec{B}}$$

b) En introduisant le travail volumique $\delta W_v = \vec{H} \cdot \mathrm{d}\vec{B}$, on obtient l'expression classique de la variation d'énergie volumique magnétique du matériau, valable quelle que soit la relation entre $\vec{B}$ et $\vec{H}$.

Comme $\vec{B} = \mu_0(\vec{H} + \vec{J})$, ce travail par unité de volume se décompose en deux termes :

$$\delta W_v = \mu_0 \vec{H} \cdot \mathrm{d}\vec{H} + \mu_0 \vec{H} \mathrm{d}\vec{J}$$

* $\mu_0 \vec{H} \cdot \mathrm{d}\vec{H}$ est l'énergie par unité de volume fournie par le générateur pour faire varier $\vec{H}$ de $\mathrm{d}\vec{H}$; elle est la même que dans le vide. Le bilan sur un cycle (ou pendant une période) est nul puisque l'expression est une différentielle totale.
* $\mu_0 \vec{H} \cdot \mathrm{d}\vec{J}$ est l'énergie par unité de volume fournie par le générateur pour faire varier $\vec{J}$ de $\mathrm{d}\vec{J}$; c'est cette énergie qui est dissipée dans le matériau sous forme de chaleur.

Remarque : Cette séparation en deux termes, l'un pour faire varier $\vec{H}$ (sans faire varier $\vec{J}$?) et l'autre pour faire varier $\vec{J}$ (sans faire varier $\vec{H}$?) est évidemment artificielle dans la mesure où $\vec{H}$ et $\vec{J}$ varient simultanément.

Le lien avec la question précédente réside dans l'interprétation de l'énergie reçue par le matériau pendant une période ou un cycle :

$$W = V \oint_{\text{cycle}} \vec{H} \cdot \mathrm{d}\vec{B}$$

L'intégrale représente en effet l'aire du cycle d'hystérésis en coordonnées $B = B(H)$, positive dans le sens de parcours du cycle.

Comme $\mu_0 V \oint_{\text{cycle}} \vec{H} \cdot \mathrm{d}\vec{H} = 0$, elle se limite à $\mu_0 V \oint_{\text{cycle}} \vec{H} \cdot \mathrm{d}\vec{J}$.

5.3 Évaluation des pertes par hystérésis

Une ferrite est un matériau non conducteur (donc pas de pertes par courants de Foucault) et possédant des propriétés magnétiques macroscopiques de type ferromagnétique. Pour une extension faible des champs, son cycle d'hystérésis est assimilé à deux arcs de parabole

$$B = \mu_0 \left[(\mu_i + \alpha H_m) H \pm \frac{\alpha}{2} (H_m^2 - H^2) \right], \quad -H_m \leq H \leq H_m, \; H_m \leq \frac{H_{\text{sat.}}}{10}$$

où α et μ_i sont des constantes positives.

Un volume torique de ce matériau de rayon moyen R et de section s avec $s \ll R^2$ (tore fin) constitue un noyau autour duquel sont enroulées N spires de fil conducteur, de résistance négligeable et alimentées par un générateur de courant $i(t) = I_m \cos \omega t$. ($H = H_m$ pour $I = I_m$).

Le système fonctionne en régime permanent (cycle stabilisé) et les lignes de champ sont supposées orthoradiales.

a) Dessiner et orienter le cycle d'hystérésis dans le sens de parcours. Que traduit α ?

b) Déterminer l'excitation magnétique $H(t)$ dans le tore.

c) Montrer que la tension $u(t)$ apparaissant aux bornes de la bobine est de la forme

$$u(t) = E_1 \sin \omega t \pm E_2 \sin 2\omega t \quad \text{notée } u(t) = u_1(t) + u_2(t)$$

le signe $\pm$ correspondant à celui de la relation $B(H)$.
Exprimer E_1 et E_2 en fonction de $\mu_0, N, s, \mu_i, \alpha, H_m$ et ω.

d) La tension $u(t)$ apparaît périodique, mais non sinusoïdale. Après avoir représenté les tensions $u_1(t)$ et $u_2(t)$, donner le développement en série de Fourier de $u(t)$.

e) Calculer l'énergie W_h dissipée par hystérésis au cours d'un cycle, d'abord par les lois de l'électrocinétique, puis par les propriétés du cycle d'hystérésis. Exprimer W_h en fonction de H_m et des caractéristiques du système.

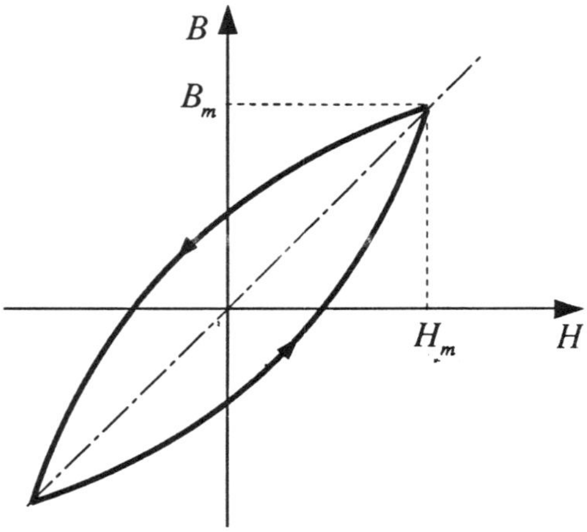

a) Cycle d'hystérésis :

L'arc supérieur, correspondant au signe + dans la relation $B(H)$, est décrit lorsque B et H diminuent. C'est le contraire pour l'arc inférieur.

* pour $\alpha = 0$, $B = \mu_0\mu_i H$, le matériau est linéaire sans hystérésis ; donc $\mu_i = \mu_r =$ Cste

* pour $\alpha \neq 0$, la relation $B(H)$ n'est plus linéaire ; le coefficient α traduit donc l'importance de la non-linéarité, c'est-à-dire la "grosseur" du cycle d'hystérésis.

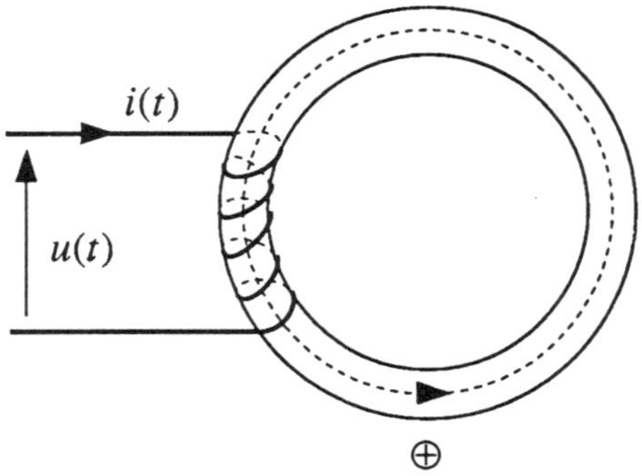

b) Choisissons l'orientation positive + de telle sorte que H et i soient de même signe. L'excitation magnétique se détermine en ARQP par le théorème d'Ampère, appliqué ici sur un contour fermé de rayon moyen R (comme le tore est de faible épaisseur, les variations de H avec r sont faibles).

$$\oint \vec{H} \cdot \overrightarrow{\mathrm{d}l} = Ni \implies H = \frac{NI_m}{2\pi R}\cos\omega t$$

H varie sinusoïdalement entre $\pm H_m$, avec $H_m = NI_m/2\pi R$.
En revanche B, qui contient un terme en H et un terme en $\pm H^2$, reste périodique, mais non sinusoïdal.

c) La loi d'Ohm généralisée appliquée aux bornes de l'enroulement non résistif s'écrit

$$u = -e \quad \text{où} \quad e = -\frac{\mathrm{d}\Phi}{\mathrm{d}t} \quad \text{est la fem d'induction.}$$

Vu l'orientation choisie $\Phi = NsB$ d'où $u(t) = Ns\dfrac{\mathrm{d}B}{\mathrm{d}t}$

* pour $\omega t \in [0, \pi]$ à 2π près (H diminue) :

$$B(t) = \mu_0 H_m \Big[(\mu_i + \alpha H_m)\cos\omega t + \frac{\alpha}{2} H_m \sin^2\omega t\Big]$$

$$u(t) = \mu_0 N s H_m \omega \Big[-(\mu_i + \alpha H_m)\sin\omega t + \frac{\alpha}{2} H_m \sin 2\omega t\Big]$$

* pour $\omega t \in [\pi, 2\pi]$ à 2π près (H augmente) :

$$B(t) = \mu_0 H_m \Big[(\mu_i + \alpha H_m)\cos\omega t - \frac{\alpha}{2} H_m \sin^2\omega t\Big]$$

$$u(t) = \mu_0 N s H_m \omega \Big[-(\mu_i + \alpha H_m)\sin\omega t - \frac{\alpha}{2} H_m \sin 2\omega t\Big]$$

Ce résultat peut s'écrire sous la forme $u(t) = u_1(t) + u_2(t)$:

$$u_1(t) = E_1 \sin\omega t \quad \text{avec} \quad E_1 = -\mu_0 N s(\mu_i + \alpha H_m) H_m \omega$$
$$u_2(t) = \pm E_2 \sin 2\omega t \quad \text{avec} \quad E_2 = \mu_0 N s \frac{\alpha}{2} H_m^2 \omega \quad \text{(qui s'annule avec } \alpha)$$

d)

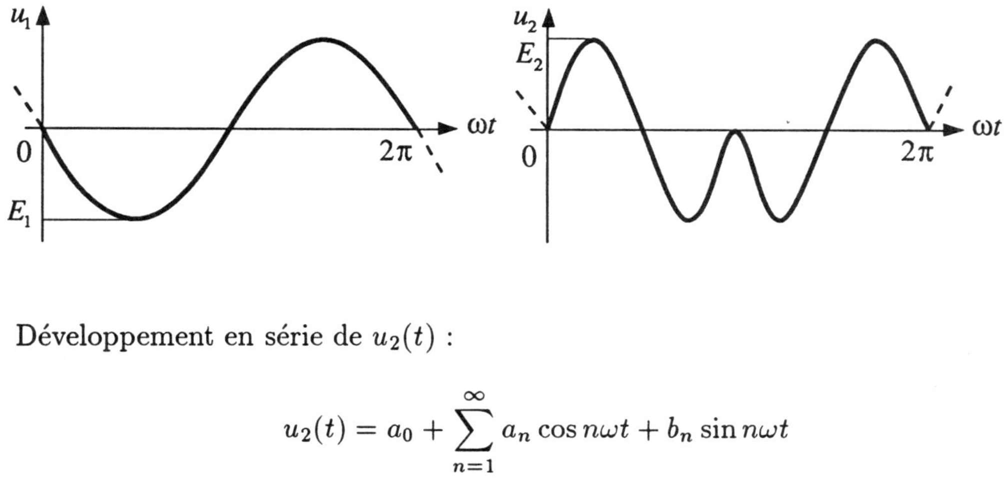

Développement en série de $u_2(t)$:

$$u_2(t) = a_0 + \sum_{n=1}^{\infty} a_n \cos n\omega t + b_n \sin n\omega t$$

La valeur moyenne est nulle donc $a_0 = 0$ et la fonction est paire donc $b_n = 0$, $\forall n$.
Il reste à calculer $a_n = \dfrac{2}{T}\displaystyle\int_T u_2(t)\cos n\omega t \mathrm{d}t = \dfrac{2E_2}{\pi}\displaystyle\int_0^{\pi} \sin 2x \cos nx \mathrm{d}x$
avec $x = \omega t$.
Un calcul facile donne $\displaystyle\int_0^{\pi} \sin 2x \cos nx \mathrm{d}x = \frac{2(1-(-1)^n)}{4-n^2}$

$$\text{d'où} \quad \begin{cases} a_n = 0 \text{ pour } n \text{ pair} \\ a_n = \dfrac{8E_2}{\pi(4-n^2)} \text{ pour } n \text{ impair} \end{cases}$$

finalement
$$u(t) = E_1 \sin\omega t + \frac{8E_2}{\pi} \sum_{\substack{n=1 \\ \text{impair}}}^{\infty} \frac{\cos n\omega t}{4-n^2}$$

e) * par l'électrocinétique : $W_h = \int_T u(t)i(t)\mathrm{d}t$

$$W_h = E_1 I_m \underbrace{\int_T \sin\omega t \cos\omega t \mathrm{d}t}_{=0} + \frac{8E_2 I_m}{\pi} \sum_{\substack{n=1 \\ \text{impair}}}^{\infty} \frac{1}{4-n^2} \underbrace{\int_T \cos n\omega t \cos\omega t \mathrm{d}t}$$

$$= \begin{cases} T/2 = \pi/\omega \text{ pour } n = 1 \\ 0 \text{ pour } n > 1 \end{cases}$$

A noter que le terme en E_1 ne contribue pas car $u_1(t)$ et $i(t)$ sont en quadrature. Dans le terme en E_2 (proportionnel à α), la seule contribution vient du terme de pulsation fondamentale de $u_2(t)$ car en phase avec $i(t)$; les harmoniques ne contribuent pas.

$$W_h = \frac{8}{3} \cdot \frac{E_2 I_m}{\omega} \implies \boxed{W_h = \frac{8\pi}{3}\mu_0 R s \alpha H_m^3}$$

* par le cycle d'hystérésis : $\dfrac{dW_h}{d\tau} = \oint_{\text{cycle}} \vec{H} \cdot \mathrm{d}\vec{B}$

Remarque : Le milieu n'étant pas linéaire, le résultat $\vec{B} \cdot \vec{H}/2$ ne s'applique pas, sinon l'aire du cycle, c'est-à-dire l'énergie dissipée par unité de volume pendant un cycle, serait nulle.

L'aire positive du cycle peut aussi se calculer par $\oint_{\text{cycle}} \vec{B} \cdot \mathrm{d}\vec{H}$ ou mieux sur un demi-cycle par $\int_{-H_m}^{H_m} (B^+ - B^-)\mathrm{d}H$ où $B^+ - B^-$ correspond à la différence d'ordonnées des deux branches

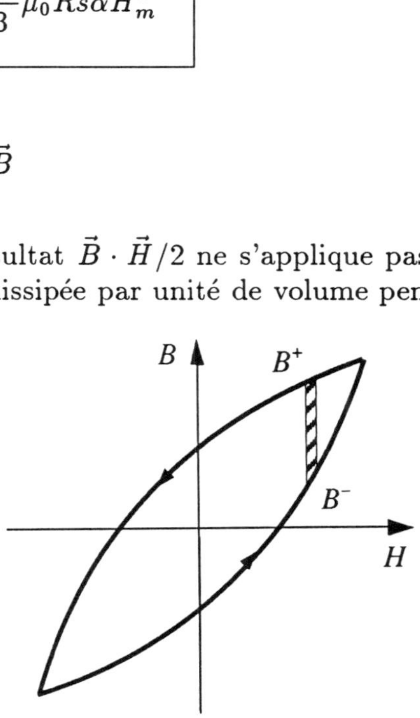

$$W_h = \tau \int_{-H_m}^{H_m} \mu_0 \alpha (H_m^2 - H^2)\mathrm{d}H = \tau \frac{4}{3}\mu_0 \alpha H_m^3$$

Le volume du tore est $\tau = 2\pi R s$ (l'énergie y est localisée) d'où $$W_h = \frac{8\pi}{3}\mu_0 R s \alpha H_m^3$$

Ce résultat est proportionnel au coefficient de non-linéarité α et au cube de l'excitation magnétique maximale.

Remarque : Bien sûr le développement en série de Fourier de $u(t)$ de la question d) n'est pas indispensable pour calculer l'énergie W_h par $\int_T u(t)i(t)\mathrm{d}t$. Il suffit de prendre l'expression de $u(t)$ donnée à la question c).

5.4 Hystérésis "rectangulaire". Champ et entrefer

Un volume torique, de faible épaisseur par rapport au rayon moyen est constitué de trois parties :

- une pièce de matériau ferromagnétique dur (aimant), de longueur $\lambda = 4\,\text{cm}$,
- deux pièces en matériau ferromagnétique doux, de longueur totale $l = 20\,\text{cm}$,
- un entrefer d'épaisseur a, de même section que le tore.

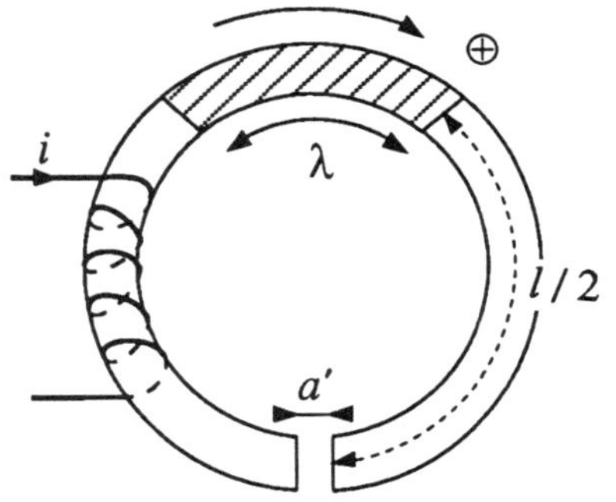

Le matériau dur est caractérisé par un cycle d'hystérésis rectangulaire avec les valeurs remarquables $B_m = 1\,\text{T}$ et $H_c = 5.10^4\text{Am}^{-1}$.

Le matériau doux est linéaire, de perméabilité relative $\mu_r = 5000$.

Dans le bobinage de $N = 4000$ tours de fil autour du noyau magnétique, circule un courant d'intensité i. Les fuites magnétiques sont négligeables.

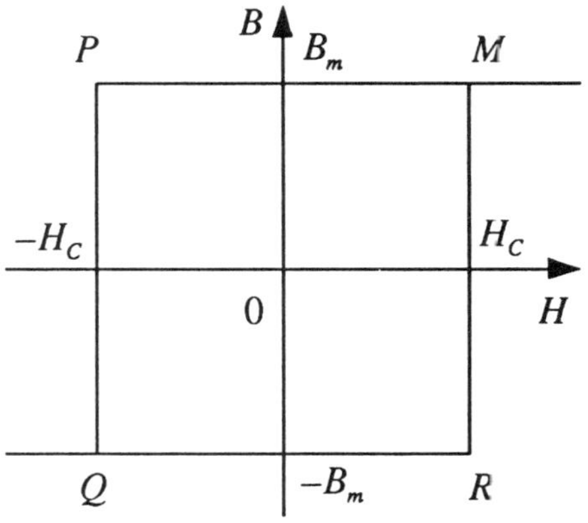

1.a) Montrer que le circuit magnétique et le bobinage parcouru par i imposent aux variables B, H caractérisant l'aimant de longueur λ, déjà liées par le cycle d'hystérésis, de vérifier une deuxième relation à exprimer.

b) Simplifier cette relation, compte tenu des valeurs numériques et sachant que $a > 1\,\text{mm}$.

2. On impose $a = a_1 = 5\,\text{mm}$.

a) Donner la relation précédente sous forme numérique où i tient lieu de paramètre. La représenter sur le graphe du cycle d'hystérésis pour $i = 2\,\text{A}$.

b) A présent i varie alternativement entre $i_{m_1} = 2\,\text{A}$ et $-i_{m_1}$.
Représenter graphiquement les variations de B en fonction de i en indiquant par des flèches le sens de parcours du cycle obtenu et en précisant les valeurs de i pour les points M, P, Q, R.

3. Reprendre l'étude précédente avec $a = a_2 = 2\,\text{mm}$ et $i_{m_2} = 1,2\,\text{A}$.

4.a) Quelle est, pour chacune des deux valeurs de a, la valeur du champ magnétique B dans l'entrefer si, après une série de cycles, le courant i est ramené de i_m à 0 ?

b) Dans le cas $a = a_1 = 5\,\text{mm}$, quelle serait la longueur minimale à donner à λ, toutes les autres dimensions et caractéristiques étant inchangées, pour que, une fois le bobinage enlevé après aimantation, le champ magnétique résiduel dans l'entrefer soit égal à $B_m = 1\,\text{T}$?

1.a) Sans fuites magnétiques, les substances ferromagnétiques canalisent convenablement les lignes de champ de telle sorte que les champs $\vec{B}$ et $\vec{H}$ sont partout orthoradiaux. Le tore étant fin, leurs normes sont prises constantes, dans une section plane du tore.

De plus, la valeur B du champ magnétique est la même partout (portions λ, l et a) par continuité de la composante (normale) de $\vec{B}$.

Appliquons le théorème d'Ampère à un contour fermé intérieur au tore, orienté dans le sens positif indiqué sur la figure de l'énoncé afin que le courant i soit positif dans le sens marqué.

$$\oint \vec{H} \cdot \overrightarrow{\mathrm{d}l} = Ni$$

$$\frac{B}{\mu_0} \cdot a + \frac{B}{\mu_0 \mu_r} \cdot l + H\lambda = Ni$$

$$B(a + \frac{l}{\mu_r}) = \mu_0(Ni - \lambda H) \quad \text{relation linéaire entre } B \text{ et } H$$

b) Comme $a > 1\,\text{mm} \gg l/\mu_r = 0,04\,\text{mm}$, il reste

$$\boxed{B \simeq \frac{\mu_0 N}{a} i - \frac{\mu_0 \lambda}{a} H}$$

2.a) Et numériquement, avec B en T, i en A et H en A.m^{-1}

$$\underline{B = i - 10^{-5}\text{H}}$$

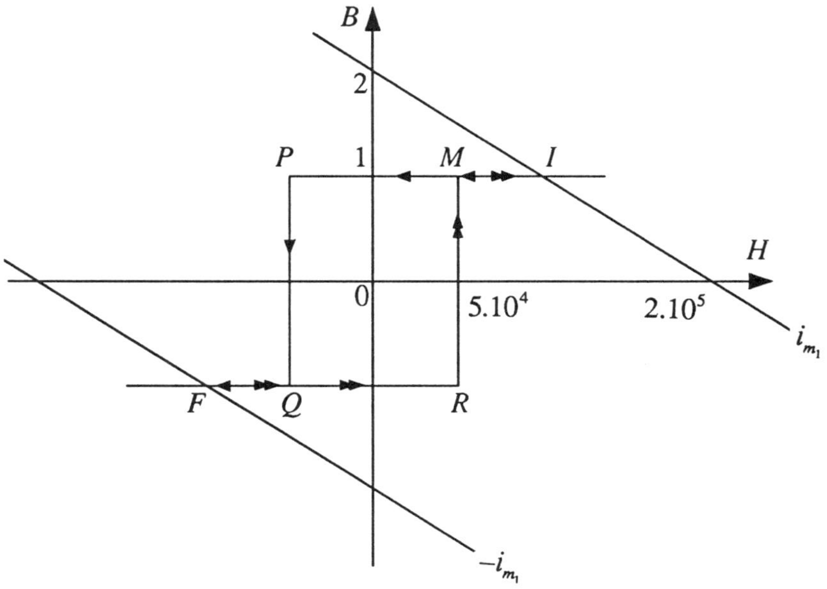

b) La droite se déplace parallèlement à elle-même lorsque i varie :

$i_I = 2\,\text{A}$; $i_M = 1,5\,\text{A}$;
$i_P = 0,5\,\text{A}$; $i_Q = -1,5\,\text{A}$;
$i_F = -2\,\text{A}$; $i_R = -0,5\,\text{A}$.

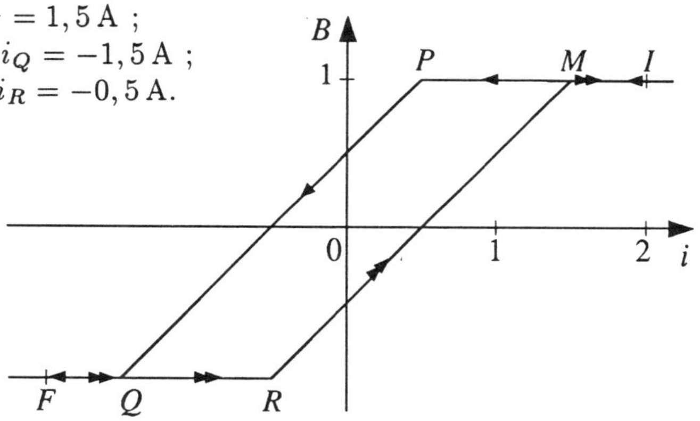

3. $a_2 = 2\,\text{mm} \Longrightarrow \underline{B = 2,5i - 2,5.10^{-5}\text{H}}$
la droite $B(H)$ paramétrée par i possède cette fois une pente plus forte ; le cycle d'hystérésis $B(i)$ est donc "moins incliné" que le précédent.

$i_I = 1,2\,\text{A}$; $i_M = 0,9\,\text{A}$;
$i_P = -0,1\,\text{A}$; $i_F = -1,2\,\text{A}$;
$i_Q = -0,9\,\text{A}$; $i_R = 0,1\,\text{A}$.

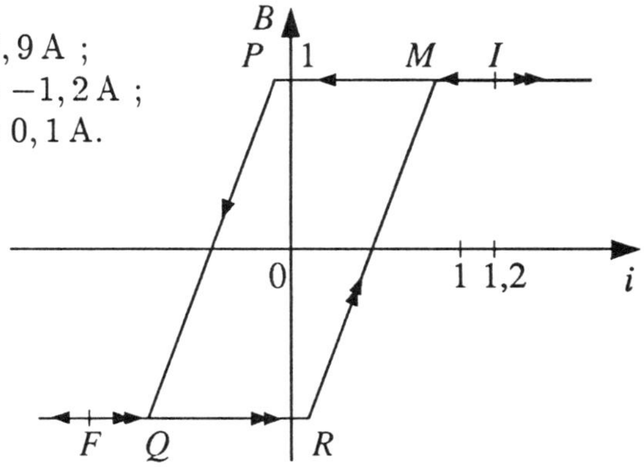

4.a) $a_1 = 5\,\text{mm}$
$i = 0 \Longrightarrow B = -10^{-5}\text{H}$
cette situation se produit entre P et Q d'où $H = -5.10^4\text{A.m}^{-1}$ $\Big\}$ $\underline{B = 0,5\,\text{T}}$

$a_2 = 2\,\text{mm}$
$i = 0$ se produit entre M et P donc $\underline{B = 1\,\text{T}}$

b) $a_1 = 5\,\text{mm}$; pour que $B = 1\,\text{T}$ lorsque la bobine est enlevée ($i = 0$), il faut que le point P soit à gauche de (ou à la limite sur) l'axe des ordonnées.

$$\frac{Ba}{\mu_0} + H\lambda = Ni \Longrightarrow \lambda = \frac{1}{H}(Ni - \frac{Ba}{\mu_0})$$

AN : avec $B = 1\,\text{T}$, $H = -5.10^4\text{A.m}^{-1}$ et $i = 0$; $\underline{\lambda = 8\,\text{cm}}$.

5.5 Pôles d'un aimant torique

L'équation représentative de la courbe de désaimantation d'un matériau ferromagnétique dans le second quadrant $(B > 0\,;H < 0)$ est :

$$B = b - \frac{a}{H + h}$$

où a, b, h sont des constantes positives caractéristiques du matériau.

1.a) Déterminer les expressions de l'excitation coercitive H_c et du champ rémanent B_r.
En déduire la condition que doivent vérifier a, b et h.
Donner l'allure du graphe $B = f(H)$.

b) Déterminer les coordonnées B_0 et H_0 du point pour lequel le produit BH est minimum. Montrer que $\dfrac{B_0}{H_0} = \dfrac{B_r}{H_c}$ et en déduire une construction simple permettant d'obtenir graphiquement la position de ce point.

Ce matériau sert à réaliser un aimant torique. S_a et S_e, L_a et L_e désignent respectivement les sections et les longueurs mesurées sur une circonférence moyenne, du tore aimanté d'une part, et de l'entrefer d'autre part.

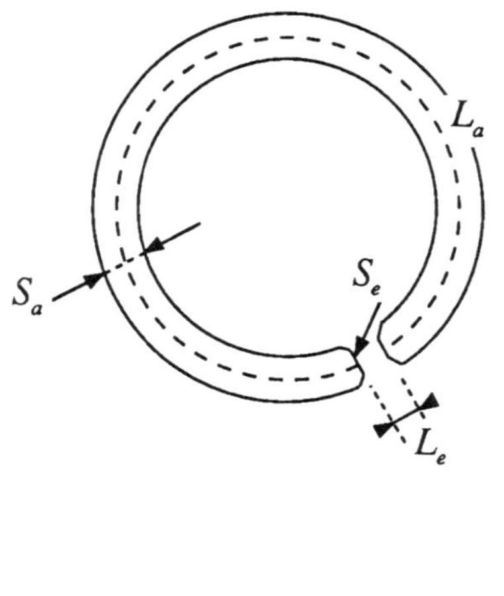

On admet qu'il n'y a pas de pertes magnétiques, que les champs sont uniformes sur une section et les lignes de champs circulaires.

2. Le volume V_e et le champ B_e dans l'entrefer sont des valeurs imposées. Quelles doivent être les valeurs de H_a et B_a dans l'aimant permettant d'obtenir V_a minimum ? De quel genre de préoccupations s'agit-il ici ?

AN : Pour l'aimant :

$H_c = -1,2.10^5 \text{A.m}^{-1}$; $B_r = 0,85\,\text{T}$; $B_0 H_0 = -3,6.10^4 \text{TA.m}^{-1}$,
pour l'entrefer : $B_e = 0,6\,\text{T}$; $L_e = 10\,\text{mm}$; $S_e = 1\,\text{cm}^2$.
Calculer les caractéristiques géométriques L_a et S_a de l'aimant de volume minimum. Conclusion.

1.a) L'excitation coercitive H_c est celle pour laquelle le champ est nul :

$$B = 0 = b - \frac{a}{H_c + h} \quad \Longrightarrow \quad \boxed{H_c = -h(1 - \frac{a}{bh})}$$

Le champ rémanent B_r est celui pour lequel l'excitation est nulle :

$$\boxed{B_r = b(1 - \frac{a}{bh})}$$

Avoir simultanément $H_c < 0$ et $B_r > 0$ suppose $0 < \dfrac{a}{bh} < 1$.
Le graphe est une branche d'hyperbole limitée au second quadrant, d'asymptotes $B = b$ et $H = -h$.

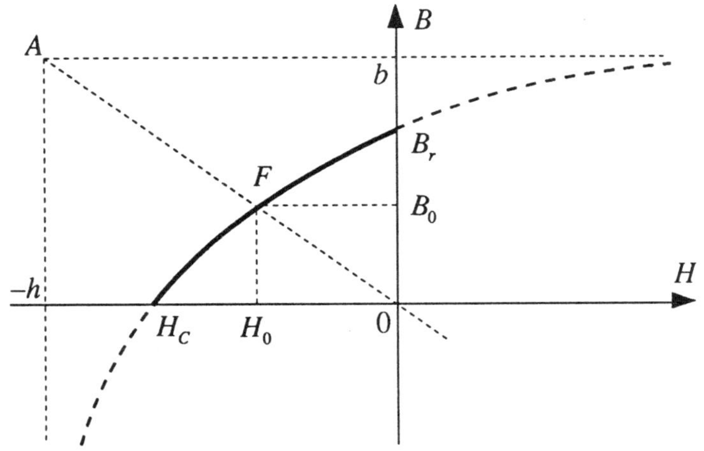

b) La condition imposée $\dfrac{\mathrm{d}(BH)}{\mathrm{d}H} = b - \dfrac{ah}{(H+h)^2} = 0$ conduit à une solution comprise entre H_c et 0 : $H_0 = -h(1 - \sqrt{\dfrac{a}{bh}})$ correspondant à $B_0 = b(1 - \sqrt{\dfrac{a}{bh}})$

Il apparaît immédiatement que
$$\boxed{\frac{B_0}{H_0} = \frac{B_r}{H_c} = -\frac{b}{h}}$$

Le point F cherché est commun à l'arc d'hyperbole et à la droite OA, où A est le point d'intersection des deux asymptotes.
Alors le produit $|H_0|B_0$ correspondant à l'aire du rectangle formé avec O est maximal.

2. Il s'agit ici de considérations "économico-commerciales". L'aimant doit produire un champ $\vec{B}$ suffisant et accessible dans un volume minimal V_e. (Rappelons que le champ dans l'entrefer diminue lorsque l'épaisseur de celui-ci augmente, voir exercices 5.6 ou 5.7). Ces spécifications étant fixées, ainsi que le type de matériau, le coût de fabrication est moindre pour un volume de matière aimantée V_a minimal.
Les volumes qui canalisent les lignes de champ sont : $V_a = L_a S_a$ et $V_e = L_e S_e$.
La conservation du flux magnétique entraîne :

$$B_a S_a = B_e S_e \qquad (1)$$

Le théorème d'Ampère s'écrit sur le contour fermé médian :

$$H_a L_a + H_e L_e = 0 \qquad (2)$$

Remarque : En cas d'absence de courants libres comme ici, la circulation de $\vec{H}$ est nulle sur un contour fermé (qui s'explique par $\overrightarrow{\mathrm{rot}}\,\vec{H} = \vec{0}$; $\vec{H}$ est donc un champ de gradient). Sur l'interface aimant/vide, $\vec{H}_a$ et $\vec{H}_e$ sont donc de sens opposé. ($H_a < 0$; $H_e > 0$).

Dans le matériau, H_a et B_a sont liés par l'arc d'hyperbole et dans l'entrefer par $B_e = \mu_0 H_e$.
La relation (2) s'écrit alors : $H_a = -\dfrac{B_e L_e}{\mu_0 L_a}$
pour y faire apparaître les volumes, multiplions la par $\dfrac{B_e S_e}{B_a S_a} = 1$ d'après (1)

$$H_a = -\frac{B_e^2 V_e}{\mu_0 B_a V_a} \implies \boxed{H_a B_a = -\frac{B_e^2 V_e}{\mu_0 V_a}}$$

Le volume V_a est donc minimal lorsque le produit $H_a B_a$ (négatif) est minimal. D'après la question **1**.b), ceci est réalisé pour

$$\underline{H_a = H_0 \text{ et } B_a = B_0} \qquad (3)$$

$$\textbf{AN :} \left.\begin{array}{ll} \dfrac{B_0}{H_0} & = \dfrac{B_r}{H_c} = -7,1.10^{-6}\text{TA}^{-1}\text{m} \\ B_0 H_0 & = -3,6.10^4\text{TA.m}^{-1} \end{array}\right\} \Longrightarrow \underline{B_0 = 0,51\,\text{T}} \text{ et } \underline{H_0 = -7,1.10^4\text{A.m}^{-1}}$$

$$(1) \text{ et } (3) \Longrightarrow S_a = \frac{B_e}{B_0} S_e \Longrightarrow \underline{S_a \simeq 1,2\,\text{cm}^2}$$

$$(2) \text{ et } (3) \Longrightarrow L_a = -\frac{B_e L_e}{\mu_0 H_0} \Longrightarrow \underline{L_a \simeq 6,7\,\text{cm}}$$

$S_a > S_e$ signifie que les pôles de l'aimant sont tronconiques (voir le dessin de l'énoncé).

5.6 Noyau torique à entaille

Un tore d'axe Oz et de rayon moyen R possède une section méridienne rectangulaire de côtés a et b. Sur ce tore sont bobinées N spires jointives régulièrement réparties et parcourues par un courant I. Il est rempli d'un matériau de perméabilité relative μ_r supposée d'abord constante.

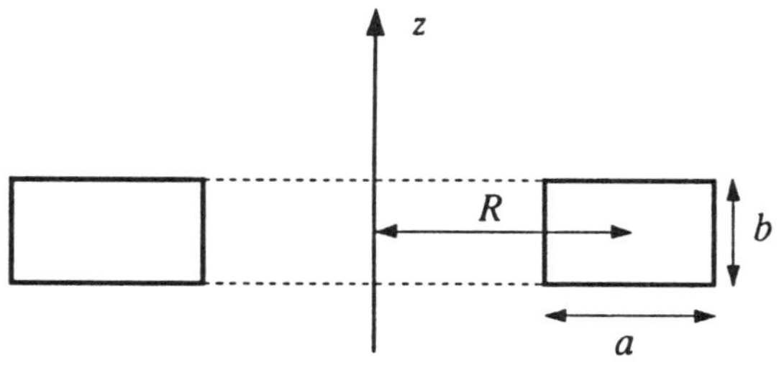

1.a) Déterminer $\vec{H}$ en un point à la distance r de l'axe du tore.

b) En déduire $\vec{B}$ et donner sa valeur numérique en $r = R$ sachant que : $R = 10\,\text{cm}$; $a = 4\,\text{cm}$; $b = 3\,\text{cm}$; $N = 290$; $I = 1\,\text{A}$; $\mu_r = 1730$.

c) Calculer l'inductance propre L de la bobine torique (deux méthodes possibles). Application numérique.

2. Le tore présente maintenant une entaille diédrique dont l'angle α est suffisamment petit pour que l'on puisse négliger les distorsions des lignes de champ. Prendre $\alpha = 3,5°$ en conservant toutes les autres grandeurs, en particulier N et I, ainsi que μ_r.

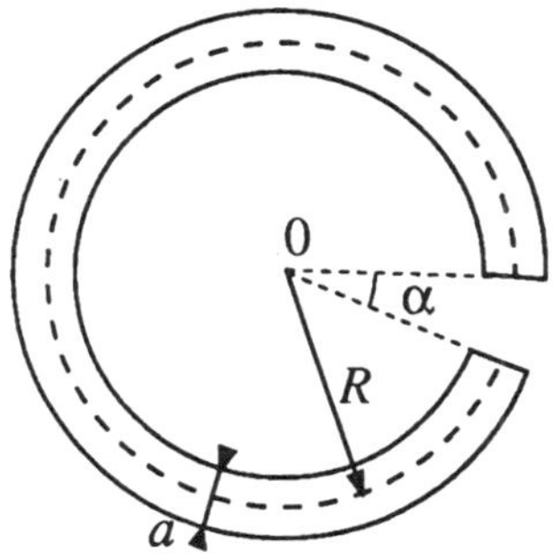

a) Donner les nouvelles expressions du champ magnétique B' et de l'inductance propre L' en fonction de B et L, α et μ_r.

AN : Calculer $B'(r = R)$ et L' et comparer la perte relative d'angle $\alpha/2\pi$ à la perte relative d'inductance $(L - L')/L$. Expliquer ce chiffre par le graphe $L'(\alpha)$ où μ_r est considéré comme un paramètre (grand).

b) Le matériau qui remplit le tore est ferromagnétique (donc non linéaire). Expliquer pourquoi, si les applications numériques de la question **1.** sont justes, celles de la question **2.** sont forcément fausses.

3. Les valeurs de Het B dans le matériau ferromagnétique sont liées par la loi suivante pour $r = R$; elles concernent la branche montante dans le premier quadrant du cycle d'hystérésis.

B (T)	0,3	0,5	0,8	0,9	1	1,1	1,2	1,4
H (Am^{-1})	155	225	340	410	460	515	585	780

a) Vérifier que la fonction $\mu_r(B)$ passe par une valeur maximale. Une des deux valeurs $B(r = R)$ ou $B'(r = R)$ est-elle correcte ?

b) Reprendre la configuration du tore entaillé et montrer qu'en coordonnées $B(H)$ le "point de fonctionnement" est défini par l'intersection de la courbe précédente et d'une droite à déterminer.
Estimer la valeur correcte de $B'(r = R)$. Quelle est la valeur μ'_r correspondante ?

c) Cette valeur est jugée trop faible. Pour cela, on augmente le courant à la valeur $I^* = 3\,\text{A}$ et on diminue l'ouverture de l'entaille à la valeur $\alpha^* = 1,5°$. Estimer la nouvelle valeur du champ magnétique B^* dans l'entrefer (pour $r = R$) ainsi que la valeur μ_r^* correspondante, N et R étant inchangés.

1.a) Les lignes de champ sont circulaires : $\vec{H} = H(r)\vec{u}_\theta$. Le théorème d'Ampère sur un contour fermé centré sur Oz et de rayon r s'écrit avec le sens positif de circulation comme indiqué sur la figure :

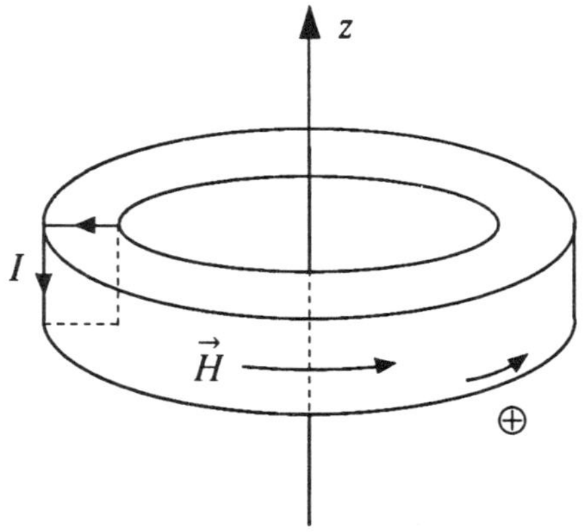

$$\oint_{(C)} \vec{H} \cdot \overrightarrow{dl} = H \cdot 2\pi r = \sum I_{l\,\text{enl.}}$$

le second membre représente la somme des courants libres enlacés par le circuit orienté (C).

$$r < R - \frac{a}{2}, \ \sum I_{l\,\text{enl.}} = 0 \implies H = 0$$

$$R-\frac{a}{2}<r<R+\frac{a}{2},\ \sum I l_{\text{enl.}}=NI\ (\text{avec } I>0)\implies \boxed{H=\frac{NI}{2\pi r}}$$

$$r>R+\frac{a}{2},\ \sum I_{l\,\text{enl.}}=NI-NI=0\implies H=0$$

b) En dehors du matériau, $\vec{B}=\mu_0\vec{H}$ soit $\vec{B}=\vec{0}$; le champ magnétique n'est donc pas accessible par un opérateur, d'où la nécessité de faire une entaille comme à la question **2.**.

Dans le matériau, $\vec{B}=\mu\vec{H}$ et donc $\boxed{\vec{B}=\frac{\mu_0\mu_r NI}{2\pi r}\vec{u}_\theta}$

AN : $\underline{B(r=R)=1,0\,\text{T}}$.

c) * méthode du flux : le flux de $\vec{B}$ à travers les N spires du bobinage est

$$\Phi=N\iint\vec{B}\cdot\overrightarrow{\mathrm{d}S}=N\int_{R-a/2}^{R+a/2}\frac{\mu_0\mu_r NI}{2\pi r}b\mathrm{d}r$$

il doit s'identifier à l'expression $\Phi=LI$

d'où $\boxed{L=\frac{\mu_0\mu_r bN^2}{2\pi}\ln\frac{R+a/2}{R-a/2}}$

* méthode de l'énergie : dans un milieu linéaire, la densité volumique d'énergie magnétique est $u_m=\frac{1}{2}\vec{H}\cdot\vec{B}$. L'énergie magnétique dans tout le noyau est donc :

$$U_m=\frac{1}{2}\int_{R-a/2}^{R+a/2}\frac{\mu_0\mu_r N^2I^2}{4\pi^2r^2}\cdot 2\pi rb\mathrm{d}r=\frac{\mu_0\mu_r bN^2I^2}{4\pi}\ln\frac{R+a/2}{R-a/2}$$

qui s'identifie à l'expression $U_m=\frac{1}{2}LI^2$ pour la même valeur de L que précédemment.

AN : $\underline{L=354\,\text{mH}}$.

2.a) * $H=0$ pour $r<R-a/2$ et $r>R+a/2$ est conservé.
En notant H_i' et H_e' les valeurs de l'excitation dans le matériau et l'entrefer pour $R-a/2<r<R+a/2$, le théorème d'Ampère s'écrit, avec toujours des lignes de champ circulaires :

$$H_i'(2\pi-\alpha)+H_e'\alpha r=NI$$

* par continuité de la composante normale du champ magnétique,

$$B'_i = B'_e \text{ noté } B'$$

* dans le matériau $B' = \mu_0 \mu_r H'_i$; dans l'entrefer $B' = \mu_0 H'_e$

en éliminant H'_i et H'_e, il vient

$$\boxed{B' = \frac{B}{1 + (\mu_r - 1)\alpha/2\pi}}$$

et donc, de même

$$\boxed{L' = \frac{L}{1 + (\mu_r - 1)\alpha/2\pi}}$$

AN : $1 + (\mu_r - 1)\dfrac{\alpha}{2\pi} = 17,8$; $\underline{B'(r = R) = 5,6.10^{-2}\text{T}}$; $\underline{L' = 19,9\,\text{mH}}$

par ailleurs $\dfrac{\alpha}{2\pi} \simeq 1\%$ et $\dfrac{L - L'}{L} \simeq 94\%$.

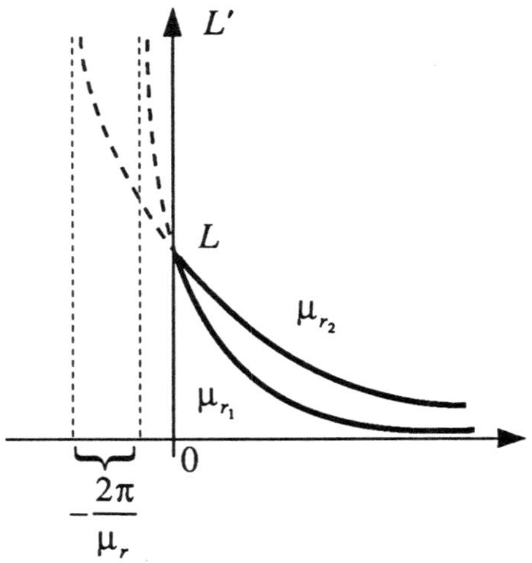

Conclusion : Ménager une entaille, même petite, pour avoir accès au champ magnétique et donc très préjudiciable lorsque comme ici, μ_r est très grand. En effet, sur les courbes ci-contre (hyperboles) qui passent toutes par $(0, L)$ losrque μ_r (grand) varie, la pente à l'origine est $-\dfrac{L\mu_r}{2\pi}$ (ici $\mu_{r_1} > \mu_{r_2}$) ; donc même pour α faible, le rapport $B'/B = L'/L$ est important.

b) Dans un matériau ferromagnétique, donc non linéaire, la perméabilité relative est fonction du champ magnétique (ou de l'excitation) soit $\mu_r = \mu_r(B)$.
Or $B'(r = R) \neq B(r = R)$ alors que la même valeur de μ_r a été conservée !
L'un des deux calculs au moins est donc faux (la précision "au moins" signifie que les deux peuvent l'être, car pour $\mu_r = 1730$, la valeur de B est parfaitement déterminée).

3.a) Le tableau suivant détermine les valeurs de $\mu_r = B/\mu_0 H$:

$B(T)$	0,3	0,5	0,8	0,9	1	1,1	1,2	1,4
μ_r	1540	1770	1870	1750	1730	1700	1630	1430

Les variations de μ_r sont donc importantes, la valeur maximale se situant entre $B = 0,5\,\mathrm{T}$ et $B = 0,8\,\mathrm{T}$ probablement.
La valeur $\mu_r = 1730$ correspond à la valeur $B(r = R) = 1,0\,\mathrm{T}$; la valeur de $B'(r = R)$ est donc à recalculer.

Remarque : Changer la valeur numérique de N ou I, sans parler de α, conduit également à modifier μ_r par l'intermédiaire de B et H.

b) H est l'excitation dans le matériau ; dans l'entrefer elle vaut B/μ_0, la valeur de B étant la même dans le matériau et l'entrefer. Le théorème d'Ampère s'écrit

$$H(2\pi - \alpha)R + \frac{B}{\mu_0}\alpha R = NI \quad \text{et donc} \quad B = \frac{\mu_0 NI}{\alpha R} = \mu_0(\frac{2\pi}{\alpha} - 1)H$$

Numériquement : $\underline{B = 6,0.10^{-2} - 1,28.10^{-4}\mathrm{H}}$.

L'intersection entre cette droite et la courbe $B(H)$ donnée dans l'énoncé (à réaliser sur papier millimétré) suppose que l'on prolonge cette dernière ; l'intersection se fait vers $H' \simeq 100\,\mathrm{A.m^{-1}}$ d'où $\underline{B' \simeq 4,7.10^{-2}\mathrm{T}}$ (c'est la nouvelle valeur de $B'(r = R)$)
d'où $\underline{\mu'_r = B'/\mu_0 H' \simeq 370}$, sensiblement différent de $\mu_r = 1730$!

c) La même expression $B^* = \dfrac{\mu_0 NI^*}{\alpha^* R} - \mu_0(\dfrac{2\pi}{\alpha^*} - 1)H^*$ donne numériquement

$$B^* = 0,42 - 3.10^{-4}H^*$$

L'intersection graphique se réalise pour $H^* \simeq 175\,\mathrm{A.m^{-1}}$, d'où
$\underline{B^* \simeq 0,37\,\mathrm{T}}$ et $\underline{\mu^*_r = B^*/\mu_0 H^* \simeq 1680}$.

5.7 Étude d'un pot de ferrite à entrefer variable

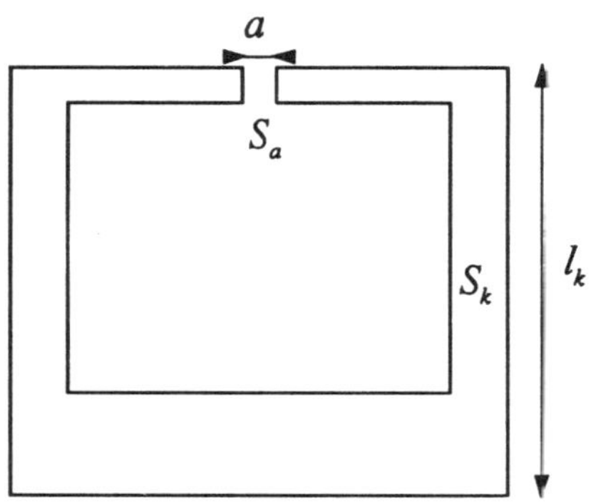

Un pot de ferrite est un noyau magnétique comportant plusieurs tronçons de longueurs et de section respectives l_k et S_k constitués d'un même matériau magnétique (ferrite) dont la perméabilité relative μ_r est supposée indépendante de l'excitation (tant que l'aimantation demeure faible). Le circuit comporte en outre un entrefer d'épaisseur a et de section S_a.

La géométrie est telle que $l_k^2 \gg S_k$ et les fuites magnétiques sont négligées, ce qui signifie que le flux φ du champ magnétique à travers une section du circuit est le même quelle que soit la section S_k ou S_a considérée.

N spires de fil de cuivre, parcourues par le courant d'intensité $i = I_m \cos\omega t$, sont bobinées sur le noyau.

1. Exprimer le flux φ de $\vec{B}$ à travers une section du noyau magnétique en fonction de μ_0, μ_r, N, i et des caractéristiques géométriques a, S_a et $F = \sum_k (\frac{l_k}{S_k})$.

2. Étant donné un pot de ferrite, de facteur de noyau F, on cherche à définir les caractéristiques géométriques d'un noyau magnétique fictif, utilisant le même matériau, de longueur l et de section S constante. (a et S_a sont les mêmes pour le noyau réel et le noyau fictif).

a) Quelle relation doit exister entre S, l et F pour que le flux à travers une section du noyau fictif, placé dans les mêmes conditions d'excitation (N spires parcourues par i), soit égal au flux φ à travers une section du noyau réel ?

b) En déduire, que pour une même valeur φ_m du flux à travers les sections des deux noyau, l'énergie magnétique W_m emmagasinée dans chacun des deux circuits est la même. Exrpimer W_m en fonction de $\mu_0, \mu_r, l/S, a/S_a$ et φ_m.

c) On désire en plus que la perte d'énergie par cycle d'hystérésis du noyau fictif, pour un même flux maximal φ_m, soit le même que pour le noyau réel.
Dans le domaine des faibles aimantations envisagées ici, cette perte d'énergie est proportionnelle à :

$$\iiint B_m^3 \mathrm{d}\tau \qquad \text{(voir exercice 5.3, § e)}$$

l'intégrale étant étendue à tout le noyau et B_m la valeur maximale du champ magnétique B.
Exprimer S et l en fonction de $F = \sum_k (\frac{l_k}{S_k})$ et $G = \sum_k (\frac{l_k}{S_k^2})$.

3. La perméabilité relative apparente $\mu_{\text{app.}}$ du pot de ferrite est définie de la façon suivante ; un noyau magnétique de longueur l et de section S, ne comportant pas d'entrefer, constitué d'un matériau de perméabilité relative $\mu_{\text{app.}}$, sur lequel serait enroulé le même nombre de spires, conduirait à la même inductance L que le pot réel.

a) Calculer $\mu_{\text{app.}}$ en fonction de μ_r, S, l, a, et S_a.

AN : $\mu_r = 2000$; $S = 136\,\text{mm}^2$; $m = 45\,\text{mm}$; $a = 0{,}4\,\text{mm}$ et $S_a = 120\,\text{mm}^2$.

b) Montrer que si μ_r est suffisamment élevé, $\mu_{\text{app.}}$ est pratiquement indépendant de μ_r. Donner sa valeur limite. Commentaire.

c) Montrer que le schéma-bloc page suivante, composé d'opérateurs de proportionnalité idéaux et d'un soustracteur, rend bien compte de la situation physique décrite jusque là.

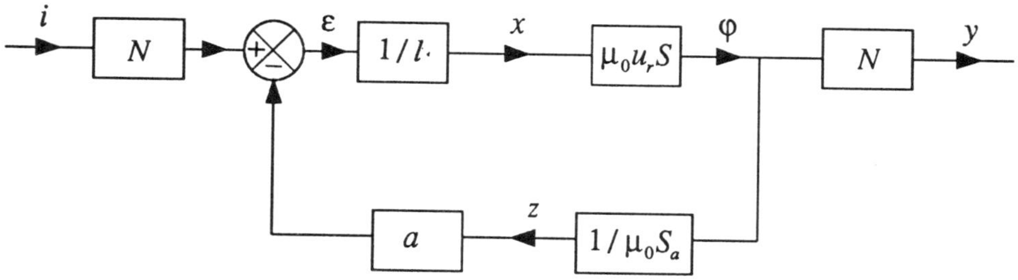

Quelles sont les grandeurs représentées par les variables x, y et z ?
Calculer la fonction de transfert y/i. A quelle grandeur s'identifie-t-elle ? Comment s'interprète l'effet de l'entrefer sur le noyau magnétique compte tenu du schéma-bloc ? Commenter.

4. La largeur de l'entrefer d'un pot de ferrite (μ_r, l, S) est réglable.

a) La largeur a est d'abord nulle (absence d'entrefer). On bobine N_0 spires sur ce pot, parcourues par un courant $i = I_m \cos \omega t$; le flux à travers une section évolue entre $\pm\varphi_{0m}$.
Exprimer l'énergie magnétique maximale W_{0m} emmagasinée dans le noyau en fonction de $\mu_0, \mu_r, l/S$ et φ_{0m}.

b) La largeur a est non nulle ; on pose $\theta = \mu_r \dfrac{aS}{lS_a}$.
La pulsation ω et l'amplitude I_m du courant sont maintenues constantes.

α. Le nombre de spires N de l'enroulement est ajusté de manière que le flux φ à travers une section du noyau évolue toujours entre $\pm\varphi_{0m}$.

* Calculer N en fonction de N_0 (pour $a = 0$) et de θ.
* Exprimer l'énergie magnétique maximale W_m emmagasinée dans l'ensemble noyau + entrefer en fonction de W_{0m} (pour $a = 0$) et de θ.
* Exprimer l'énergie W_J perdue par effet Joule dans le fil de cuivre au cours d'une période en fonction de W_{0J} (pour $a = 0$) et de θ.
* Exprimer de même l'énergie W_h perdue par hystérésis au cours d'un cycle en fonction de W_{0h} (pour $a = 0$).
* Calculer le facteur de qualité $Q = \dfrac{W_m}{W_h + W_J}$ du pot de ferrite en fonction de W_{0m}, W_{0h}, W_{0J} et θ.

AN : $W_{0h} = 16W_{0J}$; $Q_0 = 50$ (pour $a = 0$) ; $a = 0,4$ mm ; $\mu_r = 2000$; $l = 50$ mm ; $S = S_a$.
Calculer Q et donner sa valeur limite lorsque a augmente.

β. A présent le nombre de spires N est ajusté de manière que, lorsque a augmente, l'inductance L de la bobine ainsi formée, soit constante.

* Calculer N, W_m et W_J en fonction de N_0, W_{0m}, W_{0J} et de θ.
* En admettant que l'énergie W_h est proportionnelle à φ_m^3, calculer W_h en fonction de W_{0h} et de θ.

* Montrer que le facteur de qualité passe par un maximum pour une valeur optimale $\theta_{\text{opt.}}$ de θ à déterminer.

AN : mêmes valeurs que précédemment (sauf pour a)
Calculer $\theta_{\text{opt.}}$, puis $a_{\text{opt.}}$ et $Q_{\text{opt.}}$ correspondant.

1. Sauf dans les coins, les lignes de champ magnétique sont parallèles entre elles ; il en est de même dans l'entrefer par continuité de la composante normale, de sorte que le champ est partout normal aux sections droites.
La conservation du flux permet d'écrire $\varphi = S_k B_k = S_a B_a, \ \forall\, k$

– dans le matériau, lorsque la section S_k varie, alors B_k varie et l'excitation H_k correspondante est donnée par $B_k = \mu_0 \mu_r H_k$
– dans l'entrefer, où le champ B_a est le même que dans le tronçon de même section correspondant, l'excitation est donnée par $B_a = \mu_0 H_a$ (elle subit donc une discontinuité).

Le théorème d'Ampère écrit sur un contour fermé intérieur au noyau + entrefer donne :

$$\sum_k H_k \cdot l_k + H_a \cdot a = Ni \implies \sum_k \frac{\varphi}{\mu_0 \mu_r S_k} l_k + \frac{\varphi}{\mu_0 S_a} \cdot a = Ni$$

d'où $$\boxed{\varphi = \frac{\mu_0 N i}{F/\mu_r + a/S_a}}$$ avec $F = \sum_k \frac{l_k}{S_k}$ facteur de noyau

2.a) Même raisonnement qu'en **1.**, où $\sum_k \frac{l_k}{S_k}$ est remplacé par $\frac{l}{S}$;

Un flux identique suppose $$\boxed{F = l/S}$$

b) Dans la relation $\Phi = Li$, Φ est le flux total à travers le circuit, soit ici $\Phi = N\varphi$ d'où l'énergie maximale $W_m = \frac{1}{2} L I_m^2 = \frac{1}{2} N \varphi_m I_m$.
Les deux circuits, le réel et le fictif ont même N, même i et même φ donc même énergie magnétique.
La question **1.** donne $N I_m = \frac{1}{\mu_0}(\frac{F}{\mu_r} + \frac{a}{S_a})\varphi_m$

d'où $$\boxed{W_m = \frac{1}{2\mu_0}\left(\frac{l}{\mu_r S} + \frac{a}{S_a}\right)\varphi_m^2}$$

Remarque : On peut aussi écrire $W_m = \iiint \frac{B^2}{2\mu}\mathrm{d}\tau$, où $B = 0$ à l'extérieur du matériau, sauf dans l'entrefer.

c) perte du circuit réel : en $\sum_k B_{km}^3 l_k S_k = \varphi_m^3 \sum_k \frac{l_k}{S_k^2}$

perte du circuit fictif : en $B_m^3 l S = \varphi_m^3 \frac{l}{S^2}$

des pertes identiques supposent que $G = \sum \frac{l_k}{S_k^2} = \frac{l}{S^2}$ et comme

$F = \sum \frac{l_k}{S_k} = \frac{l}{S}$,

$$\boxed{S = \frac{F}{G} \quad \text{et} \quad l = \frac{F^2}{G}}$$

3.a) Pour le pot réel, l'inductance est $L = \frac{N\varphi}{i} = \frac{\mu_0 N^2}{l/\mu_r S + a/S_a}$

pour un circuit sans entrefer ($a = 0$) avec $\mu_r = \mu_{\text{app.}}$ et tout le reste identique, elle devient $L' = \frac{\mu_0 N^2}{l/\mu_{\text{app.}} S}$

par identification $L = L'$, il vient $\boxed{\mu_{\text{app.}} = \frac{\mu_r}{1 + \mu_r(aS/lS_a)}}$

AN : $\underline{\mu_{\text{app.}} = 94,6} \ll \mu_r$.

b) si $\mu_r \gg 1$ alors $\mu_{\text{app.}} \simeq \frac{lS_a}{aS} = 99,3$ plutôt faible, mais indépendant de μ_r.

Remarque : L'expression et les propriétés de $\mu_{\text{app.}}$ rappellent la fonction de transfert $\underline{H}$ d'un opérateur direct $\underline{\mu}$ bouclé par une chaîne retour β :

$$\underline{H} = \frac{\underline{\mu}}{1 + \underline{\mu}B} \simeq \frac{1}{\beta} \quad \text{si} \quad |\underline{\mu}\beta| \gg 1$$

c) Le soustracteur réalise l'opération $\varepsilon = Ni - \frac{a\varphi}{\mu_0 S_a}$; par ailleurs $\varphi = \frac{\mu_0 \mu_r S}{l}\varepsilon$

on en déduit $\varphi = \frac{\mu_0 Ni}{l/\mu_r S + a/S_a}$ qui est l'expression du flux de la question **1.**.

$y = N\varphi = \Phi$ est le flux total à travers le circuit.

$x = \frac{\varphi}{\mu_0 \mu_r S} = \frac{B}{\mu_0 \mu_r}$ car $\varphi = BS$ d'où $x = H$ dans le noyau

$z = \frac{\varphi}{\mu_0 S_a} = \frac{B_a}{\mu_0}$ car $\varphi = B_a S_a$ d'où $z = H_a$ dans l'entrefer

$\dfrac{y}{i} = \dfrac{N\varphi}{i} = \dfrac{\Phi}{i} = L$ le transfert représente l'inductance du circuit.

Sans entrefer, l'inductance L prend la valeur maximale $L_{\max} = \dfrac{\mu_0 \mu_r S N^2}{l}$.

L'entrefer ($a \neq 0$) opère une boucle de rétroaction qui diminue L.

En contrepartie, si μ_r (chaîne directe) devient très grand, alors L tend vers la valeur $L_a = \dfrac{\mu_0 S_a N^2}{a}$ indépendante du matériau (μ_r) pour ne dépendre que de l'entrefer (a et S_a : chaîne retour).

4.a) Il suffit de reprendre la question **2.**b) avec $a = 0$:

$$\boxed{W_{0m} = \frac{l}{2\mu_0 \mu_r S}\varphi_{0m}^2}$$

b) <u>$\alpha.$</u> * $\varphi_m(a=0)_{N_0} = \varphi_m(a \neq 0)_N \implies \dfrac{\mu_0 N I_m}{l/\mu_r S + a/S_a} = \dfrac{\mu_0 N_0 I_m}{l/\mu_r S}$

d'où $$\boxed{N = N_0(1+\theta)}$$

* **2.**b) donne $W_m = \dfrac{1}{2\mu_0}\Big(\underbrace{\dfrac{l}{\mu_r S}}_{\text{noyau}} + \underbrace{\dfrac{a}{S_a}}_{\text{entrefer}}\;\varphi_{0m}^2\Big)$ soit $$\boxed{W_m = W_{0m}(1+\theta)}$$

* La résistance R du fil est proportionnelle au nombre de spires de l'enroulement ;

Avec $W_J = \dfrac{1}{2} R I_m^2$, il vient $\dfrac{W_J}{W_{0J}} = \dfrac{N}{N_0}$ soit $$\boxed{W_J = W_{0J}(1+\theta)}$$

* L'énergie perdue est fonction de φ_m^3 seulement qui est inchangé

d'où $$\boxed{W_h = W_{0h}}$$

* $Q = \dfrac{W_m}{W_h + W_J} = \dfrac{W_{0m}(1+\theta)}{W_{0h} + W_{0J}(1+\theta)}$

AN : $\theta = 16$; <u>$Q = 438$</u> ; $Q_{\text{lim}} = 850$ pour θ grand.

<u>$\beta.$</u> * D'après **3.**a) $L = \dfrac{\mu_0 N_0^2}{l/\mu_r S} = \dfrac{\mu_0 N^2}{l/\mu_r S + a/S_a} \implies$ $$\boxed{N^2 = N_0^2(1+\theta)}$$

$$W_m = \frac{1}{2} L I_m^2 \text{ inchangé} \qquad \boxed{W_m = W_{0m}}$$

$$\frac{W_J}{W_{0J}} = \frac{N}{N_0} \text{ soit } \qquad \boxed{W_J = W_{0J}\sqrt{(1+\theta)}}$$

* L'énergie W_h est en φ_m^3, or φ_m varie ;

$$\Phi_m = \text{Cste} = N_0 \varphi_{0m} = N \varphi_m \implies \varphi_m = \frac{N_0}{N} \varphi_m$$

$$W_h = \left(\frac{N_0}{N}\right)^3 W_{0h} \text{ soit } \qquad \boxed{W_h = W_{0h}(1+\theta)^{-3/2}}$$

* $$Q(\theta) = \frac{W_{0m}}{W_{0h}(1+\theta)^{-3/2} + W_{0J}(1+\theta)^{1/2}}$$ et on cherche $Q_{\text{opt.}}$

le dénominateur est minimal pour

$$\boxed{\theta_{\text{opt.}} = \sqrt{\frac{3W_{0h}}{W_{0J}}} - 1}$$

AN : $\theta_{\text{opt.}} = 5,93 \implies \underline{a_{\text{opt.}} = 0,15\,\text{mm}}$ et $\underline{Q_{\text{opt.}} = 242}$.

5.8 Transition de phase sur une chaîne magnétique

Une chaîne linéaire est constituée d'un grand nombre N de moments magnétiques $\vec{m}$ tous orientés suivant l'axe Oz de la chaîne. La composante m_z de chaque moment magnétique ne peut prendre que deux valeurs distinctes $+\mu_B$ ou $-\mu_B$. N_1 (respect. N_2) désigne le nombre de moments magnétiques de la chaîne tels que $m_z = +\mu_B$ (respect. $-\mu_B$).

Cette chaîne est placée dans un champ magnétique extérieur uniforme et dirigé suivant l'axe Oz ; sa composante suivant cet axe est B_0.

$M(T)$ désigne suivant Oz le moment magnétique total de la chaîne à l'équilibre thermodynamique à la température T. Les effets de bord de la chaîne sont négligés et les interactions entre les moments magnétiques sont supposées telles que chaque moment magnétique de la chaîne est soumis à un champ magnétique effectif dirigé suivant l'axe Oz dont la composante suivant cet axe est :

$$B_{\text{eff}} = B_0 + \mu_0 \frac{A}{N} M$$

où A est une constante.

A. "Équation d'état" du système de N moments magnétiques

1.a) Exprimer N_1 et N_2 en fonction de N, M et $M_S = N\mu_B$, le moment à saturation lorsque tous les dipôles sont orientés suivant Oz^+.

b) Quelle est l'énergie ε_1 d'un moment magnétique de la chaîne parallèle à l'axe Oz de la chaîne et l'énergie ε_2 d'un moment antiparallèle à Oz dans le champ magnétique $\vec{B}_{\text{eff}}$?
La répartition des moments magnétiques entre ces deux niveaux d'énergie est de type Boltzmann :

$$N_1 = \lambda \mathrm{e}^{-\varepsilon_1/kT} \qquad \text{et} \qquad N_2 = \lambda \mathrm{e}^{-\varepsilon_2/kT}$$

Déterminer la valeur de λ.

c) Trouver l'équation vérifiée par $M(T)$ sous forme implicite $M(T) = f(M(T))$.

2. On se propose de retrouver cette équation par une autre méthode, en ne prenant en compte dans l'entropie et l'énergie interne que les phénomènes magnétiques.

a) Les N dipôles étant supposés indiscernables, dénombrer le nombre $\Omega(M)$ d'états du système à avoir un moment résultant M en fonction de N, N_1 et N_2. (Ω est appelé le nombre de complexions).

Exemple : $N = 5$ et $M = \mu_B$ (avec $N_1 = 3$ et $N_2 = 2$)

...etc... soit $\Omega = 10$ états

L'entropie statistique du système est définie par $S = k \ln \Omega$ où k est la constante de Boltzmann. Justifier l'expression suivante de S pour N grand :

$$S = k(N \ln N - N_1 \ln N_1 - N_2 \ln N_2)$$

Rappel : $\ln n\,! \simeq n \ln n - n$ pour n grand (formule de Stirling).

b) L'énergie U des N moments magnétiques de la chaîne de moment magnétique total M, soumis au champ magnétique extérieur B_0, est prise sous la forme :

$$U = -MB_0 - \frac{1}{2}\mu_0 \frac{A}{N} M^2$$

Interpréter les deux termes de cette expression.

c) Donner l'expression de l'énergie libre $F = U - TS$ de ce système en présence du champ magnétique extérieur en fonction de $N, M, B_0, \mu_0 A, M_S$ et kT. A quelle condition doit satisfaire F pour que le système soit à l'équilibre thermodynamique à la température T ? Retrouver l'équation donnant $M(T)$ de la question **1.c**.

Rappel : $\operatorname{argth} x = \dfrac{1}{2} \ln \dfrac{1+x}{1-x}$

B. Solutions de l'équation et propriétés du système

1. La solution de cette équation peut s'obtenir par une méthode graphique.

a) Montrer que pour $T < T_c$, T_c étant une température à déterminer, $M(T)$ est différent de zéro pour $B_0 = 0$.

b) Donner pour $B_0 = 0$, la forme asymptotique de $M(T)$ en fonction de T/T_c et M_S pour $T \ll T_c$; donner également, pour $B_0 = 0$, la forme asymptotique de $M(T)$ en fonction de $(T_c - T)/T_c$ et M_S quand $T \simeq T_c^-$. En déduire l'aspect de la courbe $M(T)$.

2. Calculer pour $T > T_c$ la susceptibilité magnétique initiale

$$\chi = \mu_0 \left(\frac{\partial M(T)}{\partial B_0} \right)_{B_0 = 0, T > T_c}$$

en fonction de N, μ_B, k, T, μ_0 et T_c.

3. Calculer la capacité calorifique C de la chaîne de N moments magnétiques pour $B_0 = 0$ en fonction de $kT_c, \mu_B, M/M_S$ et $\partial M / \partial T$. Donner :

a) la valeur de C pour $T > T_c$,

b) la forme asymptotique (en fonction de Nk et T_c/T) et la valeur limite de C quand T/T_c tend vers zéro,

c) la valeur de C quand T tend vers T_c^-.
Déduire de ces résultats l'allure du graphe $C(T)$.

4. Quelle est la signification physique de l'ensemble de ces résultats ?

C. Approximation du champ moyen. Application numérique

Les moments magnétiques sont régulièrement espacés et séparés par la distance a ; ils sont tous orientés parallèlement à l'axe Oz de la chaîne (avec une composante $\pm \mu_B$).

Comme N est de l'ordre de 10^{23}, la chaîne peut être considérée comme "infinie", et donc sans effets de bord ; cela signifie également que le champ magnétique dû aux interactions est identique sur chacun des moments magnétiques de la chaîne.

Dans l'approximation du champ moyen, le champ magnétique dû aux interactions entre les moments magnétiques est calculé en remplaçant chaque moment magnétique $\vec{m}$ par un moment équivalent moyen $\vec{M}(T)/N$ à la température T.

1.a) Calculer le champ magnétique $\vec{B}_n$ créé au point O d'abscisse $z = 0$ par le moment magnétique situé à l'abscisse $z = na$.

b) En déduire le champ total, ou champ d'échange $\vec{B}_e$ créé par tous les dipôles en O, et donner l'expression du coefficient A tel que

$$B_{\text{eff}} = B_0 + \mu_0 \frac{A}{N} M$$

en fonction de a et $S = \sum_{n=1}^{\infty} \frac{1}{n^3}$.

2. Application numérique : $S = 1,20$; $a = 2.10^{-10}$ m ; $N = 6.10^{23}$.

a) Donner la valeur numérique de T_c (voir question B**1**.a). Commentaire.

b) La susceptibilité χ s'écrit pour $T > T_c$, $\chi = \dfrac{C}{T - T_c}$ (voir question B**2**.). Donner la valeur numérique de χ.

A1.a)

$$\left.\begin{array}{rl} \text{Le nombre de moments est} & : N = N_1 + N_2 \\ \text{Le moment résultant est} & : M = (N_1 - N_2)\mu_B \\ \text{Le moment à saturation est} & : M_S = N\mu_B \end{array}\right\}$$

$$\Longrightarrow \quad \boxed{N_1 = \frac{N}{2}\left(1 + \frac{M}{M_S}\right), \quad \text{et} \quad N_2 = \frac{N}{2}\left(1 - \frac{M}{M_S}\right)}$$

b) $\varepsilon = -\vec{m} \cdot \vec{B}_{\text{eff}}$

$\vec{m}_1 = \mu_B \vec{u}_z$ d'où $\varepsilon_1 = -\mu_B B_{\text{eff}}$ (ε minimale : équilibre stable)

$\vec{m}_2 = -\mu_B \vec{u}_z$ d'où $\varepsilon_2 = +\mu_B B_{\text{eff}}$ (ε maximale : équilibre instable)

$$N_i = \lambda e^{-\varepsilon_i/kT} \Longrightarrow N_1 + N_2 = 2\lambda \text{ch}\frac{\mu_B B_{\text{eff}}}{kT} = N \Longrightarrow \boxed{\lambda = \frac{N}{2}\frac{1}{\text{ch}\mu_B B_{\text{eff}}/kT}}$$

c) Par ailleurs $M = (N_1 - N_2)\mu_B = 2\lambda\mu_B \mathrm{sh}\dfrac{\mu_B B_{\text{eff}}}{kT} = N\mu_B \mathrm{th}\dfrac{\mu_B B_{\text{eff}}}{kT}$

d'où l'équation implicite
$$\boxed{M(T) = M_S \mathrm{th}\frac{\mu_B}{kT}\Big(B_0 + \frac{\mu_0 A}{N}M(T)\Big)}$$

2.a) A N donné, le moment résultant M est fixé par la seule donnée de N_1.
Ω représente le nombre de combinaisons de N_1 éléments parmi N :

$$\Omega(M) = \mathrm{C}_N^{N_1} = \frac{N!}{N_1!\,(N-N_1)!} = \frac{N!}{N_1!\,N_2!} \quad (\text{ou encore } \mathrm{C}_N^{N_2} = \mathrm{C}_N^{N-N_2})$$

On en déduit l'entropie statistique :

$$S = k\ln\Omega \simeq k\Big[N\ln N - N - (N_1\ln N_1 - N_1) - (N_2\ln N_2 - N_2)\Big]$$

soit
$$\boxed{S = k(N\ln N - N_1\ln N_1 - N_2\ln N_2)}$$

Rappel sur l'entropie statistique :

L'entropie S traduit le désordre du système par le nombre de microétats accessibles par le système. Elle est croissante pour toute transformation d'un système isolé, donc croissante avec le nombre de microétats du système.
Soient deux systèmes S_1 et S_2 indépendants :

un macroétat de S_1 peut être observé dans Ω_1 microétats
un macroétat de S_2 peut être observé dans Ω_2 microétats
un macroétat de $S_1 \cup S_2$ peut être observé dans $\Omega_1 \times \Omega_2$ microétats

on souhaite une entropie extensive soit $S_{S_1\cup S_2} = S_{S_1} + S_{S_2}$
alors que $\Omega_{S_1\cup S_2} = \Omega_{S_1} \times \Omega_{S_2}$

d'où le choix
$$\boxed{S = k\ln\Omega}$$

De plus lorsque la température tend vers zéro, le système tend à être parfaitement ordonné soit $\Omega = 1$ d'où $S = 0$ (principe de Nernst).

b) Le premier terme est l'énergie de la collection de dipôles de résultante $\vec{M}$ dans le champ extérieur $\vec{B}_0$ (terme classique $-\vec{M}\cdot\vec{B}_0$).
Le second terme représente l'énergie d'interaction des dipôles entre eux. Tout se passe comme si la résultante $\vec{M}$ était placée dans un champ supplémentaire $\vec{B}_{\text{eff}} - \vec{B}_0$ (dit champ d'échange) créé par la collection de dipôles et justement proportionnel à $\vec{M}$, d'où le coefficient $1/2$.

c) En remplaçant U et S par leurs expressions, il vient :

$$F = U - TS = -MB_0 - \frac{1}{2}\mu_0 \frac{A}{N} M^2$$
$$- NkT\Big[\ln N - \frac{1}{2}(1+\frac{M}{M_S})\ln\frac{N}{2}(1+\frac{M}{M_S}) - \frac{1}{2}(1-\frac{M}{M_S})\ln\frac{N}{2}(1-\frac{M}{M_S})\Big]$$

Les trois variables thermodynamiques sont M, T et B_0 (N est supposé fixé) ; elles ne sont pas indépendantes car $M = M(B_0, T)$.

L'équilibre thermodynamique du système se traduit par $\left(\frac{\partial F}{\partial M}\right)_{T,B_0} = 0$, soit

$$-B_0 - \mu_0\frac{A}{N}M - NkT\Big[-\frac{1}{2M_S}\ln\frac{N}{2}(1+\frac{M}{M_S}) - \frac{1}{2M_S} + \frac{1}{2M_S}\ln\frac{N}{2}(1-\frac{M}{M_S}) + \frac{1}{2M_S}\Big] = 0$$

d'où $B_0 + \mu_0\frac{A}{N}M = \frac{NkT}{M_S} \times \frac{1}{2}\ln\frac{1+M/M_S}{1-M/M_S} = \frac{NkT}{M_S}\text{argth}\,\frac{M}{M_S}$

et finalement $$\boxed{\frac{M(T)}{M_S} = \text{th}\,\frac{\mu_B}{kT}\Big(B_0 + \mu_0\frac{A}{N}M(T)\Big)}$$

B1.a) Pour $B_0 = 0$, $\frac{M}{M_S} = \text{th}\,\frac{\mu_0\mu_B A}{NkT}M$.

La résolution graphique consiste à rechercher l'intersection de $y_1 = M/M_S$ et $y_2 = \text{th}\,\alpha M$ (avec $\alpha = \frac{\mu_0\mu_B A}{NkT}$) en fonction de la valeur de T.

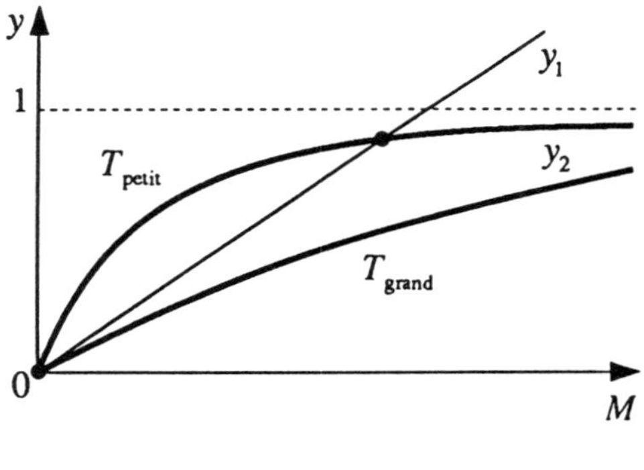

En champ extérieur nul, ($B_0 = 0$), le moment résultant peut être non nul ($M \neq 0$), si la pente de la tangente à l'origine en y_2 est supérieure à la pente de la droite y_1, c'est-à-dire si :

$$\alpha = \frac{\mu_0\mu_B A}{NkT} \geq \frac{1}{M_S}$$

Ceci définit une valeur maximale limite T_c de la température T obtenue pour l'égalité

$$\boxed{T_c = \frac{\mu_0\mu_B^2 A}{k}} \qquad \text{car } M_S = N\mu_B$$

Remarque : μ_0, μ_B et k étant des constantes de la physique, T_c est entièrement déterminé par la donnée de A, c'est-à-dire le type et l'importance de l'interaction des moments de la chaîne.

b) * pour $T \ll T_c$, $M \simeq M_S$; plus précisément :

$$\frac{M}{M_S} = \text{th}\,\frac{T_c}{T}\frac{M}{M_S} = \frac{1 - \exp(-2\frac{T_c}{T}\frac{M}{M_S})}{1 + \exp(-2\frac{T_c}{T}\frac{M}{M_S})} \simeq 1 - 2\exp(-2\frac{T_c}{T}\frac{M}{M_S})$$

d'où $$\boxed{M(T) \simeq M_S(1 - 2\mathrm{e}^{-2T_c/T})}$$

* pour $T \simeq T_c^-$, $0 < t = \dfrac{T_c - T}{T_c} \ll 1$ et alors $M \to 0$ soit $M/M_S \ll 1$; plus précisément

$$\frac{M}{M_S} = \text{th}\,\frac{T_c}{T}\frac{M}{M_S} \simeq \frac{T_c}{T}\frac{M}{M_S} - \frac{1}{3}\Big(\frac{T_c}{T}\frac{M}{M_S}\Big)^3 \implies \frac{M}{M_S} = \Big(\frac{T_c/T - 1}{\frac{1}{3}(T_c/T)^3}\Big)^{1/2}$$

d'où $$\boxed{M(T) \simeq M_S\sqrt{\frac{3(T_c - T)}{T_c}}}$$

La connaissance de ces deux comportements permet de tracer l'allure de la courbe $M(T)$. (Pour plus de précisions, il suffit d'étudier l'inverse de la fonction $T/T_c = \dfrac{M/M_S}{\text{argth}\,M/M_S}$). Pour $T > T_c$, $M = 0$.

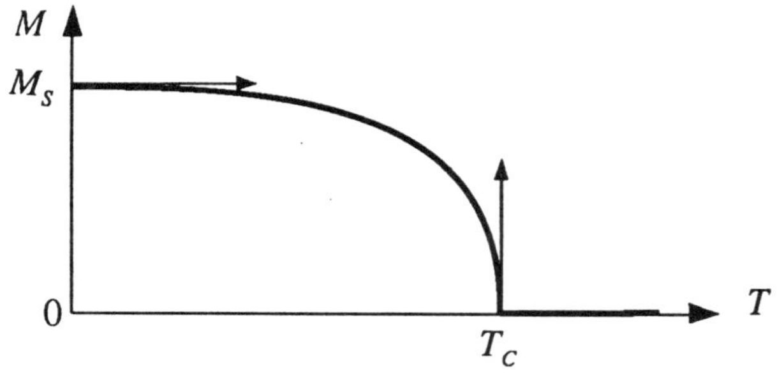

2. Il faut différentier $\dfrac{M}{M_S} = \text{th}\Big(\dfrac{\mu_B B_0}{kT} + \dfrac{T_c}{T}\cdot\dfrac{M}{M_S}\Big)$ à $T = \text{Cste}\ (> T_c)$

$$\frac{\mathrm{d}M}{M_S} = \frac{1}{\text{ch}^2(\quad)}\Big(\frac{\mu_B}{kT}\mathrm{d}B_0 + \frac{T_c}{T}\cdot\frac{\mathrm{d}M}{M_S}\Big)$$

et ensuite y faire $B_0 = 0$, mais aussi $M = 0$ car c'est la seule solution pour $T > T_c$, d'où $\mathrm{ch}^2(\ \ ) = 1$ et $\dfrac{\mathrm{d}M}{M_S}(1 - \dfrac{T_c}{T}) = \dfrac{\mu_B}{kT}\mathrm{d}B_0$

soit $$\boxed{\chi = \mu_0\left(\frac{\partial M}{\partial B_0}\right)_{B_0=0,T>T_c} = \frac{\mu_0 N\mu_B^2/k}{T - T_c}}$$

La susceptibilité est dont très grande au voisinage de la transition de phase $T = T_c$.

3. A $B_0 = 0$, le système ne reçoit pas de travail de l'extérieur ; le premier principe de la thermodynamique s'écrit alors simplement :

$$\mathrm{d}U = -\mu_0\frac{A}{N}M\mathrm{d}M = C\mathrm{d}T$$

d'où $$\boxed{C = -\frac{kT_c}{\mu_B}\cdot\frac{M}{M_S}\left(\frac{\partial M}{\partial T}\right)_{B_0=0}}$$

a) pour $T > T_c$, $M = 0$ pour $B_0 = 0$ d'où $\boxed{C = 0}$

b) pour $T \ll T_c$, $M(T) \simeq M_S(1 - 2\mathrm{e}^{-2T_c/T})$ pour $B_0 = 0$.

$$\frac{\partial M}{\partial T} = -M_S\frac{4T_c}{T^2}\mathrm{e}^{-2T_c/T} \implies C = \frac{4k}{\mu_B}\left(\frac{T_c}{T}\right)^2 M\mathrm{e}^{-2T_c/T}$$

et avec $M \simeq M_S = N\mu_B$, $$\boxed{C \simeq 4Nk\left(\frac{T_c}{T}\right)^2\mathrm{e}^{-2T_c/T}}$$

valeur limite : $C \to 0$ lorsque $T/T_c \to 0$.

c) pour $T \simeq T_c^-$, $M(T) \simeq \sqrt{3}M_S\left(1 - \dfrac{T}{T_c}\right)^{1/2}$ pour $B_0 = 0$.

$$\frac{\partial M}{\partial T} = -\frac{\sqrt{3}M_S}{2T_c}\left(1 - \frac{T}{T_c}\right)^{-1/2}$$ d'où $$\boxed{C = \frac{3}{2}Nk}$$

D'où l'allure de la courbe $C(T)$:

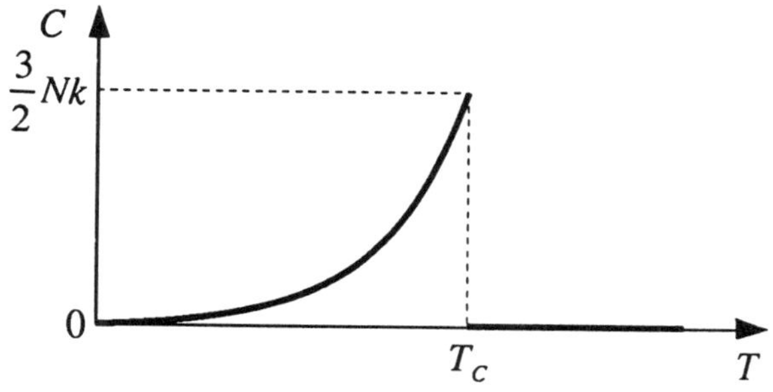

4. * Pour $T < T_c$, le système s'aimante ($M \neq 0$) spontanément ($B_0 = 0$) sous la seule action des dipôles entre eux (champ d'échange $B_{\text{eff}} - B_0$) : c'est la théorie élémentaire classique du ferromagnétique, encore que des états $\pm\mu_B$ dans un champ suivant Oz soient un résultat de mécanique quantique pour des spins 1/2.

* Pour $T > T_c$, cette aimantation spontanée disparaît ; le milieu devient paramagnétique et sa susceptibilité suit la loi de Curie-Weiss : $\chi = \dfrac{C}{T - T_c}$

* En $T = T_c$ (température de Curie) a donc lieu une transition de phase ferromagnétique/paramagnétique où la capacité calorifique C subit une discontinuité de $3Nk/2$ à 0 (sa valeur étant plus grande dans la phase ordonnée) : la transition de phase est dite du second ordre.

C1.a) Rappelons l'expression du champ magnétique créé par un moment magnétique $\vec{m}$ placé en O en un point M en coordonnées sphériques :

$$B_r = \frac{\mu_0}{4\pi} \cdot \frac{2\mathcal{M}\cos\theta}{r^3} \quad ; \quad B_\theta = \frac{\mu_0}{4\pi} \cdot \frac{\mathcal{M}\sin\theta}{r^3} \quad ; \quad B_\varphi = 0$$

Un moment magnétique moyen $\dfrac{M}{N}\vec{u}_z$ (où M est algébrique) placé en $z = na$ ($n \neq 0$ de $-\infty$ à $+\infty$) crée en O un champ axial

$$\boxed{\vec{B}_n = \frac{\mu_0}{4\pi} \frac{2M/N}{|n^3|a^3}\vec{u}_z}$$

b) Le champ total est $\vec{B}_e = \displaystyle\sum_{\substack{n=-\infty \\ n\neq 0}}^{+\infty} \vec{B}_n = 2\sum_{n=1}^{\infty} \frac{\mu_0}{4\pi} \cdot \frac{2M/N}{n^3a^3}\vec{u}_z$

$$\text{soit} \quad \vec{B}_e = \frac{\mu_0 S}{\pi} \cdot \frac{M}{Na^3}\vec{u}_z$$

à comparer à $B_e = B_{\text{eff}} - B_0 = \mu_0 \dfrac{A}{N} M$, d'où $\boxed{A = \dfrac{S}{\pi a^3}}$

2.a) $T_c = \dfrac{\mu_0 \mu_B^2 A}{k} = \underline{0,37\,\mathrm{K}}$

Cette valeur est faible ; pour les ferromagnétiques usuels ($T_c = 770°$ C pour le fer), les interactions ne sont pas d'origine magnétostatique (c'est-à-dire faibles, bien que de longue portée car en $1/r^3$), mais d'origine quantique (la plupart de spin) possédant un caractère plus local, mais beaucoup plus fortes. Les comportements magnétiques prévus par le modèle simple traité dans cet exercice n'en demeurent pas moins exacts, contrairement aux ordres de grandeur.

b) $\chi = \dfrac{\mu_0 N \mu_B^2 / k}{T - T_c} \implies C = \dfrac{\mu_0 N \mu_B^2}{k} = \underline{4,7.10^{-6}\mathrm{K}^{-1}}.$

5.9 Thermodynamique d'un milieu ferromagnétique

Le système étudié est un milieu aimanté homogène de volume V invariable caractérisé par son vecteur aimantation $\vec{M}$ (précédemment noté $\vec{J}$) et l'excitation magnétique $\vec{H}$ supposés parallèles : M et H représentent leurs valeurs algébriques.

Les deux paramètres thermodynamiques décrivant l'état du système sont choisis l'un parmi le couple de variables conjuguées (T, S) et l'autre parmi le couple (H, M).

La transition de phase magnétique s'effectue à la température de Curie T_c : pour $T < T_c$, l'échantillon est ferromagnétique et peut posséder une aimantation spontanée M_S dans une excitation magnétique nulle ; pour $T > T_c$, l'échantillon est paramagnétique et donc se comporte comme un milieu linéaire (soit $M = 0$ si $H = 0$).

Au voisinage de T_c, c'est-à-dire pour $|T - T_c| \ll T_c$, la théorie de Landau prévoit un développement de l'énergie libre volumique en puissances paires de M ; à l'ordre 4 inclus :

$$F_v(T, M) = F_v^\circ(T) + a(T - T_c)\frac{M^2}{2} + b\frac{M^4}{4}$$

où $F_v^\circ(T)$ est l'énergie libre volumique à aimantation M nulle et où a et b sont deux constantes positives.

1.a) Montrer que, pour faire passer de manière quasistatique l'aimantation de la valeur $\vec{M}$ à la valeur $\vec{M} + \overrightarrow{\mathrm{d}M}$, il faut fournir au milieu un travail par unité de volume $\delta W_v = \mu_0 \vec{H} \cdot \overrightarrow{\mathrm{d}M} = \mu_0 H \cdot \mathrm{d}M$

b) U désigne l'énergie interne et S l'entropie de l'échantillon considéré.
Donner par les relations classiques de la thermodynamique, l'expression de la différentielle $\mathrm{d}F_v$ de F_v. En déduire la quantité $\left.\dfrac{\partial F_v}{\partial M}\right)_T$.
Rappeler le lien entre le signe de la quantité $\left.\dfrac{\partial^2 F_v}{\partial M^2}\right)_T$ et la stabilité d'un état d'équilibre.

2.a) L'excitation magnétique H est nulle. On ne s'intéresse ici qu'à l'aimantation spontanée M_S. Vérifier qu'elle ne peut s'établir que pour $T < T_c$ et donner son expression.

b) Le milieu est placé dans une excitation magnétique H non nulle, à une température $T < T_c$. Représenter l'allure des isothermes $M = f(H)$ et distinguer les parties de ces isothermes correspondant à des états stables et celles correspondant à des états instables.

3.a) L'échantillon est soumis à une excitation magnétique sinusoïdale de basse fréquence variant entre $\pm H_0$ (H_0 suffisamment grand pour qu'il ne lui corresponde qu'une valeur de l'aimantation). Expliquer pourquoi le milieu présente de l'hystérésis et donner l'allure du cycle.

b) Déterminer les valeurs de l'excitation coercitive H_c et de l'aimantation rémanente M_r en fonction de a, b, T et T_c. Donner une valeur approchée de l'énergie dissipée dans le milieu au cours d'un cycle d'hystérésis en fonction des mêmes grandeurs et de V.

4.a) Revenir à la question **2.**a) et déterminer la valeur $M_0(T)$ prise par l'aimantation à une température T quelconque pour une excitation magnétique nulle.
Stabilité et graphe $M_0(T)$ au voisinage de T_c.

b) Calculer la susceptibilité isotherme en excitation nulle : $\chi = \left.\dfrac{\partial M}{\partial H}\right)_{T,H=0}$.
Représenter graphiquement $1/\chi(T)$.

c) A partir de l'énergie interne volumique U_v, déterminer puis représenter graphiquement, en fonction de T, au voisinage de T_c, la capacité calorifique volumique à excitation constante, lorsque $H = 0$, soit C_H°.
Commentaire sur la transition de phase.

1.a) Pour faire varier l'aimantation $\vec{M}$ du milieu, il suffit de le placer dans le champ magnétique variable $\vec{B}(t)$ créé par un enroulement de spires (de type solénoïde) relié à un générateur.

Si i est le courant dans le circuit (lié à $\vec{H}$) et e la force électromotrice induite par une variation $\mathrm{d}\vec{B}$ du champ magnétique, le travail fourni par le générateur pendant le temps $\mathrm{d}t$ est :

$$\delta W_{\text{gén.}} = -ei\mathrm{d}t = V\vec{H} \cdot \mathrm{d}\vec{B}$$

Ces raisonnements ont été développés dans les exercices 1.9, § 1 et 5.2, § 2 ; s'y reporter.

Avec $\vec{B} = \mu_0(\vec{H} + \vec{M})$ où $\vec{M}$ est le vecteur aimantation du milieu, il vient

$$\delta W_{\text{gén.}} = \mu_0 V\vec{H} \cdot \mathrm{d}\vec{H} + \mu_0 V\vec{H} \cdot \overrightarrow{\mathrm{d}M}$$

Seul le deuxième terme de cette énergie sert à faire varier l'aimantation du matériau ; ce dernier reçoit donc un travail par unité de volume, en sachant que $\vec{H}$ et $\vec{M}$ sont colinéaires :

$$\boxed{\delta W_v = \mu_0 H \cdot \mathrm{d}M}$$

b) L'échantillon étant homogène, son énergie libre est $F_v V$ et comme le volume est invariable, sa différentielle est $V\mathrm{d}F_v$ et il n'y a pas de travail des forces de pression :

$$V\mathrm{d}F_v = \mathrm{d}(U - TS) = T\mathrm{d}S + VH\mathrm{d}M - \mathrm{d}(TS) = VH\mathrm{d}M - S\mathrm{d}T$$

$$\text{d'où} \quad \boxed{\left.\frac{\partial F_v}{\partial M}\right)_T = H} \quad \left(\text{ainsi que } \left.\frac{\partial F_v}{\partial T}\right)_M = -\frac{S}{V}\right)$$

Un état d'équilibre stable correspond à un potentiel thermodynamique minimal ; or à l'équilibre ce potentiel s'identifie à la fonction énergie libre, il faut donc que $\left.\frac{\partial^2 F_v}{\partial M^2}\right)_T > 0$ pour une transformation isotherme.

2.a) D'une part $\left.\frac{\partial F_v}{\partial M}\right)_T = H = 0$ dans ce cas ;

par ailleurs, d'après l'énoncé, $\left.\frac{\partial F_v}{\partial M}\right)_T = a(T - T_c)M + bM^3$

Écartant la solution $M = 0$, il reste la solution $M = M_S$, aimantation spontanée à excitation nulle :

$$\boxed{M_S^2 = \frac{a}{b}(T_c - T)}$$

Cette expression devant être positive, cela suppose $T < T_c$ et ne concerne donc que l'état ferromagnétique.

Dans ces conditions $\left.\frac{\partial^2 F_v}{\partial M^2}\right)_T = 2a(T_c - T) > 0$; l'équilibre est stable.

b) L'équation des isothermes s'obtient par

$$\left.\frac{\partial F_v}{\partial M}\right)_T = H = a(T - T_c)M + bM^3$$

en introduisant l'expression de M_S : $\boxed{H = bM(M^2 - M_S^2)}$

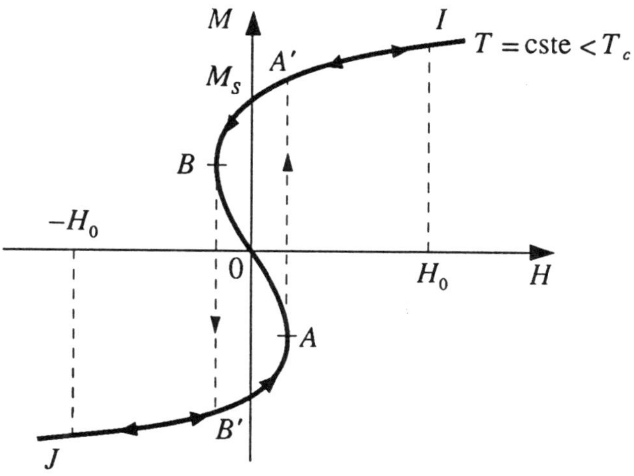

Les points A et B sont définis par $\left.\dfrac{\partial^2 F_v}{\partial M^2}\right)_T = \left.\dfrac{\partial H}{\partial M}\right)_T = 0$ (ce sont les extrémums de la courbe inverse $H = f(M)$).

Il apparaît que $\left.\dfrac{\partial^2 F_v}{\partial M^2}\right)_T = \left.\dfrac{\partial H}{\partial M}\right)_T < 0$ sur la portion entre A et B (car pour $\mathrm{d}M > 0$, $\mathrm{d}H < 0$) qui correspond donc à des états instables. Les états stables correspondent aux deux branches infinies à partir de B (pour $M > 0$) ou A ($M < 0$) et incluent, comme prévu à la question précécente, les états $H = 0$, $M = \pm M_S$.

Le graphe ci-dessous donne les isothermes pour trois valeurs de température.

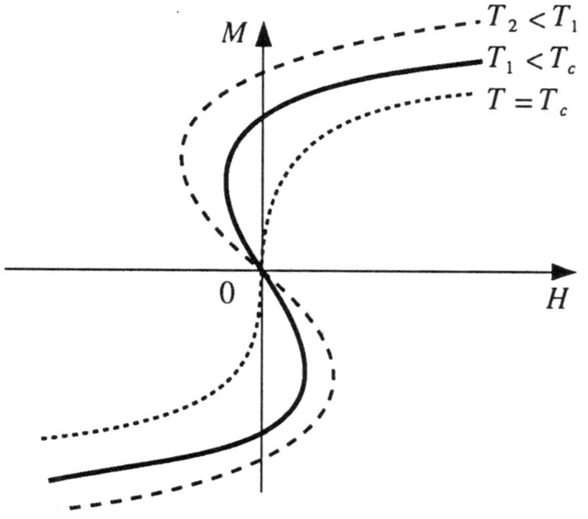

3.a) Suivons l'évolution sur le premier graphe à partir du point J où $H = -H_0$. En augmentant H, le système passe par une suite d'états stables correspondant au tronçon $JB'A$. A cette valeur de l'excitation en A, correspond un deuxième état

stable A' et lorsque H augmente encore jusqu'à H_0, c'est le tronçon $A'I$ qui est suivi. Au retour, lorsque H passe de H_0 à $-H_0$, le trajet est alors $IA'BB'J$, la partie AB décrivant des états instables n'est ainsi jamais empruntée.
Les trajets "croissant" et "décroissant" s'avèrent donc différents, ce qui est le propre d'un phénomène d'hystérésis (du grec : être en retard).

b) * En réalité, les trajets AA' et BB' ne sont pas des segments verticaux, de telle sorte qu'il existe une valeur H_c de H, dite excitation coercitive, pour laquelle $M = 0$ (c'est l'excitation qu'il faut appliquer au ferromagnétique pour annuler l'aimantation). On peut l'estimer à la valeur de H correspondant au point A.

M_A est donné par $\left.\dfrac{\partial H}{\partial M}\right)_T = 0$, avec $H = bM(M^2 - M_S^2)$, il vient puisque $M_A < 0$,
$M_A = -\dfrac{M_S}{\sqrt{3}}$

d'où
$$H_c = \frac{2}{\sqrt{b}}\left(\frac{a(T_c - T)}{3}\right)^{3/2}$$

* Quant à l'aimantation rémanente M_r, elle correspond à l'aimantation qui subsiste dans le ferromagnétique lorsque l'excitation H est nulle : il s'agit en fait de M_S

$$M_r = \left(\frac{a(T_c - T)}{b}\right)^{1/2}$$

* Le travail fourni par le générateur et servant à modifier l'aimantation est dissipé dans le matériau ferromagnétique sous forme de chaleur. Au cours d'un cycle cela correspond à la quantité

$$W = V \oint_{\text{cycle}} H \cdot \mathrm{d}M$$

L'intégrale est égale en valeur absolue à l'aire du cycle, assimilable en première approximation à un rectangle de largeur $2H_c$ et de hauteur $2M_r$, d'où
$W \simeq 4H_cM_rV$ et après substitution

$$W \simeq \frac{8a^2}{3\sqrt{3}b}(T_c - T)^2 \cdot V$$

4.a) La question **2.**a) donnait $\left.\dfrac{\partial F_v}{\partial M}\right)_T = a(T - T_c)M + bM^3 = 0$ pour une excitation nulle, avec deux solutions :

$$M_0(T) = 0, \forall T \quad \text{et} \quad M_0(T) = M_S = \pm\sqrt{\frac{a(T_c - T)}{b}} \quad \text{pour } T < T_c.$$

Leur stabilité est donnée par $\left.\dfrac{\partial^2 F_v}{\partial M^2}\right)_T = a(T - T_c) + 3bM^2$

* pour $M_0(T) = 0$, $\left.\dfrac{\partial^2 F_v}{\partial M^2}\right)_T = a(T - T_c)$ stable pour $T > T_c$ et instable (ou métastable) pour $T < T_c$,

* pour $M_0(T) = M_S(T)$, la question **2.**a) montrait la stabilité pour $T < T_c$.

d'où
- pour $T < T_c$, $M_0(T) = M_S(T)$ état ferromagnétique
- pour $T \geq T_c$, $M_0(T) = 0$ état paramagnétique

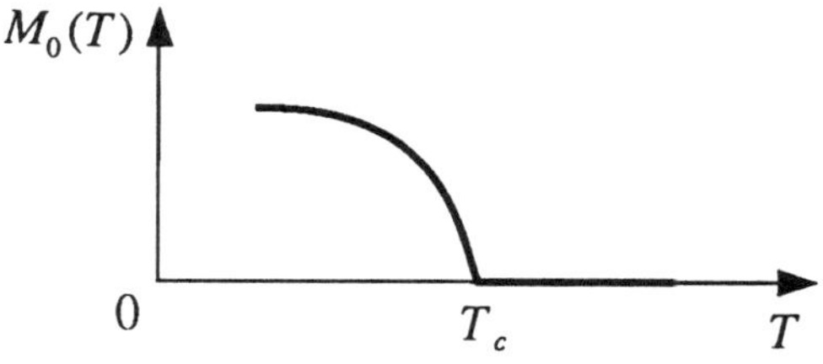

b) A partir de "l'équation d'état" $H = a(T - T_c)M + bM^3$, il vient facilement

$$\chi = \left.\frac{\partial M}{\partial H}\right)_{T,H=0} = \frac{1}{a(T - T_c) + 3bM^2}$$

où M doit être remplacé par sa valeur $M_0(T)$ en champ nul, soit

- pour $T < T_c$, $M_0^2 = \dfrac{a}{b}(T_c - T) \implies \chi = \dfrac{1}{2a(T_c - T)}$
- pour $T \geq T_c$, $M_0 = 0 \implies \chi = \dfrac{1}{a(T - T_c)}$ (loi de Curie-Weiss).

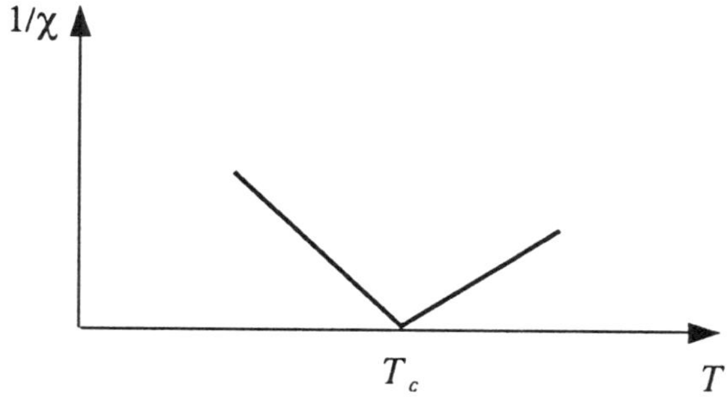

On note que pour $T = T_c$, la susceptibilité isotherme est infinie.

c) L'énergie interne volumique est $U_v = F_v + TS_v$

F_v est une donnée de l'énoncé et l'entropie volumique S_v s'obtient à partir de F_v par la relation (voir question **1.**b) :

$$S_v = -\left.\frac{\partial F_v}{\partial T}\right)_M = -F_v^{0'}(T) - a\frac{M^2}{2}$$

Pour une excitation nulle, $M(T) = M_0(T)$ ce qui donne

$$U_v(T) = F_v^0(T) + a(T - T_c)\frac{M_0^2}{2} + b\frac{M_0^4}{4} - T\left(F_v^{0'}(T) + a\frac{M_0^2}{2}\right)$$

Définissons la capacité calorifique (volumique) à excitation magnétique constante par : $C_H = \left.\dfrac{\partial U_v}{\partial T}\right)_H$; ici est demandé $C_H^0 = C_H(H=0)$

– pour $T < T_c, M_0^2 = \frac{a}{b}(T_c - T)$ soit $U_v(T) = F_v^0(T) - TF_v^{0'}(T) + \frac{a^2}{4b}(T^2 - T_c^2)$

$$\boxed{C_H^0 = -TF_v^{0''}(T) + \frac{a^2}{2b}T}$$

– pour $T \geq T_c$, $M_0^2 = 0$ et donc $\boxed{C_H^0 = -TF_v^{0''}(T)}$

Remarque : Ces résultats s'obtiennent plus rapidement à partir de la définition suivante : $C_H = T\left(\dfrac{\partial S_v}{\partial T}\right)_H$.

Pour que $C_H^0 > 0$ (il faut apporter de l'énergie au système pour voir sa température augmenter), il faut que $F_v^{0''}(T) < 0$; supposons que cette grandeur varie peu avec T autour de T_c.

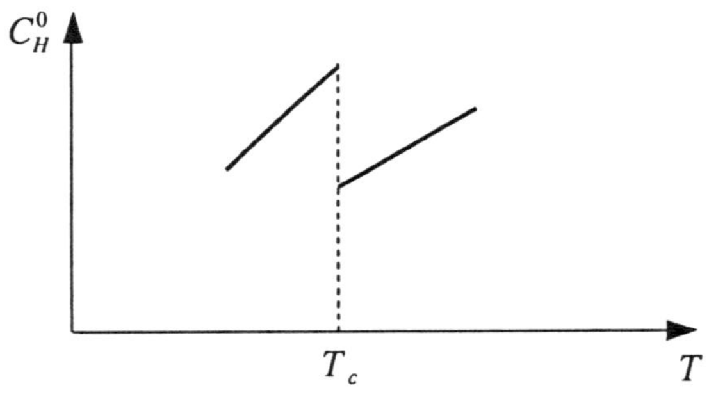

La capacité calorifique est discontinue au passage par la température T_c : la transition de phase est dite du second ordre.

5.10 Transition de phase antiferromagnétique

Un matériau antiferromagnétique est constitué par un système cristallin qui peut être décomposé en deux sous-réseaux ; des moments magnétiques $\vec{m}$ sont placés aux nœuds de chaque sous-réseau et créent une aimantation $\vec{M_1}$ pour le sous-réseau 1, $\vec{M_2}$ pour le sous-réseau 1 ; $\vec{M_1}$ et $\vec{M_2}$ sont parallèles et définissent une direction choisie comme axe des z. L'aimantation du matériau est donc :

$$\vec{M} = (M_1 + M_2)\vec{u}_z$$

1. En l'absence de champ magnétique extérieur, le développement limité de l'enthalpie libre du matériau pour $|M_1|$ et $|M_2|$ petits est :

$$G_0 = G_{00}(T,P) + \frac{\alpha}{2}(T+T_0)(M_1^2+M_2^2) + \frac{\beta}{4}(M_1^4+M_2^4) + \gamma M_1 M_2$$

où α, β, γ et T_0 sont des constantes positives caractéristiques du matériau.

a) Rappeler la condition d'équilibre thermodynamique d'un système maintenu à température et pression constantes. En déduire qu'à l'équilibre l'aimantation du matériau est nulle.

b) On pose alors $M_0 = M_1 = -M_2$. Exprimer G_0 et en déduire la valeur de M_0 en fonction de T et des caractéristiques du matériau. En particulier mettre en évidence la température de Néel T_N, à laquelle M_0 change de comportement ; à quelle condition T_N est-elle définie ? Cette condition étant remplie, exprimer M_0 en fonction de T, α, β et T_N. Stabilité et commentaire.

AN : $T_0 = 247\,\text{K}$; $\gamma/\alpha = 363\,\text{K}$. Calculer T_N.

2.a) En distinguant les cas $T < T_N$ et $T > T_N$, calculer l'entropie S_0 du système en fonction des caractéristiques du matériau et de S_{00} correspondant à G_{00}. Préciser le comportement de S_0 pour $T = T_N$ et tracer qualitativement la courbe $S_0 - S_{00}$ en fonction de T au voisinage de $T = T_N$.

b) Reprendre les mêmes questions pour la capacité calorifique à pression constante C_{p_0} du système. Conclusion.

3. A présent règne un champ magnétique $\delta B \vec{u}_z$ où δB est suffisamment petit ; l'enthalpie libre s'écrit alors :

$$G = G_0 - (M_1 + M_2)\delta B$$

On pose $M_1 = M_0 + \delta M_1$ et $M_2 = -M_0 + \delta M_2$ où δM_1 et δM_2 sont les variations de M_1 et M_2 dues au champ magnétique.

a) En se limitant à un comportement linéaire du matériau, déterminer sa susceptibilité magnétique χ_m définie ici par :

$$\chi_m = \mu_0 \frac{\delta M}{\delta B}$$

en fonction de μ_0, T, α, T_N et T_0. Préciser le comportement de la susceptibilité au voisinage de T_N.

b) Tracer la courbe $\dfrac{\chi_m(T)}{\chi_m(T_N)}$ en fonction de $t = \dfrac{T}{T_N}$ pour $0,8 \leq t \leq 1,2$.

1.a) L'enthalpie libre est stationnaire à l'équilibre thermodynamique ; à pression et température constantes :

$$dG_0 = 0 \implies \left.\frac{\partial G_0}{\partial M_1}\right)_{P,T,M_2} = \left.\frac{\partial G_0}{\partial M_2}\right)_{P,T,M_1} = 0$$

Ces deux conditions s'écrivent :

$$\begin{cases} \alpha(T+T_0)M_1 + \beta M_1^3 + \gamma M_2 & = 0 \\ \alpha(T+T_0)M_2 + \beta M_2^3 + \gamma M_1 & = 0 \end{cases}$$

par somme membre à membre, on obtient :

$$(M_1 + M_2)\Big[\alpha(T+T_0) + \beta(M_1^2 - M_1 M_2 + M_2^2) + \gamma\Big] = 0$$

le crochet étant positif $(M_1^2 - M_1 M_2 + M_1^2 > 0, \forall M_1$, car $\Delta = -3M_2^2 < 0)$, la seule solution est :

$$\boxed{M = M_1 + M_2 = 0}$$

correspondant à une aimantation nulle. Dans le cas général $M_1 = -M_2 \neq 0$, c'est-à-dire qu'il existe bien une aimantation propre à chaque sous-réseau, mais l'aimantation globale est nulle (le cas $M_1 = M_2 = 0$ en est une solution particulière).

Remarque : La différence membre à membre des deux équations conduit à la solution $M_1 - M_2 = 0$, non physique en champ nul pour un antiferromagnétique ; d'ailleurs $M_1 = M_2 \neq 0$ rend les premiers membres de ces équations strictement positifs !

b) Avec $M_0 = M_1 = -M_2$, $\quad G_0 = G_{00}(T,P) + [\alpha(T+T_0) - \gamma]M_0^2 + \beta M_0^4/2$

$$\left.\frac{\partial G_0}{\partial M_0}\right)_{P,T} = 2[\alpha(T+T_0) - \gamma]M_0 + 2\beta M_0^3 \text{ et } \left.\frac{\partial^2 G_0}{\partial M_0^2}\right)_{P,T} = 2[\alpha(T+T_0) - \gamma] + 6\beta M_0^2$$

$$\left.\frac{\partial G_0}{\partial M_0}\right)_{P,T} = 0 \implies M_0 = 0 \quad \text{ou} \quad M_0^2 = \frac{\gamma - \alpha(T+T_0)}{\beta}$$

- Il existe donc une solution non nulle pour $T < T_N = \dfrac{\gamma}{\alpha} - T_0$, ce qui suppose, pour qu'elle existe, que $\gamma/\alpha > T_0$.

  Pour cette solution $\left.\dfrac{\partial^2 G_0}{\partial M_0^2}\right)_{P,T} = 4\alpha(T_N - T)$

  Elle est donc stable $\left(\left.\dfrac{\partial^2 G_0}{\partial M_0^2}\right)_{P,T} \geq 0\right)$ pour $T < T_N$, c'est-à-dire sur tout son domaine de définition.

- Pour la solution $M_0 = 0$, $\left.\dfrac{\partial^2 G_0}{\partial M_0^2}\right)_{P,T} = 2\alpha(T - T_N)$

  Elle est stable pour $T > T_N$ et instable (ou métastable) pour $T < T_N$.

<u>Bilan</u> : soit $\boxed{T_N = \dfrac{\gamma}{\alpha} - T_0}$ la température de Néel

* si $T < T_N$, il est possible de définir $M_0 \neq 0$ à partir de la relation précédente :

$$\boxed{M_0^2 = \frac{\alpha}{\beta}(T_N - T)}$$

le milieu est dans un état antiferromagnétique ($M = 0$ mais $M_0 \neq 0$) correspondant à la représentation suivante :

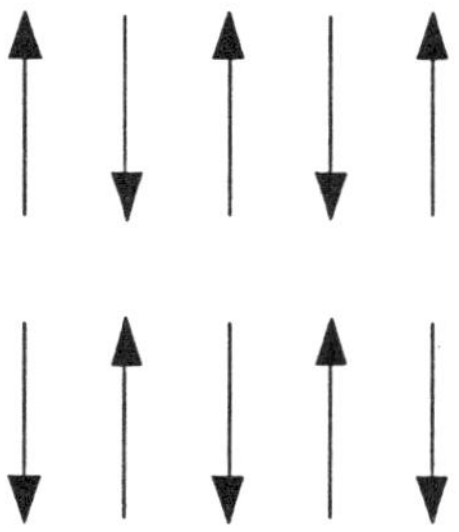

* si $T > T_N$, il n'y a pas d'autre solution que $\boxed{M_0 = 0}$

le milieu est dans un état paramagnétique ($M = 0, M_0 = 0$).

AN : $T_N = 116\,\text{K}$

2.a) G_0 est fonction de deux variables P et T indépendantes (M_0 est fonction de T) ; sa différentielle est $\mathrm{d}G_0 = V\mathrm{d}P - S\mathrm{d}T$ d'où $S = -\left.\dfrac{\partial G_0}{\partial T}\right)_P$

* si $T < T_N$, $G_0 = G_{00}(T,P) - \alpha(T_N - T)M_0^2 + \dfrac{\beta}{2}M_0^4 = G_{00}(T,P) - \dfrac{\alpha^2}{2\beta}(T_N - T)^2$

$$\text{et} \quad \left.\frac{\partial G_0}{\partial T}\right)_P = \left.\frac{\partial G_{00}}{\partial T}\right)_P + \frac{\alpha^2}{\beta}(T_N - T)$$

on en déduit $$\boxed{S_0 = S_{00}(T,P) - \frac{\alpha^2}{\beta}(T_N - T) = S_{00} - \alpha M_0^2}$$

* si $T > T_N$, $G_0 = G_{00}(T,P) - \alpha(T_N - T)M_0^2 + \dfrac{\beta}{2}M_0^4 = G_{00}(T,P)$

et donc $$\boxed{S_0 = S_{00}(T,P)}$$

A noter que pour $T = T_N$, la fonction entropie est continue, mais pas sa dérivée (l'entropie est plus faible dans l'état le plus ordonné).

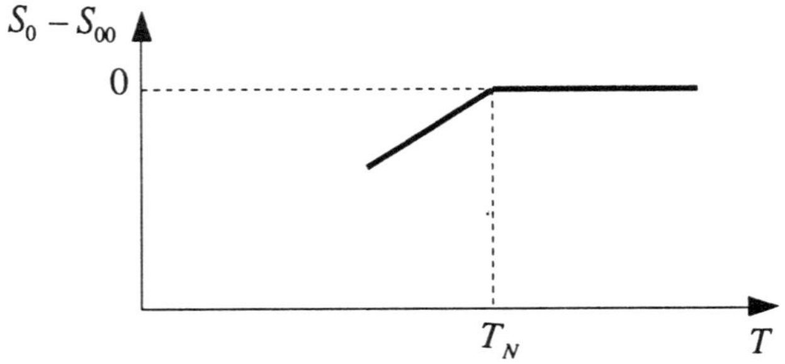

b) L'enthalpie s'obtient par $H_0 = G_0 + TS_0$; elle donne accès à la capacité calorifique à pression constante :

$$C_{p_0} = \left.\frac{\partial H_0}{\partial T}\right)_P$$

* si $T < T_N$,
$$\begin{aligned} H_0 &= G_{00} + TS_{00} - \frac{\alpha^2}{2\beta}(T_N - T)^2 - \frac{\alpha^2}{\beta}T(T_N - T) \\ &= H_{00}(T,P) + \frac{\alpha^2}{2\beta}(T^2 - T_N^2) \end{aligned}$$

et
$$\boxed{C_{p_0} = C_{p_{00}}(T,P) + \frac{\alpha^2}{\beta}T}$$

* si $T > T_N$, $H_0 = G_0 + TS_0 = H_{00}(T,P)$

et
$$\boxed{C_{p_0} = C_{p_{00}}(T,P)}$$

Remarque : Pour le calcul de C_{p_0}, il est également possible d'utiliser $C_{p_0} = T\left.\frac{\partial S_0}{\partial T}\right)_P$.

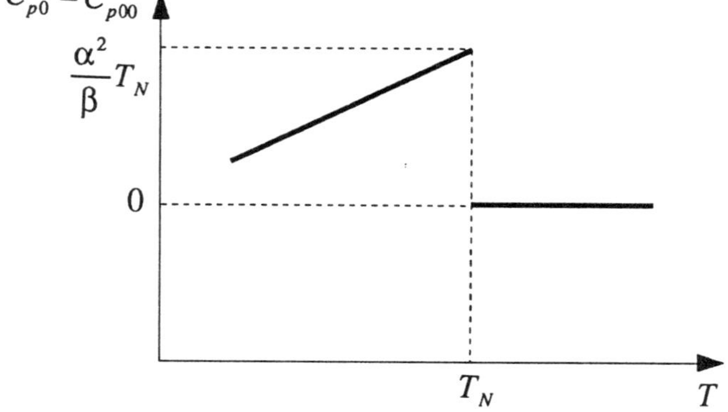

Cette fois, pour $T = T_N$, il apparaît une discontinuité de la fonction C_{p_0} : $C_{p_0}(T_N^-) = C_{p_{00}} + \frac{\alpha^2}{\beta} T_N > C_{p_0}(T_N^+) = C_{p_{00}}$ (la capacité calorifique est la plus importante dans l'état le plus ordonné). Cette discontinuité fait que la transition de phase est dite du second ordre.

3.a) Le champ magnétique perturbe l'équilibre initial $M_1^0 = -M_2^0$ de telle sorte que δM_1 et δM_2 sont de même signe (les moments s'orientent dans le sens du champ), et donc $M = M_1 + M_2 \neq 0$

$$G_0 = G_{00} + \frac{\alpha}{2}(T + T_0)(M_1^2 + M_2^2) + \frac{\beta}{4}(M_1^4 + M_2^4) + \gamma M_1 M_2 - (M_1 + M_2)\delta B$$

le nouvel équilibre est obtenu pour

$$\left.\frac{\partial G_0}{\partial M_1}\right)_{P,T,M_2} = \alpha(T + T_0)M_1 + \beta M_1^3 + \gamma M_2 - \delta B = 0$$
$$\left.\frac{\partial G_0}{\partial M_2}\right)_{P,T,M_1} = \alpha(T + T_0)M_2 + \beta M_2^3 + \gamma M_1 - \delta B = 0$$

la somme membre à membre de ces deux équations donne avec

$$M_1 + M_2 = \delta M_1 + \delta M_2 = \delta M$$
et $$M_1^3 + M_2^3 \simeq M_0^3 + 3M_0^2 \delta M_1 - M_0^3 + 3M_0^2 \delta M_2 = 3M_0^2 \delta M \text{ au 1er ordre,}$$

$$\left[\alpha(T + T_0) + 3\beta M_0^2 + \gamma\right]\delta M = 2\delta B$$

* si $T < T_N$, alors $M_0^2 = \frac{\alpha}{\beta}(T_N - T)$ et on élimine γ par $\gamma = \alpha(T_N + T_0)$

d'où $$\boxed{\chi_m = \mu_0 \frac{\delta M}{\delta B} = \frac{\mu_0}{\alpha(2T_N + T_0 - T)}}$$

* si $T > T_N$, alors $M_0 = 0$

et $$\boxed{\chi_m = \mu_0 \frac{\delta M}{\delta B} = \frac{\mu_0}{\alpha\left(\frac{T + T_N}{2} + T_0\right)}}$$

Pour $T = T_N$, la susceptibilité magnétique est continue de valeur commune : $\chi_m(T_N) = \frac{\mu_0}{\alpha(T_N + T_0)}$, mais la pente $\frac{\mathrm{d}\chi_m}{\mathrm{d}T}$ n'est pas la même : positive pour $T < T_N$ et négative pour $T > T_N$ de telle sorte que la susceptibilité est maximale pour la température de Néel.

b) pour $T < T_N$, $$\frac{\chi_m(T)}{\chi_m(T_N)} = \frac{1}{1 + \dfrac{T_N - T_0}{T_N + T_0}} = \frac{1}{1 + \dfrac{1-t}{1 + T_0/T_N}}$$

pour $T > T_N$, $$\frac{\chi_m(T)}{\chi_m(T_N)} = \frac{1}{1 + \dfrac{T - T_N}{2(T_N + T_0)}} = \frac{1}{1 + \dfrac{t-1}{2(1 + T_0/T_N)}}$$

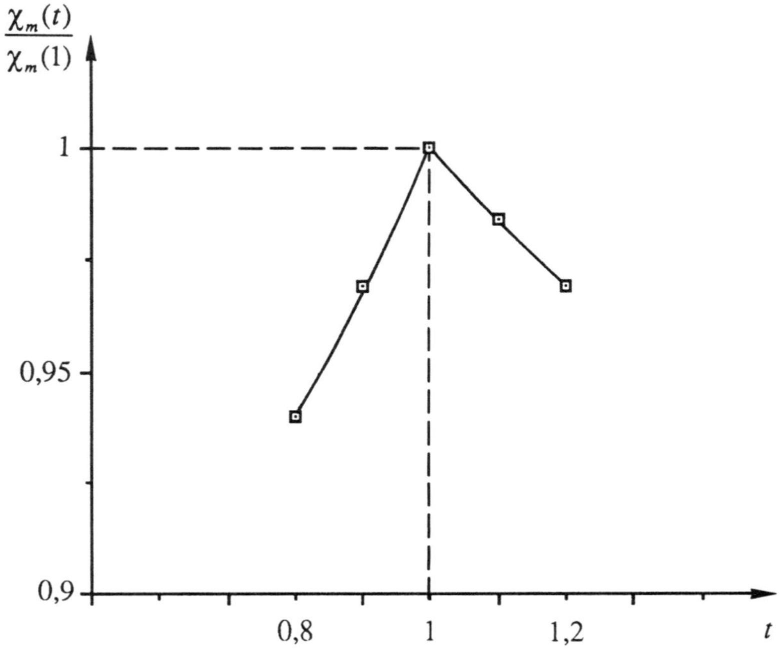

Références du chapitre 5 :

ENSET T83 - Mines P'83 - École de l'Air P83 - ESIM P'84
ENS Saint-Cloud P'86 - ENS Cachan TA87 - ESIGELEC 87
École de l'Air P89 - ENS Cachan T90 - Mines P'90 - INT P90
Sudria 90 - École de l'Air P92 - ENSIETA 94.

Annexe
Les valeurs numériques utiles

Les constantes de la physique

charge élémentaire :	$e = 1,6 \cdot 10^{-19}\,\mathrm{C}$
masse de l'électron :	$m = 0,91 \cdot 10^{-30}\,\mathrm{kg}$
masse du proton :	$m_p = 1,67 \cdot 10^{-27}\,\mathrm{kg}$
constante de Planck :	$h = 6,62 \cdot 10^{-34}\,\mathrm{J \cdot s} \quad (\hbar = h/2\pi)$
constante de Boltzmann :	$k = 1,38 \cdot 10^{-23}\,\mathrm{J \cdot K^{-1}}$
nombre d'Avogadro :	$\mathcal{N} = 6,02 \cdot 10^{23}\,\mathrm{mol^{-1}}$
constante des gaz :	$R = \mathcal{N}k = 8,31\,\mathrm{J \cdot K^{-1} \cdot mol^{-1}}$
constante de gravitation :	$\mathcal{G} = 6,67 \cdot 10^{-11}\,\mathrm{N \cdot m^2 \cdot kg^{-2}}$
vitesse de la lumière :	$c = 3 \cdot 10^8\,\mathrm{m \cdot s^{-1}}$
perméabilité du vide :	$\mu_0 = 4\pi \cdot 10^{-7}\,\mathrm{H \cdot m^{-1}}$
permittivité du vide :	$\varepsilon_0 = 1/\mu_0 c^2 = 8,85 \cdot 10^{-12}\,\mathrm{F \cdot m^{-1}}$
	$1/4\pi\varepsilon_0 = 9 \cdot 10^9\,\mathrm{F^{-1} \cdot m}$
magnéton de Bohr :	$\mu_B = e\hbar/2m = 0,93.10^{-23}\mathrm{A.m^2}$
magnéton nucléaire :	$\mu_N = e\hbar/2m_p = 5.10^{-27}\mathrm{A.m^2}$
moment magnétique :	
du proton ; du neutron	$\mu_p = 2,8\mu_N$; $\mu_n = -1,9\mu_N$

Valeurs numériques usuelles de susceptibilités

Diamagnétiques

azote :	$0,013.10^{-6}$
hydrogène :	$-0,063.10^{-6}$
eau :	$-9,0.10^{-6}$
cuivre :	$-10,3.10^{-6}$
verre :	$-12,6.10^{-6}$
bismuth :	-176.10^{-6}

Paramagnétiques

air :	$0,38.10^{-6}$
oxygène :	$1,9.10^{-6}$
aluminium :	23.10^{-6}
platine :	360.10^{-6}

Achevé d'imprimer en mars 1995
N° d'impression L 48794
Dépôt légal mars 1995
Imprimé en France